J2EE
企业项目实战
—— Struts 2+Hibernate+Spring

赵其国 李伟 / 主 编
陈思宏 彭天炜 马熙雨 / 副主编

清华大学出版社
北 京

内 容 简 介

本书以 MyEclipse 为开发工具，通过一个大型商业化项目的开发实战讲解 Struts 2、Hibernate 和 Spring 这 3 个组件的基础知识和基本使用方法及其在 J2EE 项目中的应用。

本书最大的亮点就是全书以一个实际使用的商业化项目为主线进行知识讲解，辅以另一个实际项目作为课外实践加以强化。本书从项目需求阶段开始讲解，循序渐进，逐步进入系统开发，在进行项目开发的同时介绍 Struts 2、Hibernate 和 Spring 的有关知识，并对 3 个组件的架构以及各方面的功能进行深入的探讨。通过在实践中学习，边学边做的方式，加深读者对这 3 个组件的理解。本书内容经过了精心的安排，让读者可以从零开始学习基于 Struts 2、Hibernate 和 Spring 的 J2EE 项目开发。

本书适用于使用 Struts 2、Hibernate 和 Spring 的 Java 应用程序进行开发的技术人员，也适合作为高等学校相关专业的 J2EE 课程教材和 J2EE 技术培训教材。

本书封面贴有清华大学出版社防伪标签，无标签者不得销售。
版权所有，侵权必究。侵权举报电话：010-62782989　13701121933

图书在版编目(CIP)数据

J2EE 企业项目实战：Struts 2＋Hibernate＋Spring/赵其国，李伟主编. —北京：清华大学出版社，2015(2018.2 重印)

ISBN 978-7-302-40533-7

Ⅰ.①J… Ⅱ.①赵… ②李… Ⅲ.①JAVA 语言－程序设计 Ⅳ.①TP312

中国版本图书馆 CIP 数据核字(2015)第 140709 号

责任编辑：焦　虹　战晓雷
封面设计：傅瑞学
责任校对：焦丽丽
责任印制：沈　露

出版发行：清华大学出版社
　　　　网　　址：http://www.tup.com.cn，http://www.wqbook.com
　　　　地　　址：北京清华大学学研大厦 A 座　　　邮　编：100084
　　　　社 总 机：010-62770175　　　　　　　　　邮　购：010-62786544
　　　　投稿与读者服务：010-62776969，c-service@tup.tsinghua.edu.cn
　　　　质量反馈：010-62772015，zhiliang@tup.tsinghua.edu.cn
　　　　课件下载：http://www.tup.com.cn，010-62795954
印 装 者：北京中献拓方科技发展有限公司
经　　销：全国新华书店
开　　本：185mm×260mm　　印　张：18　　　　字　数：415 千字
版　　次：2015 年 12 月第 1 版　　　　　　　　印　次：2018 年 2 月第 4 次印刷
印　　数：2511～2710
定　　价：39.00 元

产品编号：063287-02

前言

J2EE 即 Java 2 企业版（Java 2 Enterprise Edition），是一套面向企业应用的体系结构。J2EE 通过提供中间层集成框架来满足多种需求，包括高可用性、高可靠性、高可扩展性以及低成本等需求。J2EE 在建设大型的分布式企业级应用系统，即电子商务应用系统中，占据了巨大的市场份额。J2EE 是 J2SE 的扩展和延伸，它拥有 J2SE 的许多优点，例如平台无关性，也就是常说的"一次编写、随处运行"的特性，从而拥有宽广的应用空间。随着 Linux 的迅猛发展及自由软件的日渐强大，越来越多的优秀程序员投入到 J2EE 的应用浪潮中。

目前，市场上有关 J2EE 开发的书籍种类繁多，但很多书籍要么只讲理论，要么只讲如何使用软件，或者以大量篇幅讲一些在实际项目中用不到的知识，使读者无所适从，不得要领，也导致初学者对 J2EE 产生畏惧心理。其实 J2EE 并不难掌握，任何编程语言和技术的学习都应该以实践为基础，也就是说，只有通过具体的练习实现了所要完成的功能，才能认为对这个知识点有了一定的了解。

为了帮助众多初学者快速掌握 J2EE 的开发方法，笔者精心编著了本书。它是笔者在多年项目实践中的经验总结。本书遵循学习规律，首先通过实例介绍基本概念和基本操作，在读者掌握了这些基本概念和操作的基础上，再对内容进行深入的讲解，严格遵循由浅入深、循序渐进的原则。本书按照掌握 J2EE 知识的先后顺序进行编排，对于每一个实例，从环境配置开始，到最后的运行都有详尽的介绍，使读者很容易运行实例，掌握开发方法，并体验到学习的快乐，不断增强学习的动力。

本书在内容的安排和知识的讲解上具有以下特点。

1. 知识全面

本书除了以 Struts 2、Hibernate 和 Spring 为核心进行讲解外，还介绍了一些相关组件的使用方法。

2. 实用性强

本书所介绍的开发方法是目前大多数软件开发人员所采用的，使用的实例本身就是一个实际使用的商业化项目。通过对本书的学习，读者可以掌握处理和解决开发所面临的各种问题的方法。

3. 通俗易懂

本书语言平实、讲解详细，对每一个知识点和专业术语都进行了详细的阐述。

4. 适用范围广

本书的内容经过精心安排，不但适合具有一定 Java 开发经验的人员使用，而且适合刚刚进入软件领域的初级程序员或高等院校的学生使用。

由于编者水平有限，书中难免有疏漏和不足之处，敬请广大读者批评指正。

配套教学资源网站地址：http://zyk.cdp.edu.cn:10100。

作　者

2015 年 4 月

目录

第1章 团队预订系统需求分析与设计 1

- 1.1 应用系统需求分析 1
  - 1.1.1 建设目标 1
  - 1.1.2 可行性分析 1
  - 1.1.3 用例分析 3
  - 1.1.4 功能结构 4
  - 1.1.5 活动状态分析 5
- 1.2 系统整体设计 6
  - 1.2.1 系统结构设计 6
  - 1.2.2 页面结构设计 7
  - 1.2.3 开发环境 7
- 1.3 数据库设计 8
- 1.4 小结 12
- 1.5 课外实训 12

第2章 开发准备 14

- 2.1 任务简介 14
- 2.2 技术要点 14
  - 2.1.1 J2EE的背景 14
  - 2.1.2 什么是J2EE 15
  - 2.1.3 J2EE的优越性 15
  - 2.1.4 J2EE结构 16
  - 2.1.5 J2EE组件标准规范 17
  - 2.1.6 J2EE目前流行的框架技术概述 19
- 2.3 开发：开发环境的搭建 20
  - 2.3.1 JDK的下载和安装 20
  - 2.3.2 MyEclipse的安装和使用 22

2.3.3　Tomcat 的安装和配置 ……………………………………………… 24
　　　2.3.4　MySQL 数据库的安装和使用 ………………………………………… 28
　2.4　开发：创建项目 …………………………………………………………………… 33
　　　2.4.1　搭建 ………………………………………………………………… 33
　　　2.4.2　配置 ………………………………………………………………… 35
　　　2.4.3　测试 ………………………………………………………………… 36
　2.5　小结 ……………………………………………………………………………… 37
　2.6　课外实训 ………………………………………………………………………… 38

第 3 章　用户登录 ……………………………………………………………………… 39

　3.1　任务简介 ………………………………………………………………………… 39
　3.2　技术要点 ………………………………………………………………………… 40
　　　3.2.1　Struts 2 概述 ……………………………………………………… 40
　　　3.2.2　Struts 2 工作原理 ………………………………………………… 41
　3.3　开发：登录功能实现 …………………………………………………………… 44
　　　3.3.1　任务分析 …………………………………………………………… 44
　　　3.3.2　开发步骤 …………………………………………………………… 46
　　　3.3.3　相关知识与拓展 …………………………………………………… 55
　3.4　小结 ……………………………………………………………………………… 68
　3.5　课外实训 ………………………………………………………………………… 68

第 4 章　旅行社管理 …………………………………………………………………… 71

　4.1　任务简介 ………………………………………………………………………… 71
　4.2　技术要点 ………………………………………………………………………… 73
　　　4.2.1　理解 ORM …………………………………………………………… 73
　　　4.2.2　Hibernate 简介 ……………………………………………………… 73
　　　4.2.3　Hibernate 工作原理 ………………………………………………… 74
　4.3　开发：旅行社管理 ……………………………………………………………… 75
　　　4.3.1　任务分析 …………………………………………………………… 75
　　　4.3.2　开发步骤 …………………………………………………………… 77
　　　4.3.3　相关知识与拓展 …………………………………………………… 95
　4.4　开发完善：使用 Hibernate 补全用户信息的查询 …………………………… 112
　　　4.4.1　任务分析 …………………………………………………………… 112
　　　4.4.2　开发步骤 …………………………………………………………… 112
　　　4.4.3　相关知识与拓展 …………………………………………………… 120
　4.5　小结 ……………………………………………………………………………… 120
　4.6　课外实训 ………………………………………………………………………… 121

第 5 章 线路管理 …… 122

- 5.1 任务简介 …… 122
- 5.2 技术要点 …… 124
- 5.3 开发：线路管理 …… 124
  - 5.3.1 任务分析 …… 124
  - 5.3.2 开发步骤 …… 125
  - 5.3.3 相关知识与拓展 …… 129
- 5.4 小结 …… 140
- 5.5 课外实训 …… 140

第 6 章 模块整合 …… 142

- 6.1 任务简介 …… 142
  - 6.1.1 系统目前的缺陷 …… 142
  - 6.1.2 Spring 的解决方案 …… 143
- 6.2 技术要点 …… 144
  - 6.2.1 Spring 概述 …… 144
  - 6.2.2 Spring 框架结构 …… 145
  - 6.2.3 IoC 的基本概念 …… 146
- 6.3 开发：在项目中加入 Spring …… 147
  - 6.3.1 任务分析 …… 147
  - 6.3.2 开发步骤 …… 148
  - 6.3.3 相关知识与拓展 …… 153
- 6.4 小结 …… 165
- 6.5 课外实训 …… 165

第 7 章 日志管理 …… 167

- 7.1 任务简介 …… 167
- 7.2 技术要点 …… 168
  - 7.2.1 AOP 概述 …… 168
  - 7.2.2 AOP 术语与概念 …… 170
- 7.3 开发：系统操作日志 …… 171
  - 7.3.1 任务分析 …… 171
  - 7.3.2 开发步骤 …… 172
  - 7.3.3 相关知识与拓展 …… 184
- 7.4 小结 …… 189
- 7.5 课外实训 …… 190

第 8 章 用户管理和导游管理 ································· 192

- 8.1 任务简介 ································· 192
- 8.2 技术要点 ································· 193
- 8.3 开发：用户管理 ································· 194
  - 8.3.1 任务分析 ································· 194
  - 8.3.2 开发步骤 ································· 195
  - 8.3.3 相关知识与拓展 ································· 208
- 8.4 开发：导游管理 ································· 214
  - 8.4.1 任务分析 ································· 214
  - 8.4.2 开发步骤 ································· 215
- 8.5 小结 ································· 221
- 8.6 课外实训 ································· 222

第 9 章 旅行团管理 ································· 224

- 9.1 任务简介 ································· 224
- 9.2 技术引导 ································· 225
- 9.3 开发：旅行团管理 ································· 226
  - 9.3.1 任务分析 ································· 226
  - 9.3.2 开发步骤 ································· 228
  - 9.3.3 相关知识与拓展 ································· 238
- 9.4 开发：团队审核 ································· 243
  - 9.4.1 任务分析 ································· 243
  - 9.4.2 开发步骤 ································· 244
  - 9.4.3 相关知识与拓展 ································· 247
- 9.5 小结 ································· 250
- 9.6 课外实训 ································· 250

第 10 章 注解快速开发 ································· 254

- 10.1 任务简介 ································· 254
- 10.2 技术引导 ································· 254
- 10.3 开发：配置 Hibernate ································· 256
  - 10.3.1 任务分析 ································· 256
  - 10.3.2 开发步骤 ································· 257
  - 10.3.3 相关知识与拓展 ································· 259
- 10.4 开发：配置 Struts 2 ································· 261
  - 10.4.1 任务分析 ································· 261

    10.4.2 开发步骤 ……………………………………………… 262
    10.4.3 相关知识与拓展 ………………………………………… 263
  10.5 开发：配置 Spring ……………………………………………………… 264
    10.5.1 任务分析 ……………………………………………… 264
    10.5.2 开发步骤 ……………………………………………… 264
    10.5.3 相关知识与拓展 ………………………………………… 267
  10.6 小结 …………………………………………………………………… 272
  10.7 课外实训 ……………………………………………………………… 273

第1章

团队预订系统需求分析与设计

本章主要任务是完成团队预订系统的需求分析,明了在开发系统时需要完成的功能,并在此基础上对系统进行总体的设计。

开发目标:
- 完成项目需求分析。
- 完成数据库设计。
- 完成数据库表的生成。

学习目标:
- 了解如何做项目需求分析。
- 了解如何设计数据库。
- 了解项目使用的框架技术。

1.1 应用系统需求分析

1.1.1 建设目标

该团队预订系统是某旅游开发有限公司电子商务系统中的一个业务应用子系统,重点解决该公司的旅行团网上预订及管理问题。系统需要满足以下要求:
- 统一友好的操作界面,具有良好的用户体验。
- 各旅行社可以管理其下的导游信息。
- 各旅行社可以通过系统提交团队预订的申请,同时可以上传申请资料。
- 实现旅行社团队订单的管理。
- 实现对各大旅行社信息的管理。
- 可以对旅行社发起的团队预订订单进行审核处理。
- 可以管理旅游线路信息。
- 管理网站的各项基本数据。
- 系统运行安全稳定,响应及时。

1.1.2 可行性分析

在正式开发系统前,首先对团队预订系统的技术、操作和经济方面进行可行性分析。

1. 技术可行性

系统的体系结构可采用符合 J2EE 标准的多层架构(如图 1-1 所示),多层架构的体系结构稳固、安全,各层相对独立又相互关联,程序布置灵活,易于扩充。系统的全部数据处理逻辑放在中间层,而客户端只有浏览器程序少量业务处理逻辑,使得系统的维护和更新变得简单,也更安全。数据库不再和每一个活动的用户保持一个连接,而是由应用程序组件负责与数据库打交道,降低了数据库服务器的负担,提高了性能。

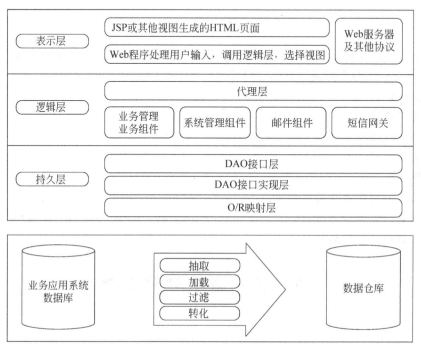

图 1-1 系统体系结构

采用成熟的静态开发语言,应用结构完全基于 B/S 模式,采用服务器分布处理的方式,实现展现、应用与数据库相对独立,便于系统未来的扩展与升级。其中 Web 服务器按不同功能的需要和访客的交互习惯来完成,主要体现在对信息资源量的吞吐能力、检索效率和查询匹配的可靠程度;数据库服务器用于关系型资源转换和存储,以及平台系统的基础构架结构的基础支持。在某些特定的功能单元上采用控件和组件技术封装,确保结构完整和效率提升。

系统的应用(Web 功能表示)、业务逻辑、数据相互分离,系统的功能数据通过统一的业务逻辑处理与数据层进行交互。

各个业务功能以模块化的方式架构,功能模块架构要求采用统一的标准接口规范,实现功能的扩展和定制。模块划分采用高内聚、低耦合的原则进行。当应用系统的业务或者功能发生变化时,可以方便地对相应模块进行修改来实现功能扩展。

系统采用符合 J2EE 标准规范的 B/S 应用模式,使用 Struts 2 + Spring 3.2 + Hibernate 4.0 实现数据展现、业务逻辑、数据存取分离,系统由各种业务组件构成,根据请求调用相应的业务组件,使整个系统耦合度低、模块化强,且为用户提供方便、准确、快速、友好的服务。前台使用 JSP 进行页面和管理界面开发,利用轻巧的 JavaScript 库 jQuery 处理页面脚本,并结合基于 jQuery 的 UI 插件集合体 jQuery EasyUI 以及 Flexigrid 表格控件,使得开发更高效,界面更友好,具有较强的亲和力。后台采用 MySQL 数据库,其小巧、高效的特点足以满足系统的性能要求。本系统采用的技术和开发环境在实际开发中应用非常广泛,充分说明系统在技术方面可行。

2. 操作可行性

该系统主要面向各大旅行社用户,解决旅行团从申请到审批完成的一系列问题。在使用本系统之后,可以减少大量的纸质文档,并且提高审核的速度,无须用户为了旅行团审核而各处奔波。从操作性来讲,只要会一些简单的电脑操作即可完成各项业务,系统的使用也很简单,具有良好的操作可行性。

3. 经济可行性

在实际的团队预订过程中,旅行社需要整理并上报团队资料到景区,采用的只有电话沟通和上门办理等方式进行,由于时间与物理的局限性,严重影响了景区的销售业绩,在无形中提高了人力和财力成本。而使用本系统完全可以改变这种现状,以少量的时间和资金来建立系统,使团队申请变得简单。同时系统中应用的开发工具以及技术框架都是开源免费的,也为公司节约了更多的成本。从成本可行性分析来看,本系统充分体现了将产品利益最大化的原则。

1.1.3 用例分析

经过对团队预订系统的需求进行梳理,可以得到如下两个角色。

1. 团队预订管理人员

团队预订管理人员负责维护系统的正常运行,监控系统的运行状态及各项指标是否正常,对系统的参数进行配置,对各类用户及其权限进行划分。其主要用例包括:

1) 用户管理

对系统用户的相关信息进行管理。当系统需要增加分销点时,管理员只需在用户管理模块中增加一个旅行社用户,为其添加账号,并设置该用户对应的旅行社即可。

2) 线路管理

对系统中的各条线路基础信息进行管理。旅行线路是旅游服务机构为旅游者设计的进行旅游活动的路线。它是联系旅游主体(游客)和客体(对象)的中间环节,起到输送和集散游客的纽带作用。

3) 旅行社管理

对系统中的所有旅行社基本信息进行管理。

4) 团队管理

主要包括团队信息管理和团队审核两个模块。团队信息管理主要用于管理员查询当前系统中所有旅行团订单的情况;团队审核主要用于管理员对分销点旅行社提交的旅行团订单申请进行审核,可以根据线路的客流量等做出适当的安排,分为审核通过和审核不通过两个功能。

5）系统管理

主要包括人员管理和日志管理。

团队预订管理人员的用例图如图1-2所示。

2. 旅行社管理员

一个旅行社就是一个分销点,旅行社管理员的工作就是管理旗下的导游和旅行团的整个生命周期,在本系统中主要管理旅行团订单的申请和维护,其主要用例如下所示。

1）导游管理

对属于本旅行社的导游的基础信息进行管理。

2）旅行团管理

管理本旅行社的旅行团,当旅行社组成了一个新的旅行团时,需要通过该功能将团队的各项基本信息填入系统,并上传相应的审核资料,再发起旅行团申请,由团队预订系统的管理员审核是否各项旅行条件均已具备。审核通过则旅行团可以按原定计划出团,否则需要进行相应的调整并再次申请,或者放弃此次出团。

旅行社管理员的用例图如图1-3所示。

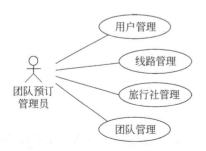

图1-2　团队预订管理人员的用例图

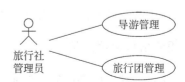

图1-3　旅行社管理员的用例图

1.1.4　功能结构

团队预订系统主要分为4大模块,如图1-4所示。

1. 团队管理

1）团队信息管理

团队信息管理即对旅行团订单的基础信息进行查询和展示。

2）团队审核

团队审核部分将显示需要审核的团队订单,团队预订管理员可使用本模块审核各旅行社发起的旅行团订单。系统提供审核资料的上传下载功能,方便审核时使用。

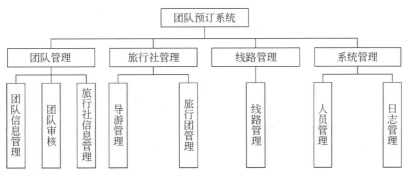

图 1-4　系统模块

3）旅行社信息管理

旅行社信息管理即对旅行社的基础信息进行管理,包括对旅行社信息的增加、删除、修改和查询。

2. 旅行社管理

1）导游管理

导游管理即对导游的基础信息进行管理,包括对导游信息的增加、删除、修改和查询。

2）旅行团管理

旅行社可以在本模块中管理本旅行社的旅行团订单,包含订单的增加、删除、修改、查询和旅行团出团申请提交,同时可以为旅行团上传审核资料,以供团队预订管理员审核时使用。

3. 线路管理

线路管理即管理旅行线路的基础信息,包括对线路信息的增加、删除、修改和查询。

4. 系统管理

1）人员管理

人员管理即管理系统用户的基本信息,包含用户的增加、删除、修改和查询。

2）日志管理

日志管理部分将显示系统记录的日志信息,包含删除、清空和查询功能。

1.1.5　活动状态分析

团队预订系统的主要业务为团队订单的申请与审核,团队预订订单处理的状态图如图 1-5 所示。

对团队订单处理的状态图说明如下:

(1) 新增:旅行社保存订单(或待申请订单保存)时,订单为新增状态。

(2) 废弃:当认为新增订单不需要时将订单废弃,或者审核时发现订单无效时(如预订时间过了有效期)将其废弃。

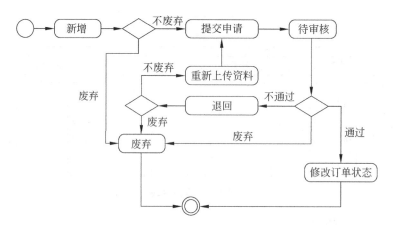

图 1-5 团队预订订单处理的状态图

（3）待审核：将新增或者退回的订单提交给审核人员审核。

（4）退回：审核未通过，则将订单退回。

1.2 系统整体设计

1.2.1 系统结构设计

为了使系统更加容易管理和维护，在正式编写前需要定制好项目的系统文件夹的组织结构，按模块划分文件包，包名以模块命名，如图 1-6 所示。

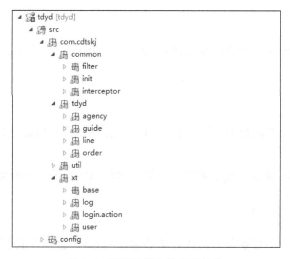

图 1-6 项目系统文件夹的结构

项目资源文件夹结构如图 1-7 所示。

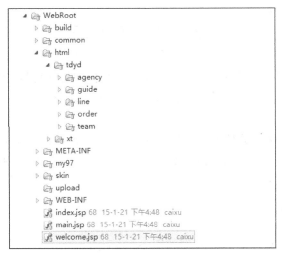

图 1-7　项目资源文件夹的结构

1.2.2　页面结构设计

整个系统页面风格统一,均采用如图 1-8 所示的模板。主页面主要包含 Logo 信息区域、菜单栏区域、内容显示区域和网站版权信息区域。

内容显示区域内部布局一般如图 1-9 所示。

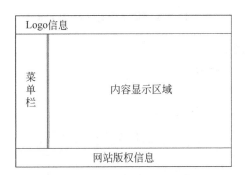

图 1-8　主页面结构

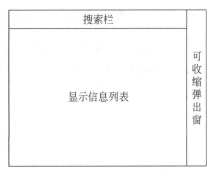

图 1-9　内容显示区域内部布局

1.2.3　开发环境

在进行团队预订系统开发时,需要具备以下开发环境。
- Java 开发包:JDK 1.5 以上。
- Web 服务器:Tomcat 6.0 及以上。
- 数据库:MySQL 5.1。
- IDE 开发工具:MyEclipse。
- 浏览器:IE6 或更高版本的浏览器。

开发环境的配置将在第 2 章进行讲解。

1.3 数据库设计

数据库技术是信息资源管理最有效的手段。数据库设计是指：对于一个给定的应用环境，构造最优的数据库模式，建立数据库及其应用系统，有效存储数据，满足用户信息要求和处理要求。

本系统采用 MySQL 数据库，通过 Hibernate 实现系统的持久化操作。本节将根据项目需求，分析出核心实体类，并设计对应的 E-R 图、概念模型、物理模型和数据表，为团队预订系统的开发打下基础。

1. 设计 E-R 图

(1) 日志信息表 xt_log 的 E-R 图如图 1-10 所示。

(2) 线路信息表 ly_line 的 E-R 图如图 1-11 所示。

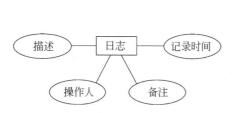

图 1-10 日志信息表 xt_log 的 E-R 图

图 1-11 线路信息表 ly_line 的 E-R 图

(3) 旅行社信息表 ly_agency 的 E-R 图如图 1-12 所示。

(4) 导游信息表 ly_guide 的 E-R 图如图 1-13 所示。

图 1-12 旅行社信息表 ly_agency 的 E-R 图

图 1-13 导游信息表 ly_guide 的 E-R 图

(5) 用户信息表 xt_user 的 E-R 图如图 1-14 所示。

(6) 旅行团订单表 ly_order 的 E-R 图如图 1-15 所示。

2. 设计概念数据模型

概念数据模型(Conceptual Data Model，CDM)表现数据库的全部逻辑的结构，与

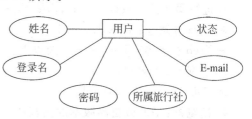

图 1-14 用户信息表 xt_user 的 E-R 图

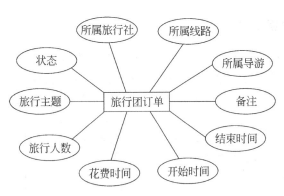

图 1-15　旅行团订单表 ly_order 的 E-R 图

任何软件或数据存储结构无关。一个概念模型经常包括在物理数据库中仍然不实现的数据对象。它给运行计划或业务活动的数据一个正式表现方式。不考虑物理实现细节，只考虑实体之间的关系。

使用 PowerDesigner 设计的数据库需要用到的实体以及实体之间的关系如图 1-16 所示。

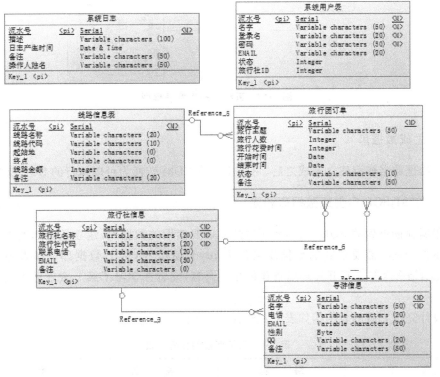

图 1-16　系统数据库概念模型

3. 生成物理数据模型

物理数据模型(Physical Data Model,PDM)描述数据库的物理实现,主要目的是把 CDM 中建立的现实世界模型生成特定的 DBMS 脚本,产生数据库中保存信息的储存结构,保证数据在数据库中的完整性和一致性。设计好的 PDM 如图 1-17 所示。

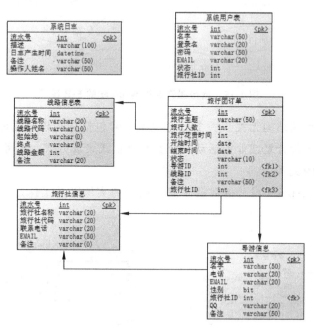

图 1-17 系统数据库物理模型

4. 生成数据库

当物理数据模型建立完成之后,可用工具将 PDM 转换为可以执行的 SQL 文件。

5. 在 MySQL 中创建数据库和表

根据前面得到的 SQL 文件,就可以建立需要使用的数据库,建立数据库的具体方法这里不再赘述。需要建立的数据库名称为 tdyd,使用 MySQL 数据库。如果还未安装 MySQL,请参考第 2 章开发环境搭建的相关内容,或者在学习了第 2 章之后再创建数据库表。

设计完成之后的表结构如表 1-1 至表 1-7 所示。

表 1-1 系统创建的数据库表

表 名	解 释	表 名	解 释
LY_AGENCY	旅行社信息表	LY_ORDER	旅行团订单
LY_GUIDE	导游信息表	XT_LOG	系统日志
LY_LINE	线路信息表	XT_USER	系统用户表

表1-2 系统日志(XT_LOG)

是否主键	字段名	字段描述	数据类型	长度	可空	约束	默认值	备注
是	ID	流水号	INT					流水号
	DESCRIBES	描述	VARCHAR(100)	100	是			描述
	DATE	日志产生时间	DATETIME		是			日志产生时间
	REMARK	备注	VARCHAR(50)	50	是			备注
	OPERATORNAME	操作人姓名	VARCHAR(50)	50	是			操作人姓名

表1-3 线路信息表(LY_LINE)

是否主键	字段名	字段描述	数据类型	长度	可空	约束	默认值	备注
是	ID	流水号	INT					ID流水
	LINENAME	线路名称	VARCHAR(20)	20	是			线路名称
	CODE	线路代码	VARCHAR(10)	10	是			线路代码
	FROMPLACE	起始地	VARCHAR(0)		是			起始地
	TOPLACE	终点	VARCHAR(0)		是			终点
	PRICE	线路金额	INT		是			线路金额
	REMARK	备注	VARCHAR(20)	20	是			备注

表1-4 旅行社信息表(LY_AGENCY)

是否主键	字段名	字段描述	数据类型	长度	可空	约束	默认值	备注
是	ID	ID流水	INT					
	NAME	旅行社名称	VARCHAR(20)	20				
	CODE	旅行社代码	VARCHAR(20)	20	是			
	PHONE	联系电话	VARCHAR(20)	20	是			
	EMAIL	旅行社邮箱	VARCHAR(50)	50	是			
	REMARK	备注	VARCHAR(0)		是			

表1-5 导游信息表(LY_GUIDE)

是否主键	字段名	字段描述	数据类型	长度	可空	约束	默认值	备注
是	ID	流水号	INT					ID
	NAME	名字	VARCHAR(50)	50				名字
	PHONE	电话	VARCHAR(20)	20	是			电话
	EMAIL	邮箱	VARCHAR(20)	20	是			
	SEX	性别	BIT		是			性别
	AGENCYID	旅行社ID	INT					旅行社ID
	QQ	QQ	VARCHAR(20)	20	是			
	REMARK	备注	VARCHAR(50)	50	是			备注

表1-6 系统用户表(XT_USER)

是否主键	字段名	字段描述	数据类型	长度	可空	约束	默认值	备注
是	ID	流水号	INT					ID 主键
	NAME	名字	VARCHAR(50)	50				名字
	LOGINNAME	登录名	VARCHAR(20)	20				登录名
	PASSWORD	密码	VARCHAR(50)	50				密码
	EMAIL	EMAIL	VARCHAR(20)	20	是			
	ZT	状态	INT		是			状态
	AGENCYID	旅行社 ID	INT		是			旅行社 ID

表1-7 旅行团订单(LY_ORDER)

是否主键	字段名	字段描述	数据类型	长度	可空	约束	默认值	备注
是	ID	流水号	INT					流水号 ID
	TITLE	旅行主题	VARCHAR(50)	50	是			旅行主题
	COUNT	旅行人数	INT		是			旅行人数
	TIME	旅行花费时间	INT		是			本次旅行需要花费的时间 单位(天)
	STARTDATE	开始时间	DATE		是			开始时间
	ENDDATE	结束时间	DATE		是			结束时间
	ZT	状态	VARCHAR(10)	10	是			旅行团状态
	GUIDEID	导游 ID	INT		是			导游 ID
	LINEID	线路 ID	INT		是			线路 ID
	REMARK	备注	VARCHAR(50)	50	是			备注
	AGENCYID	旅行社 ID	INT		是			旅行社 ID

1.4 小　　结

本章通过对项目的需求分析，介绍了项目需要完成的内容，并完成了数据库的设计以及项目的初始框架的搭建。这些内容为下一章正式开发打下了基础。

1.5 课 外 实 训

1．实训目的

（1）掌握如何做项目需求分析。

(2) 掌握如何设计数据库。

(3) 掌握项目使用的框架技术。

2. 实训描述

随着互联网技术的不断发展,网络已经逐渐成为了人们生活的一部分。网络教育是近年兴起的一种教育模式,它突破了时空的界线,有别于传统的在校住宿的教学模式。本书的练习中,以开发"英语二级自适应考试平台"(以下简称英语平台)为主。

英语平台是学生自主学习英语的平台,主要用于学生在参加考试之前的英语能力训练、英语专项训练和英语二级在线模拟测试。学生可通过该系统复习巩固自己的英语知识,并通过大量的训练和模拟仿真考试增加英语二级考试的过级概率。

下面是客户提出的该平台应具备的功能:

(1) 学生可以在线学习英语二级相关的词汇及词组,培养强化学生的基本语法知识。

(2) 学生可以针对专项进行训练,如听力题、词汇题、阅读题等不同类型的项目。

(3) 学生可以在线进行英语二级仿真模拟考试。

(4) 管理员可以录入试题。

(5) 管理员可以设置仿真模拟试卷的参数,如该试卷有哪些题型,分别有多少个题目,每个题应该有多少分值。

(6) 管理员可以添加单词及词组等资源,用于学生学习和训练。

任务一:

请结合上述需求,并参考团队预订需求设计说明书编写出该英语平台的系统需求说明书。包含系统角色、角色用例、系统功能结构、系统主要业务流程等。

任务二:

请结合上述需求,分析系统需要使用的数据库表之间的对应关系,并设计 E-R 图和数据库表。

3. 实训要求

(1) 各项文档请参考实例文档格式要求完成。

(2) 数据库设计请使用 PowerDesigner 完成。

第 2 章 开发准备

本章主要任务是搭建开发的环境,正所谓"工欲善其事,必先利其器"。开发 J2EE 应用通常需要安装 Java 开发工具包 JDK、Web 服务器 Tomcat、数据库 MySQL、IDE 开发工具 MyEclipse。

开发目标:
- 安装 JDK。
- 安装 MyEclipse。
- 安装 Tomcat。
- 安装 MySQL。
- 创建项目。

学习目标:
- 了解什么是 J2EE。
- 了解 J2EE 的结构。
- 了解目前流行的框架技术。
- 了解 MyEclipse 的基本配置方法。

2.1 任务简介

由于本项目是完全基于 J2EE 规范而开发的项目,大家首先需要对 J2EE 有一个基本的认识。本章主要对 J2EE 的概念性知识进行讲解,同时介绍如何搭建好开发环境,为之后正常进入开发打下基础。在环境搭建完成之后需要完成一个任务,那就是使用 MyEclipse 创建团队预订系统的基础框架。

2.2 技术要点

2.1.1 J2EE 的背景

在许多企业级应用中,例如数据库连接、邮件服务、事务处理等,都是一些通用企业需求模块，这些模块如果每次在开发中都由开发人员来完成，将会造成开发周期长和代码可靠性差等问题。于是许多大公司开发了自己的通用模块服务。这些服务性的软件系列统称为中间件。

在需求基础上，许多公司都开发了自己的中间件，但其与用户的沟通各有不同，导致用户无法将各个公司不同的中间件组装在一起为自己服务，从而产生瓶颈，于是提出标准的概念。其实 J2EE 就是基于 Java 技术的一系列标准。

Sun 公司在 1998 年发表 JDK 1.2 版本的时候使用了新名称 Java 2 Platform，即 Java 2 平台，修改后的 JDK 称为 Java 2 Platform Software Developing Kit，即 J2SDK，并分为标准版（Standard Edition, J2SE）、企业版（Enterprise Edition, J2EE）和微型版（Micro Edition, J2ME）。J2EE 便由此诞生。

2005 年 6 月，JavaOne 大会召开，Sun 公司公开 Java SE 6。此时，Java 的各种版本已经更名以取消其中的数字 2，J2EE 更名为 Java EE，J2SE 更名为 Java SE，J2ME 更名为 Java ME。但人们多年来仍习惯于称 Java 企业版为 J2EE，因此，本书也遵从这种习惯。

Java 2 平台包括标准版（J2SE）、企业版（J2EE）和微缩版（J2ME）3 个版本：

(1) J2SE(Java 2 Standard Edition)是 Java 的标准版，用于标准的应用开发。

(2) J2EE(Java 2 Enterprise Edition)是 Java 的企业版，用于企业级的应用服务开发。

(3) J2ME(Java 2 Micro Edition)是 Java 的微型版，常用于手机上的开发。

> 中间件处在操作系统和更高一级应用程序之间。它的功能是：将应用程序运行环境与操作系统隔离，从而使应用程序开发者不必为更多的系统问题忧虑，而直接关注该应用程序在解决问题上的能力。容器就是中间件的一种。

2.1.2 什么是 J2EE

J2EE 是一套全然不同于传统应用开发的技术架构，包含许多组件，主要可简化且规范应用系统的开发与部署，进而提高可移植性、安全性与再用价值。

J2EE 的核心是一组技术规范与指南，其中所包含的各类组件、服务架构及技术层次均有共同的标准及规格，让各种依循 J2EE 架构的不同平台之间存在良好的兼容性，解决过去企业后端使用的信息产品彼此之间无法兼容，企业内部或外部难以互通的窘境。

J2EE 组件和"标准的"Java 类的不同点在于：它被装配在一个 J2EE 应用中，具有固定的格式并遵守 J2EE 规范，由 J2EE 服务器对其进行管理。J2EE 规范是这样定义 J2EE 组件的：客户端应用程序和 Applet 是运行在客户端的组件；Java Servlet 和 Java Server Pages（JSP）是运行在服务器端的 Web 组件；Enterprise Java Bean（EJB）组件是运行在服务器端的业务组件。

2.1.3 J2EE 的优越性

J2EE 的优越性主要表现在如下几个方面：

(1) **保留现存的 IT 资产**。可以充分利用原有的投资，由于基于 J2EE 平台的产品几乎能在任何操作系统和硬件配置上运行,现有的操作系统和硬件也能被保留使用。

(2) **高效的开发**。J2EE 允许公司将一些通用的、烦琐的服务端任务交给中间件供应商完成。这样开发人员可以集中精力在如何创建商业逻辑上,相应地缩短开发时间。

(3) **支持异构环境**。J2EE 能够开发部署在异构环境中的可移植程序,基于 J2EE 的应用程序不依赖于任何特定的操作系统、中间件、硬件,因此设计合理的基于 J2EE 的程序只需开发一次就可部署到各种平台。同时允许客户订购与 J2EE 兼容的第三方组件,把它们部署到异构环境中,从而节省由自己制定整个方案所需的费用。

(4) **可伸缩性**。J2EE 领域的供应商提供了更为广泛的负载平衡策略,能消除系统中的瓶颈,允许多台服务器集成部署,这种部署可达数千台处理器,实现可高度伸缩的系统,满足未来商业的需求。

(5) **稳定的可用性**。J2EE 可部署到可靠的操作系统中,它们支持长期的可用性。

2.1.4 J2EE 结构

这种基于组件、具有平台无关性的 J2EE 结构使得 J2EE 程序的编写十分简单,因为业务逻辑被封装成可复用的组件,并且 J2EE 服务器以容器的形式为所有的组件类型提供后台服务。由于不用自己开发这种服务,所以开发者可以集中精力解决手头的业务问题。

容器和服务容器设置 J2EE 服务器所提供的内在支持,包括安全、事务管理、JNDI(Java Naming and Directory Interface)寻址、远程连接等服务。下面列出最重要的几种服务。

1. J2EE 安全(Security)模型

可以配置 Web 组件或 Enterprise Bean,这样只有被授权的用户才能访问系统资源。该模型的每一个客户均属于一个特别的角色,而每个角色只允许激活特定的方法。开发者应该在 Enterprise Bean 的配置描述中声明角色和可被激活的方法。由于使用了这种声明性的方法,因此开发者不必编写加强安全性的规则。

2. J2EE 事务管理(Transaction Management)模型

让开发者指定组成一个事务中所有方法间的关系,这样一个事务中的所有方法被当成一个单一的单元。当客户端激活一个 Enterprise Bean 中的方法后,容器介入事务管理,因为有容器管理事务,所以在 Enterprise Bean 中开发者不必对事务的边界进行编码。否则要求控制分布式事务的代码会非常复杂,而现在开发者只需在配置描述文件中声明 Enterprise Bean 的事务属性,而不用编写并调试复杂的代码。容器将读取此文件并处理此 Enterprise Bean 的事务。JNDI 寻址(JNDI Lookup)服务向企业内的多重名字和目录服务提供了一个统一的接口,因此应用程序组件可以访问名字和目录服务。

3. J2EE 远程连接(Remote Client Connectivity)模型

管理客户端和 Enterprise Bean 间的低层交互。当一个 Enterprise Bean 创建后,客户端调用它的方法就像它和客户端位于同一虚拟机上一样。

4. 生存周期管理（Life Cycle Management）模型

管理 Enterprise Bean 的创建和移除。一个 Enterprise Bean 在其生存周期中将会历经几种状态。容器创建 Enterprise Bean，并在可用实例池与活动状态中移动它，而最终将其从容器中移除。即使可以调用 Enterprise Bean 的 create 及 remove 方法，容器也将会在后台执行这些任务。

5. 数据库连接池（Database Connection Pooling）模型

这是一个有价值的资源。获取数据库连接是一项耗时的工作，而且连接数非常有限。容器通过管理连接池来缓和这些问题。Enterprise Bean 可从池中迅速获取连接。在 Bean 释放连接之后可为其他 Bean 使用。

J2EE 应用组件可以安装部署到以下容器中：

（1）EJB 容器，管理所有 J2EE 应用程序中企业级 Bean 的执行，Enterprise Bean 及其容器运行在 J2EE 服务器上。

（2）Web 容器，管理所有 J2EE 应用程序中 JSP 页面和 Servlet 组件的执行，Web 组件及其容器运行在 J2EE 服务器上，应用程序客户端容器管理所有 J2EE 应用程序中应用程序客户端组件的执行，应用程序客户端及其容器运行在 J2EE 服务器上，Applet 容器是运行在客户端机器上的 Web 浏览器和 Java 插件的结合。

2.1.5　J2EE 组件标准规范

J2EE 平台由一整套服务（Services）、应用程序接口（API）和协议构成，它对开发基于 Web 的多层应用提供了功能支持，下面对 J2EE 中的 13 种技术规范进行简单的描述。

1. JDBC（Java Database Connectivity）

JDBC API 为访问不同的数据库提供了统一的路径。像 ODBC 一样，JDBC 的开发者屏蔽了一些细节问题。另外，JDBC 对数据库的访问也具有平台无关性。

2. JNDI（Java Name and Directory Interface）

JNDI API 被用于执行名字和目录服务。它提供了一致的模型来存取和操作企业级的资源 DNS 和 LDAP、本地文件系统或应用服务器中的对象。

3. EJB（Enterprise JavaBean）

J2EE 技术之所以赢得广泛重视的原因之一就是 EJB，它提供了一个框架来开发和实施分布式商务逻辑，由此显著地简化了具有可伸缩性和高度复杂的企业级应用程序的开发。EJB 规范定义了 EJB 组件在何时如何与其容器进行交互作用。容器负责提供公用的服务，例如目录服务、事务管理、安全性、资源缓冲池以及容错性，但这里值得注意的是，EJB 并不是实现 J2EE 的唯一路径。正是由于 J2EE 的开放性，使得所有的厂商能够以一种和 EJB 平行的方式来达到同样的目的。

4. RMI(Remote Method Invoke)

RMI(远程方法请求)协议调用远程对象上的方法。它使用序列化的方式在客户端和服务器之间传递数据,是一种被 EJB 使用的更底层的协议。

5. Java IDL/CORBA(通用对象请求代理架构是软件构建的一个标准)

在 Java IDL 的支持下,开发人员可以将 Java 和 CORBA 集成在一起,它们可以创建 Java 对象并使之可在 CORBA ORB 中展开,还可以创建 Java 类并和其他 ORB 一起展开 CORBA 对象客户。后一种方法提供了另外一种途径,通过它 Java 可以将新的应用程序和旧的系统集合在一起。

6. JSP

JSP 页面由 HTML(标准通用标记语言下的一个应用)代码和嵌入其中的 Java 代码组成。服务器在页面被客户端所请求以后对这些 Java 代码进行处理,然后将生成的 HTML 页面返回给客户端浏览器。

7. Java Servlet

Servlet 是一种小型的 Java 程序,它扩展了 Web 服务器的功能,作为一种服务器的应用,当被请求时开始执行,这和 CGI Perl 脚本很相似,Servlet 提供的功能大多和 JSP 类似,不过实现的方式不同,JSP 通常是在占大多数的 HTML 代码中嵌入少量的 Java 代码,而 Servlet 全部由 Java 写成并且生成 HTML。

8. XML

XML(标准通用标记语言的子集)是一种可以定义其他标记语言的语言,可用于不同的商务过程中共享数据。XML 的发展和 Java 是相互独立的,但是它和 Java 具有的相同目标是平台独立性。

9. JMS

JMS 是用于和面向对象消息的中间件相互通信的应用程序接口,它既支持点对点的域,又支持发布/订阅类型的域,并且提供了下列类型的支持:消息传递、事务型消息的传递、一致性消息和具有持久性的订阅者支持。JMS 还提供了另一种方式来对新系统和旧后台系统相互集成。

10. JTA

JTA 定义了一种标准 API,应用程序由此可以访问各种事务监控。

11. JTS

JTS 是 CORBA OTS 事务监控的基本实现。TS 规定了事务管理的实现方法,该事务管理器在高层支持 Java Transaction API 规范,并且在较低层次实现 OMG OTS Specification 和 Java 映像。JTS 事务管理器为应用程序服务器、资源管理器、独立的应用以及资源管理器提供了事务服务。

12. JavaMail

JavaMail 是用于存取邮件服务器的 API,它提供了一套邮件服务器的抽象类,不仅支持 SMTP 服务器,也支持 IMAP 服务器。

13. JAF(JavaBeans Activation Framework)

JavaMail 利用 JAF 来处理 MIME 编码的邮件附件。MIME 的字节流可以被转换成 Java 对象,大多数应用都不需要直接使用 JAF。

2.1.6 J2EE 目前流行的框架技术概述

1. 3 层结构

下面介绍经典的三层结构(3-tier application):

通常意义上的三层结构就是将整个业务应用划分为表现层(UI)、业务逻辑层(BLL)、数据访问层(DAL)。区分层次的目的是为了**"高内聚,低耦合"**。

1) 表现层(UI)

表现层也称为表示层,主要指与用户交互的界面,用于接收用户输入的数据和显示处理后用户需要的数据。

2) 业务逻辑层(BLL)

业务逻辑层简称业务层,是 UI 层和 DAL 层之间的桥梁,实现业务逻辑,针对具体问题进行操作;也可以说是对数据层的操作,对数据业务进行逻辑处理。业务逻辑具体包含验证、计算、业务规则等。

3) 数据访问层(DAL)

数据访问层也称持久层,该层直接操作数据库,即针对数据的增添、删除、修改、更新、查找等,同时将业务层处理的数据保存到数据库。

2. 应用框架

J2EE 复杂的多层结构决定了大型的 J2EE 项目需要运用框架和设计模式来控制软件质量。目前,市场上出现了一些商业的、开源的基于 J2EE 的应用框架,其中主流的框架技术有基于 MVC 模式的 Struts 框架、基于 IoC 模式的 Spring 框架以及对象/关系映射框架 Hibernate 等。三者结合即产生了本项目所使用的框架技术——SSH。

SSH 框架是 Struts 2+Spring+Hibernate 的一个集成框架,是目前较流行的一种 Web 应用程序开源框架。

由 SSH 框架所架设的系统中,其基本业务流程是:在表现层中,首先通过 JSP 页面实现交互界面,负责传送请求(Request)和接收响应(Response),然后 Struts 根据配置文件(struts-config.xml)将 ActionServlet 接收到的 Request 委派给相应的 Action 处理。在业务层中,管理服务组件的 Spring IoC 容器负责向 Action 提供业务模型(Model)组件和该组件的协作对象数据处理(DAO)组件完成业务逻辑,并提供事务处理、缓冲池等容器组件以提升系统性能和保证数据的完整性。而在数据访问层中,则依赖于 Hibernate 的对象化映射和数据库交互,处理 DAO 组件请求的数据,并返回处理结果。

采用上述开发模型,不仅实现了视图、控制器与模型的彻底分离,而且还实现了业务逻辑层与持久层的分离。这样无论前端如何变化,模型层只需很少的改动,而且数据库的变化也不会对前端有所影响,大大提高了系统的可复用性,再加上不同层之间耦合度小,有利于团队成员并行工作,大大提高了开发效率。

SSH 框架的大致工作流程如图 2-1 所示。

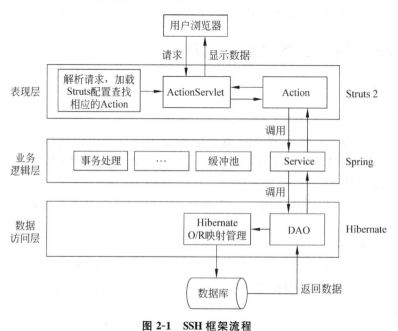

图 2-1 SSH 框架流程

2.3 开发:开发环境的搭建

在正式开发之前首先需要搭建好开发环境,通常需要安装 JDK、Tomcat 服务器、MySQL 数据库和 IDE 开发工具 MyEclipse。下面详细介绍搭建开发环境的步骤。

2.3.1 JDK 的下载和安装

1. 下载 JDK

根据操作系统的类型,在下面网址里选择相应操作系统的 JDK,这里选择 32 位的 jdk-7u71-windows-i586.exe,下载前要先勾选 Accept License Agreement。

http://www.oracle.com/technetwork/java/javase/downloads/jdk7-downloads-1880260.html

2. 安装

下载后，双击安装程序直接进行安装，安装时可以将 JDK 安装到指定的路径或者默认路径，然后直接单击"下一步"按钮执行安装即可。

3. 环境变量的设置

Windows 7 界面与 Windows XP 相比做了一点小的修改，不过不影响操作，这里需要设置 JAVA_HOME、CLASSPATH、Path 3 个环境变量。

（1）右击"计算机"，单击"属性"，在弹出界面左部分的"高级系统设置"中，选择"高级"选项卡，单击下部的"环境变量"按钮，如图 2-2 所示。

在"系统变量"中，设置 3 条属性 JAVA_HOME、CLASSPATH、Path（不区分大小写），若已存在，则单击"编辑"按钮，不存在则单击"新建"，如图 2-3 所示。

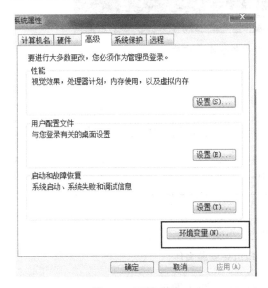

图 2-2　环境变量

图 2-3　设置 CLASSPATH

（2）JAVA_HOME 指明 JDK 安装路径，就是刚才安装时所选择的路径 E:/Java/jdk1.6.0_20，此路径下包括 lib、bin、jre 等文件夹（此变量需要设置，因为以后运行 Tomcat、Eclipse 等都需要使用此变量）。

（3）Path 使得系统可以在任何路径下识别 Java 命令，这里要注意，Path 应该原本就存在的，所以就不用新建了，找到 Path，单击"编辑"按钮，在值的最前面加上下面的语句即可，如图 2-4 所示。如果覆盖了 Path 变量，将导致 cmd 下有些基本的命令会找不到。

图 2-4　设置 Path

```
%JAVA_HOME%/bin;%JAVA_HOME%/jre/bin;
```

（4）CLASSPATH 为 Java 加载类（class or lib）路径，只有类在 CLASSPATH 中，Java 命令才能识别。设为：.;%JAVA_HOME%/lib/dt.jar;%JAVA_HOME%/lib/tools.jar（一定要加"."表示当前路径），%JAVA_HOME%就是引用前面指定的 JAVA_HOME。

4．检验安装配置是否正确

执行"开始"命令，输入 cmd。

运行 java-version 命令，查看输出是否如图 2-5 所示。出现类似画面，安装配置就成功了。

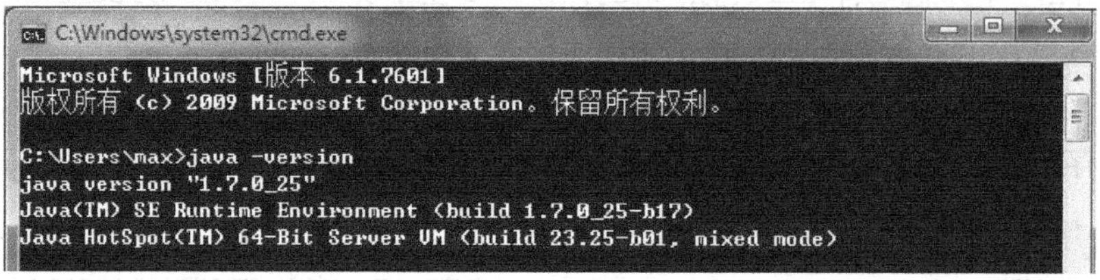

图 2-5 检验环境变量是否设置成功

2.3.2　MyEclipse 的安装和使用

（1）先到 MyEclipse 官网下载最新的版本，目前最新的版本是 MyEclipse 2014。下载地址如下：http://www.myeclipseide.cn/。

（2）双击下载的.exe 文件，如图 2-6 所示。

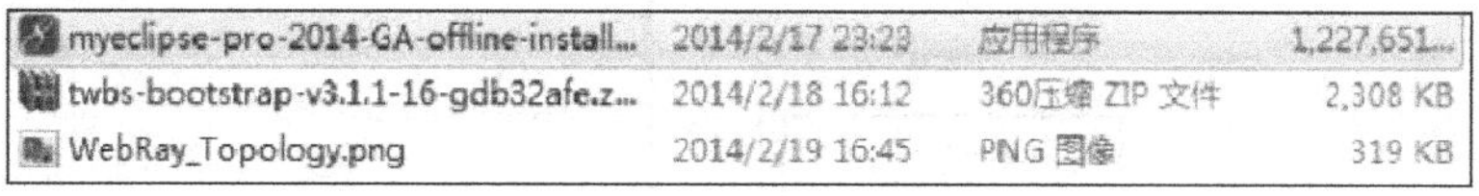

图 2-6 下载的 MyEclipse 安装文件

（3）MyEclipse 的安装特别简单，一直单击 Next 按钮即可。

（4）对 MyEclipse 进行配置。

给 MyEclipse 配置 JDK。打开 MyEclipse 2014，执行 Window→Preference 命令，如图 2-7 所示。

根据图 2-7 的引导，进入到配置页面，在搜索栏中搜索 install，出现相关的结果，执行 Installed JREs→Add 命令，如图 2-8 所示。

如图 2-9 所示，选中选项，单击 Next 按钮，出现的页面如图 2-10 所示，单击 Directory 按钮。

根据图 2-10 的引导，出现如图 2-11 所示，选择 JDK 的安装路径，单击"确定"按钮，结果如图 2-12 所示，单击 Finish 按钮，即可完成 JDK 的配置。

第 2 章 开发准备 23

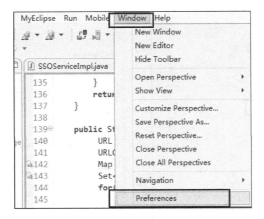

图 2-7　配置 MyEclipse

图 2-8　添加 JRE 环境

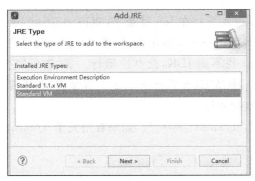

图 2-9　选择 JRE 类型

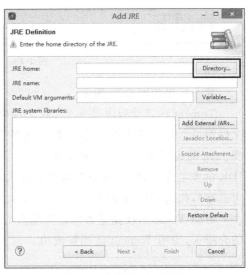

图 2-10　选择 JRE 路径

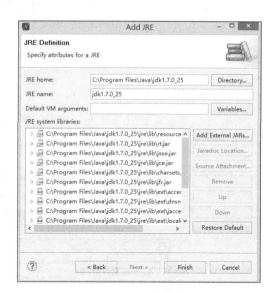

图 2-11　选择 JDK 安装路径　　　　　图 2-12　完成配置

2.3.3　Tomcat 的安装和配置

1. 首先是 Tomcat 的获取和安装

Tomcat 分为安装版和解压版两种版本，使用方法是一样的，只是在安装版中有一些界面可提供对 Tomcat 的快捷设置，而且会将 Tomcat 作为系统服务进行注册，这里使用解压版。

下载地址为 http://tomcat.apache.org/download-70.cgi，使用 32 位解压版，解压得到如图 2-13 所示的文件夹。

图 2-13　解压版 Tomcat

其子目录如图 2-14 所示。

Tomcat 的启动程序是一个 bat 文件（Windows 下），在 bin 目录下，双击 startup.bat 文件即可。如果启动不成功，一般情况是控制台闪现一下立即消失，说明 Tomcat 没有找到 Java 的运行时环境。简单理解，就是 Tomcat 找不到 JDK，没办法运行。要"告诉"它 JDK 的安装路径，即在环境变量里新建 JAVA_HOME（如果已按 2.2.1 节设置，此步骤可忽略），指向 JDK 安装目录。这样，Tomcat 就配置好了。

启动 Tomcat，在浏览器地址栏输入 http://localhost:8080/。如果看到关于 Tomcat 的介绍页，说明 Tomcat 已配置成功。

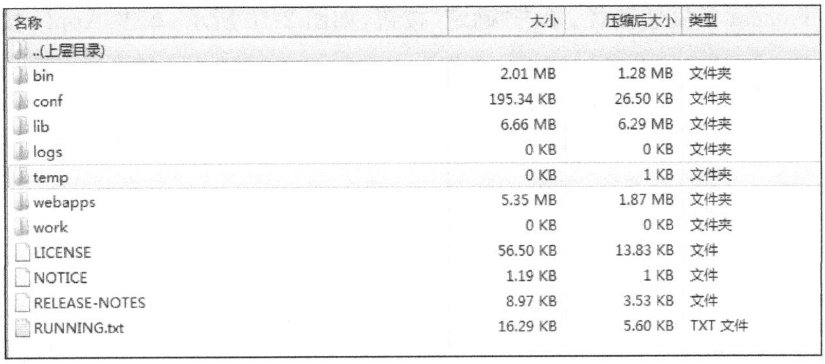

图 2-14　Tomcat 子目录

2. Tomcat 的目录结构

bin 目录存放一些启动运行 Tomcat 的可执行程序和相关内容。conf 存放关于 Tomcat 服务器的全局配置。lib 目录存放 Tomcat 运行或者站点运行所需的 jar 包，所有在此 Tomcat 上的站点共享这些 jar 包。wabapps 目录是默认的站点根目录，可以更改。work 目录存放在服务器运行时的过渡资源，即存储 JSP、Servlet 翻译、编译后的结果。

3. 为 MyEclipse 配置 Tomcat

打开 MyEclipse，单击 Window→Preference 命令，在搜索栏中搜索 tomcat，单击 Tomcat 7.x（此处以配置 Tomcat 7 为例。如果配置的是其他版本，请选择相应的版本）。勾选 Enable 选项，单击 Browse 按钮，操作如图 2-15 所示。

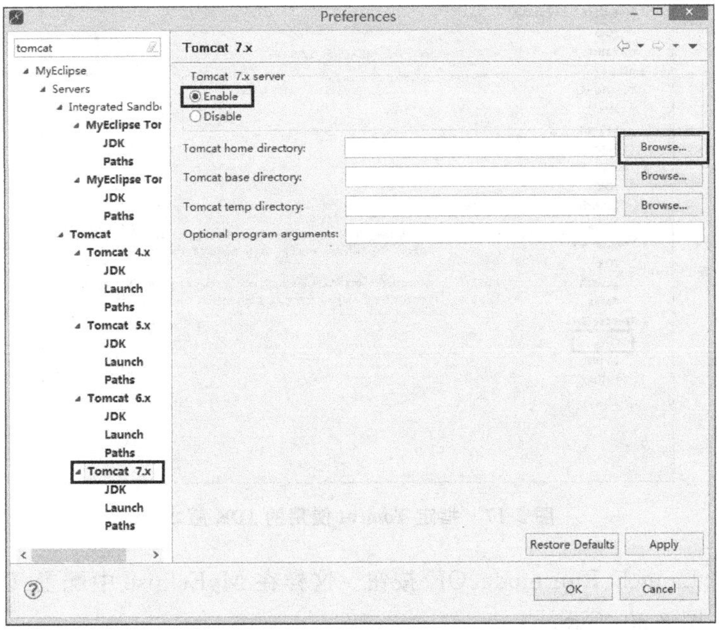

图 2-15　启用 Tomcat

选择 Tomcat 的安装路径，单击"确定"按钮，如图 2-16 所示，单击 Apply 按钮。

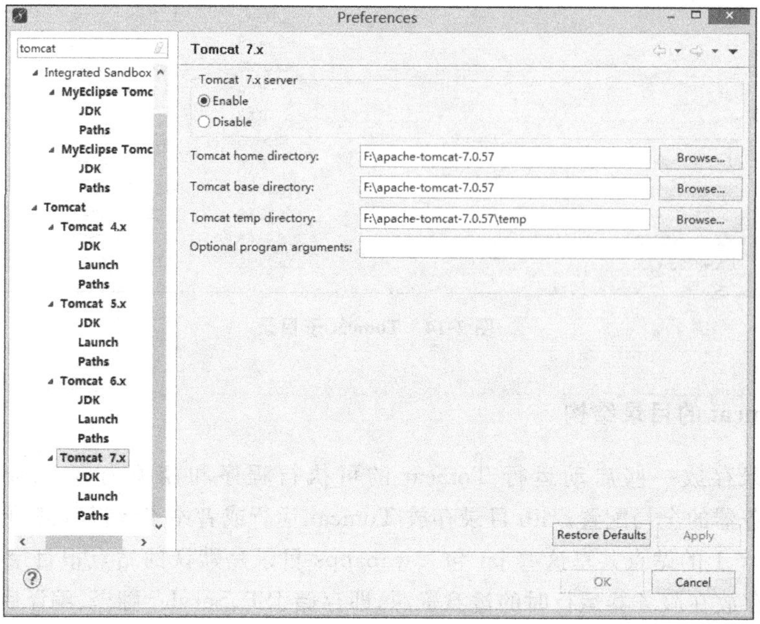

图 2-16 选择 Tomcat 安装路径

执行 JDK→Add 命令，则出现和之前安装 JDK 一样的页面，如图 2-17 所示。出现如图 2-18 所示的界面时，单击 Apply 按钮。

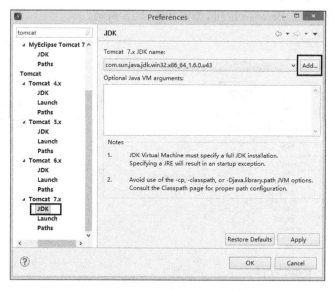

图 2-17 指定 Tomcat 使用的 JDK 版本

依次单击 Launch、Run mode、OK 按钮。这样在 MyEclipse 中配置 Tomcat 就完成了，如图 2-19、图 2-20 所示。

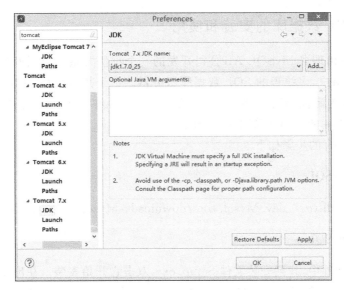

图 2-18 选择自己安装的 JDK

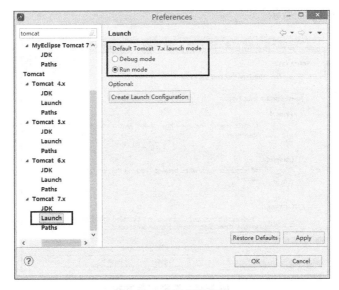

图 2-19 启用运行模式

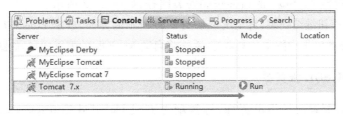

图 2-20 Tomcat 运行状态

2.3.4 MySQL 数据库的安装和使用

MySQL 是由瑞典 MySQL AB 公司开发的一个小型关系型数据库管理系统。它是一个真正的多用户、多线程的 SQL 数据库服务器。由于其体积小、速度快，总体拥有成本低，尤其是开放源代码这一特点，目前已被广泛应用在 Internet 上的中小型网站中。本书所有含数据库的示例均采用 MySQL。

安装 MySQL 的步骤如下。

1．下载 MySQL

下载地址为 http://dev.Mysql.com/downloads/Mysql/5.0.html#downloads。

2．安装 MySQL

在下载的文件中，找到安装文件 Setup.exe，双击它开始安装。在出现的窗口中选择安装类型。安装类型有 Typical（默认）、Complete（完全）、Custom（用户自定义）3 个选项，在这里选择 Custom，这样可以在后面的安装过程中设置相关的选项。单击 Next 按钮继续安装，如图 2-21 所示。

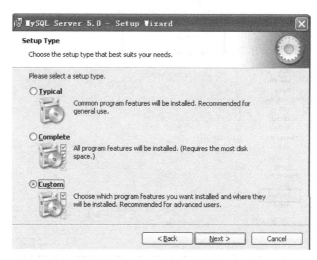

图 2-21　选择安装方式

接下来将设定 MySQL 的组件包和安装路径，如图 2-22 所示。

单击 Next 按钮继续安装，直至出现如图 2-23 所示的界面，单击 Finish 按钮完成 MySQL 的安装。如果在此时选中图中的复选框，系统将启动 MySQL 的配置向导，如图 2-24 所示。

3．配置 MySQL 服务器

在 MySQL 配置向导启动界面，选择配置方式 Detailed Configuration（手动精确配置）、Standard Configuration（标准配置），单击 Detailed Configuration 选项，此选项可以让使用者熟悉配置过程，如图 2-24 所示，单击 Next 按钮继续。

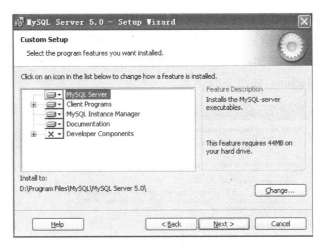

图 2-22 自定义安装

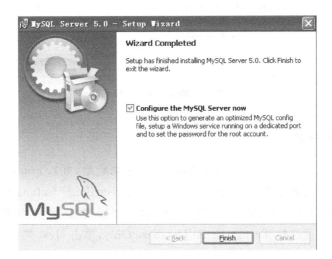

图 2-23 安装完成后启动配置向导

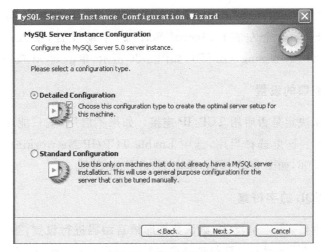

图 2-24 使用精确配置

此时出现选择服务器安装类型界面,其中有3个选项:Developer Machine(开发测试类,MySQL 占用很少资源)、Server Machine(服务器类型,MySQL 占用较多资源)、Dedicated MySQL Server Machine(专门的数据库服务器,MySQL 占用所有可用资源)。一般选择 Server Machine,如图 2-25 所示。

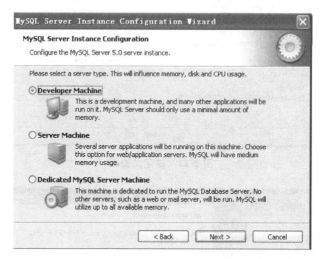

图 2-25　选择 Developer Machine

4. 安装类型设置

有4个选项:Multifunctional Database(通用多功能型,好)、Transactional Database Only(服务器类型,专注于事务处理,一般)、Non-Transactional Database Only(非事务处理型,较简单,主要做一些监控、计数用,对 MyISAM 数据类型的支持仅限于 non-transactional)。这里选择 Transactional Database Only,单击 Next 按钮继续安装。

5. 设置网站允许链接 MySQL 的最大数目

有3个选项:Decision Support(DSS)/OLAP(20 个左右)、Online Transaction Processing(OLTP)(500 个左右)、Manual Setting(手动设置,输入一个数)。这里选 Online Transaction Processing(OLTP),如图 2-26 所示,单击 Next 按钮继续安装。

6. MySQL 端口的设置

设定端口用来决定是否启用 TCP/IP 连接。如果不启用,就只能在本地的机器上访问 MySQL 数据库。这里选择启用,选中 Enable TCP/IP Networking 选项。设置 Port Number 的值为 3306,如图 2-27 所示,单击 Next 按钮继续。

7. 设置 MySQL 的字符集

此步骤比较重要,将对 MySQL 默认数据库语言编码进行设置,第一个是西文编码,第二个是多字节的 UTF8 编码,建议选择第三项。然后在 Character Set 下拉框里选择或

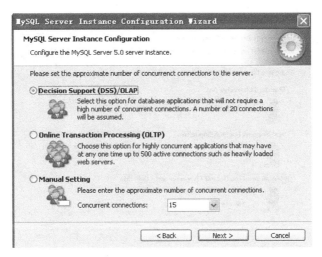

图 2-26 设置允许链接 MySQL 的最大数目

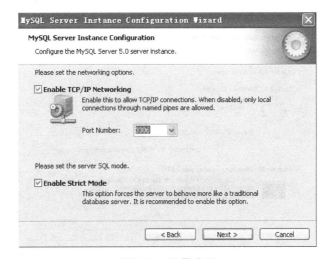

图 2-27 设置端口

填写 utf8，如图 2-28 所示，单击 Next 按钮继续。

8．数据库注册

本步骤可以指定 Service Name（服务标识名称），将 MySQL 的 bin 目录加入到 Windows PATH（加入后，就可以直接使用 bin 下的文件，而不用指出目录名，比如连接数据库。输入 Mysql.exe-uusername-ppassword；即可，不用指出 Mysql.exe 的完整地址），在这里建议选中 Install As Windows Service 选项。Service Name 按默认提供的即可，如图 2-29 所示，单击 Next 按钮继续安装。

9．权限设置

配置向导询问是否要修改默认 root 用户（超级管理）的密码（默认为空），New root

图 2-28　设置字符集

图 2-29　设置 MySQL 服务

password 项可以填写新密码（如果是重装，并且之前已经设置了密码，在这里更改密码可能会出错，请留空，安装配置完成后另行修改密码）。Confirm（再输一遍）选项提示再重输一次密码，防止输错。如图 2-30 所示，Enable root access from remote machines 选项表示是否允许 root 用户在其他机器上登录，如果只允许本地用户访问，就不能选中。如果允许远程用户访问，请选中此项。Create An Anonymous Account 表示是否新建一个匿名用户。匿名用户可以连接数据库，不能操作数据或查询数据。一般无须选中此项。设置完毕，单击 Next 按钮，将显示如图 2-31 所示的界面。

至此 MySQL 安装完成。

图 2-30　设置密码

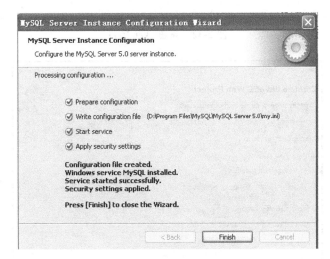

图 2-31　执行安装

2.4　开发：创建项目

2.4.1　搭建

在了解了系统框架，并且搭建好了开发环境之后，接下来开始搭建系统框架。首先来清理搭建框架需要用到的资源：

> 开发环境：**JDK**、**MyEclipse**、**Tomcat**、**MySQL**。
> 项目资源：**项目 jar 包**（包含 Struts 2、Spring、Hibernate 以及所有相关的 jar 包）和项目使用到的前端工具包（前端使用 easyui，包含许多已封装好的工具，可直接使用）。

注：本项目重点在 J2EE 的知识，所以前端使用已封装好的工具直接进行开发，能做出比较绚丽的前端页面。事实上，现在大多数的软件公司中，为了提升前端开发的效率，降低开发成本和周期，都会使用前端框架。但"千里之行，始于足下"，大家同时也要学好前端的基础知识。

接下来开始创建项目，具体步骤如下：

（1）创建一个 Web Project 项目，如图 2-32、图 2-33 所示。

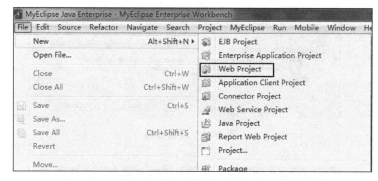

图 2-32 新建 Web 项目

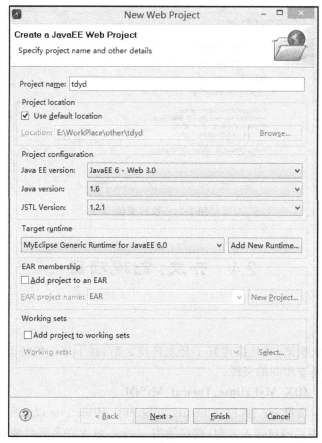

图 2-33 输入项目名称

（2）加入 jar 包，将之前准备好的 jar 包放入 WEB-INF 下的 lib 文件夹中，如图 2-34 所示。

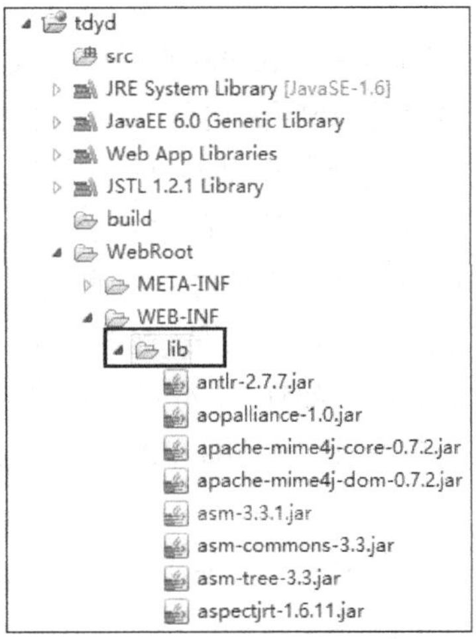

2.4.2 配置

在创建项目之后，需要对项目做一些基本配置，在本节需要配置项目的字符集过滤器和控制台日志配置。下面是两者的配置方法。

1. web.xml

web.xml 文件是用来配置欢迎页、servlet、filter 等的，整个项目启动时最优先加载该配置文件。在项目搭建初始时，只需在 web.xml 里配置欢迎页和 Spring 的字符集过滤器即可，代码如下：

图 2-34　加入 lib 包

```
<?xml version="1.0" encoding="UTF-8"?>
<web-app xmlns:xsi="http://www.w3.org/2001/XMLSchema-instance" xmlns=
"http://java.sun.com/xml/ns/javaee" xmlns:web="http://java.sun.com/xml/ns/
javaee/web-app_2_5.xsd"
xsi:schemaLocation="http://java.sun.com/xml/ns/javaee http://java.sun.com/
xml/ns/javaee/web-app_3_0.xsd"
id="WebApp_ID" version="3.0">
    <display-name>tdyd</display-name>
    <welcome-file-list>
        <welcome-file>index.jsp</welcome-file>
    </welcome-file-list>
    <!--spring 的字符集过滤器 -->
    <filter>
        <filter-name>Spring character encoding filter</filter-name>
        <filter-class>org.springframework.web.filter.CharacterEncodingFilter</filter-class>
        <init-param>
            <param-name>encoding</param-name>
            <param-value>UTF-8</param-value>
        </init-param>
    </filter>
    <filter-mapping>
        <filter-name>Spring character encoding filter</filter-name>
        <url-pattern>/* </url-pattern>
    </filter-mapping>
</web-app>
```

2. 控制台日志配置

log4j 是 Apache 的一个开放源代码项目，通过使用 log4j，可以控制日志信息输送的目的地是控制台、文件、GUI 组件，甚至是套接口服务器、NT 的事件记录器、UNIX Syslog 守护进程等；也可以控制每一条日志的输出格式；通过定义每一条日志信息的级别，能够更加细致地控制日志的生成过程。最令人感兴趣的就是，这些可以通过一个配置文件来灵活地进行配置，而不需要修改应用的代码。

在项目中 config 文件夹下建立如图 2-35 所示的配置文件。

文件中的代码如下：

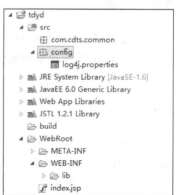

图 2-35　加入 log4j 配置文件

```
#设置日志级别
log4j.rootLogger=INFO, stdout, logfile
#日志输出到控制台
log4j.appender.stdout=org.apache.log4j.ConsoleAppender
#日志的布局格式为灵活布局
log4j.appender.stdout.layout=org.apache.log4j.PatternLayout
#日志输出的格式
log4j.appender.stdout.layout.ConversionPattern=%d %p [%c] - %m%n
#日志输出到文件
log4j.appender.logfile=org.apache.log4j.RollingFileAppender
#日志文件路径
log4j.appender.logfile.File=$ {WORKDIR}/logs/hqglxt.log
#日志文件大小限制
log4j.appender.logfile.MaxFileSize=512KB
#日志文件备份数量
log4j.appender.logfile.MaxBackupIndex=3
#日志文件布局格式
log4j.appender.logfile.layout=org.apache.log4j.PatternLayout
#日志文件输出的格式
log4j.appender.logfile.layout.ConversionPattern=%d %p [%c] - %m%n
```

2.4.3　测试

（1）选中 Tomcat 7.x，单击发布按钮发布项目到 Tomcat 服务器，如图 2-36 所示。
在发布项目页面中选中需要发布的项目，单击 Finish 按钮即可，如图 2-37 所示。
（2）运行 Tomcat 服务器，单击绿色运行按钮即可，如图 2-38 所示。
（3）打开浏览器，输入 http://localhost:8080/tdyd，按回车键访问即可出现如图 2-39 所示的页面。

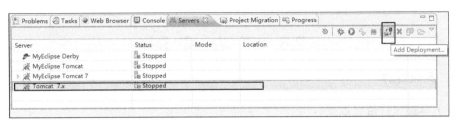

图 2-36　选择 Tomcat

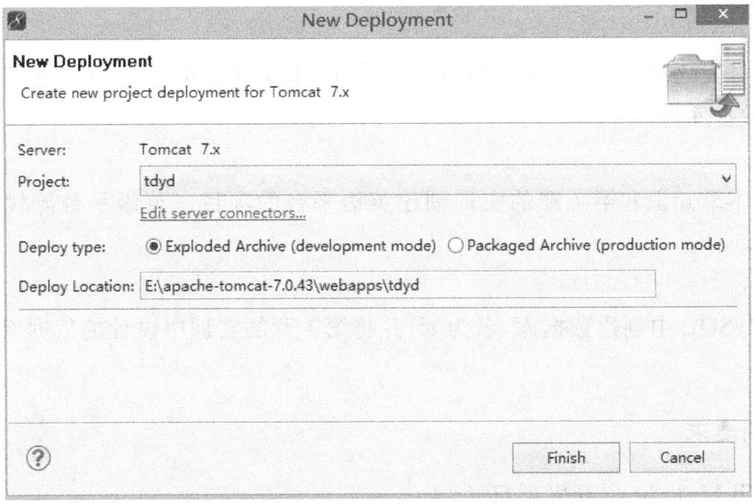

图 2-37　选择发布项目

图 2-38　发布成功并运行

图 2-39　测试页面

2.5　小　　结

本章主要介绍 J2EE 的基本概念,并对开发环境的搭建做了详细讲解。只有成功地搭建了开发环境,才能顺利地进行项目开发。

2.6 课外实训

1. 实训目的

（1）掌握项目搭建过程。
（2）掌握数据库的初始化创建过程。

2. 实训描述

在开始开发之前，需要做好前期的准备工作，本次实训的主要内容就是搭建项目框架，并建立数据库。

任务一：

请结合本章知识和第 1 章的实训创建英语平台的项目。英语平台源代码项目名称为 EnglishLearn。

任务二：

请在 MySQL 中创建数据库，名为 el，并将第 1 章的实训中设计的数据库表导入到数据库中。

3. 实训要求

（1）使用 MyEclipse 开发项目。
（2）使用 Struts 2＋Hibernate＋Spring 完成项目开发。
（3）数据库的操作可使用 Navicat 数据库管理软件。

第 3 章 用户登录

本章主要任务是使用 Struts 2 完成系统用户登录模块。

开发目标：
- 加入 Struts 2 配置。
- 完成登录页面编写。
- 完成登录成功内页编写。
- 完成 action 编写。
- 完成 struts.xml 配置。

学习目标：
- 了解什么是 Struts 2 及其工作原理。
- 掌握如何在项目中加入 Struts 2 并配置。
- 掌握 action 的原理、创建和使用。
- 了解前端框架 jQuery EasyUI 如何使用。

3.1 任务简介

用户登录在狭义上可理解为电脑用户为进入某一项应用程序而进行的基本操作，以便该用户可以在该网站上进行相应的操作。

本章主要任务是使用 Struts 2 完成用户登录，涉及 Struts 2 的配置、action 的编写和前台页面的编写。

（1）输入 http://localhost:8080/tdyd/index.jsp，即可出现登录页面，如图 3-1 所示。

图 3-1　系统登录页面

（2）输入用户名 admin 和密码 123，单击"登录系统"按钮，发起请求到 action，在 action 中判断用户名和密码是否正确，如正确则跳转到如图 3-2 所示的首页，同时控制台输出如图 3-3 所示的信息，不正确则返回登录页。

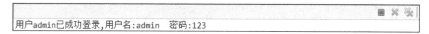

图 3-3　控制台输出信息

图 3-2　浏览器跳转到 main.jsp

3.2　技术要点

3.2.1　Struts 2 概述

Struts 2 是一个为企业级应用打造的优秀的、可扩展的 Web 框架，该框架旨在充分缩短应用程序的开发周期，从而减少创建、发布直到应用所花费的时间。

Struts 2 原本就是举世闻名的 WebWork 2，在各自经历几年的发展之后，Struts 和 WebWork 社区决定合二为一，也就是今天的 Struts 2。

Struts 2 是一个基于 Model 2 的 MVC 框架，为应用程序的 Web 层提供了良好的结构严谨的实现。Struts 发展较早，早期的 Struts 1.X 已被很多 J2EE 程序员熟悉，经过多年来的发展，这支队伍变得越来越大，很多企业级应用程序都是基于 Struts 开发的。

Struts 2 与 Struts 1.X 已经不能再放到一起比较了，虽然两者都是对 MVC 架构模式的实现，本质却完全不同。Struts 2 的前身是 WebWork，其实现方式和功能都要优于 Struts 1.X，但是，Struts 先入为主，很多应用程序都基于 Struts，其生命力和普及度使得 WebWork 落于下风。随着新思想和新架构的不断涌入，特别是 Web 2.0 被大量提及，Struts 1.X 显然无法跟上日新月异的变化，在很多应用上显得力不从心，最终催生了 Struts 2。可以说 Struts 2 是为变而变。在很大程度上，Struts 2 无法避开投机取巧的嫌疑。不过，借助 Struts 的名声，加上 WebWork 构建的良好的框架，二者取长补短，确实不失为一种黄金组合和一种绝佳的宣传方式。

3.2.2 Struts 2 工作原理

3.2.2.1 Struts 2 与 MVC

在讲解 Struts 2 的工作原理之前,先来了解一些必要的知识。

1. MVC

在 Java Web 开发中,通常把 JSP+Servlet+JavaBean 的模型称为 Model 2 模型,这是一个遵循 MVC 模式的模型,划分如下:

(1) JavaBean 作为模型,既可以作为数据模型来封装业务数据,又可以作为业务逻辑模型来包含应用的业务操作。其中,数据模型用来存储或传递业务数据,而业务逻辑模型接收到控制器传过来的模型更新请求后,执行特定的业务逻辑处理,然后返回相应的执行结果。

(2) JSP 作为表现层,负责提供页面为用户展示数据,提供相应的表单(Form)来存储用户的请求,并在适当的时候(单击按钮)向控制器发出请求来对模型进行更新。

(3) Servlet 作为控制器,用来接收用户提交的请求,然后获取请求中的数据,将之转换为业务模型需要的数据模型,然后调用业务模型相应的业务方法进行更新,同时根据业务执行结果来选择要返回的视图。

Model 2 实现 MVC 的基本结构如图 3-4 所示。

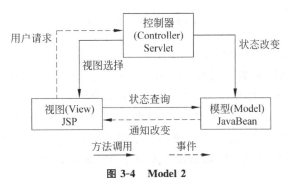

图 3-4 Model 2

JSP+Servlet+JavaBean 模型基本的响应顺序是:当用户发出一个请求后,这个请求会被控制器 Servlet 接收到;Servlet 将请求的数据转换成数据模型 JavaBean,然后调用业务逻辑模型 JavaBean 的方法,并将业务逻辑模型返回的结果放到合适的地方,比如请求的属性里;最后根据业务逻辑模型的返回结果,由控制器来选择合适的视图(JSP),由视图把数据展现给用户。

2. Struts 2 是基于 MVC 的轻量级的 Web 应用框架

这一点从以下 4 个方面理解:

(1) 框架:就是能完成一定功能的半成品软件。在没有框架的时候,所有的工作都要从零做起;有了框架,它为用户提供了一定的功能,就可以在框架的基础上做起,大大提高开发的效率和质量。

（2）Web 应用框架：说明 Struts 2 的应用范围是 Web 应用而不是其他地方。Struts 2 更注重将 Web 应用领域的日常工作和常见问题抽象化，提供一个平台让用户能快速完成 Web 应用开发。

（3）轻量级：是相对于重量级而言，指的是 Struts 2 在运行的时候，对 Web 服务器的资源消耗较少，比如 CPU、内存等，但是运行速度相对较快。

（4）基于 MVC：说明基于 Struts 2 开发的 Web 应用自然就能实现 MVC，也说明 Struts 2 致力于在 MVC 的各个部分为用户的开发提供相应帮助。

3. Struts 2 和 MVC

下面了解 Struts 2 的设计是如何与 MVC 对应的，如图 3-5 所示，其中一些名词所代表的具体功能，比如控制器（FilterDispatcher）、动作（Action）、结果（Result）等，在之后的学习中会不断深入具体的细节。

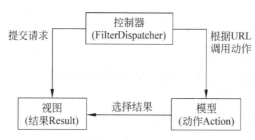

图 3-5　Struts 2 的 MVC

1）控制器——FilterDispatcher

用户请求首先到达前端控制器 FilterDispatcher。FilterDispatcher 负责根据用户提交的 URL 和 struts.xml 中的配置，来选择合适的动作（Action），让这个 Action 来处理用户的请求。FilterDispatcher 其实是一个过滤器（Filter，Servlet 规范中的一种 Web 组件），它是 Struts 2 核心包里已经做好的类，不需要用户去开发，只是要在项目的 web.xml 中配置一下即可。FilterDispatcher 体现了 J2EE 核心设计模式中的前端控制器模式。

2）动作——Action

在用户请求经过 FilterDispatcher 之后，被分发到了合适的 Action 对象。Action 负责把用户请求中的参数组装成合适的数据模型，并调用相应的业务逻辑进行真正的功能处理，获取下一个视图展示所需要的数据。Struts 2 的 Action 相比于别的 Web 框架的动作处理，实现了与 Servlet API 的解耦，使得 Action 中不需要再直接去引用和使用 HttpServletRequest 与 HttpServletResponse 等接口。因而使得 Action 的单元测试更加简单，而且强大的类型转换也使得用户少做了很多重复的工作。

3）视图——Result

视图结果用来把动作中获取的数据展现给用户。在 Struts 2 中有多种优秀的结果展示方式，比如常规的 JSP，模板方式的 freemarker、velocity，还有各种其他专业的展示方式,如图表 jfreechart、报表 JasperReports、将 XML 转化为 HTML 的 XSLT 等。而且各种视图结果在同一个工程中可以混合出现。

到此,大家应该大致了解了 Struts 2 是什么,能干什么,粗略地了解到 Struts 2 里面有什么,下一节将讲解 Struts 2 的工作原理。

3.2.2.2 工作原理

Struts 2 框架本身大致可以分为 3 个部分:核心控制器 FilterDispatcher、业务控制器 Action 和用户实现的企业业务逻辑组件。

核心控制器 FilterDispatcher 是 Struts 2 框架的基础,包含了框架内部的控制流程和处理机制。业务控制器 Action 和业务逻辑组件是需要用户来自己实现的。用户在开发 Action 和业务逻辑组件的同时,还需要编写相关的配置文件,供核心控制器 FilterDispatcher 使用。Struts 2 的工作流程相对于 Struts 1 要简单,与 WebWork 框架基本相同,所以说 Struts 2 是 WebWork 的升级版本。

客户端请求在 Struts 2 框架中的处理分为以下几个步骤(如图 3-6 所示):

(1) 客户端初始化一个指向 Servlet 容器(例如 Tomcat)的请求。

(2) 这个请求经过一系列的过滤器(Filter)。这些过滤器中有一个叫做

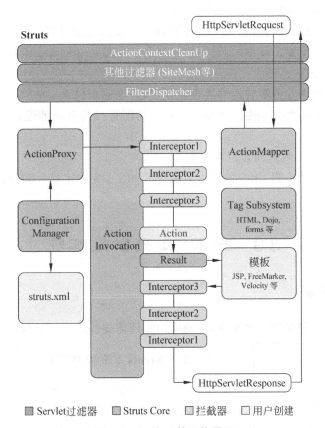

图 3-6 Struts 2 的工作原理

ActionContextCleanUp 的可选过滤器,这个过滤器对于 Struts 2 和其他框架的集成很有帮助,例如 SiteMesh Plugin。

(3) FilterDispatcher 被调用,FilterDispatcher 询问 ActionMapper 来决定这个请是否需要调用某个 Action。

(4) 如果 ActionMapper 决定需要调用某个 Action,FilterDispatcher 把请求的处理交给 ActionProxy。

(5) ActionProxy 通过 Configuration Manager 询问框架的配置文件,找到需要调用的 Action 类。

(6) ActionProxy 创建一个 ActionInvocation 的实例。

(7) ActionInvocation 实例使用命名模式来调用,在调用 Action 的过程前后,涉及相关拦截器(Intercepter)的调用。

(8) 一旦 Action 执行完毕,ActionInvocation 负责根据 struts.xml 中的配置找到对应的返回结果。返回结果通常是(但不总是,也可能是另外的一个 Action 链)一个需要被表示的 JSP 或者 FreeMarker 的模板。在表示的过程中可以使用 Struts 2 框架中继承的标签。在这个过程中需要涉及 ActionMapper。

以上就是 Struts 2 的工作流程,其简要的工作流程如下:

(1) 客户端浏览器发出 HTTP 请求到 Tomcat。

(2) Tomcat 根据请求找到相应项目下的 web.xml 配置文件。

(3) web.xml 配置文件中的 FilterDispatcher 根据 struts.xml 配置文件,找到需要调用的 Action 类和方法。

(4) Action 调用业务逻辑组件处理业务逻辑,这一步包含表单验证。

(5) Action 执行完毕,根据 struts.xml 中的配置找到对应的返回结果 Result,并跳转到相应页面。

(6) 返回 HTTP 响应到客户端浏览器。

通过以上的几个步骤,用户的请求就通过 Struts 2 完成了接收和处理,并且得到了响应。

3.3 开发:登录功能实现

3.3.1 任务分析

本节介绍用户登录功能的实现,该功能的实现需要经历如下步骤。

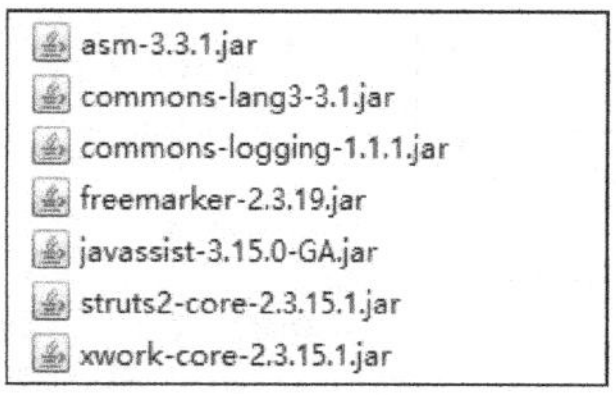

1. 加入 Struts 2 框架并配置

在一个空白的项目中加入 Struts 2 框架需要完成以下 3 个步骤:

(1) 导入使用 Struts 2 必需的 jar 包,如图 3-7 所示。

需要注意的是,Struts 2 的 jar 包每一个版本导入 jar

```
asm-3.3.1.jar
commons-lang3-3.1.jar
commons-logging-1.1.1.jar
freemarker-2.3.19.jar
javassist-3.15.0-GA.jar
struts2-core-2.3.15.1.jar
xwork-core-2.3.15.1.jar
```

图 3-7　Struts 2 必需的 lib 包

包时都是有可能发生变化的。由于 Struts 2(包括其他框架)的版本迭代,jar 包并不会一成不变。具体每个版本应该导入哪些 jar 包在 Struts 2(包括其他框架)的官方文档上是有记载的。为了方便大家学习本书内容,在第 2 章中已经将本书需要使用到的所有 jar 包导入到系统当中,故在本系统中无须再单独添加 jar 包。

(2) 配置 struts.xml。

Struts 2 框架的核心配置文件就是这个默认的 struts.xml 文件。在通常的应用开发中,为了便于管理,在这个默认的配置文件里面可以根据需要再引入一些其他的配置文件,这样就可以将 Struts 2 的系统配置和应用配置分开;或者为每个不同的模块单独配置一个 struts.xml 文件,这样更加利于代码的管理和维护。

在本系统中,需要添加一个 struts.xml 和 struts-users.xml,其中 struts.xml 是 Struts 2 的主配置文件,而 struts-users.xml 则放置系统每个模块的 Action 配置,如图 3-8 所示。

(3) 在 web.xml 中配置核心控制器。

这一步主要完成对 StrutsPrepareAndExecuteFilter 的配置(在以前的版本中是对 FilterDispatcher 配置,新版本同样支持用 FilterDispatcher 配置),它实质是一个过滤器,负责初始化整个 Struts 框架并且处理所有的请求。

2. 编写登录页面 index.jsp 和登录成功页面 main.jsp

用户通过访问 http://localhost:8080/tdyd/ 进入登录页面,登录页面需要编写表单让用户输入用户名和密码。在用户输入了用户名和密码之后单击登录按钮,客户端将用户登录请求发送到服务器端,通过 Action 进行处理,验证成功则发送响应给客户端,令其跳转到登录成功页面,否则令其跳转到登录页面。流程如图 3-9 所示。

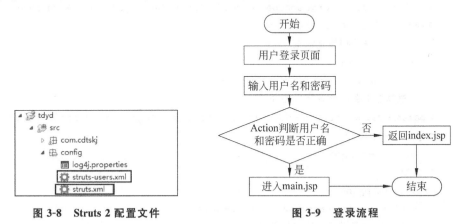

图 3-8　Struts 2 配置文件　　　　图 3-9　登录流程

3. 编写 Action 并配置

Action 是开发人员使用 Struts 2 时最常编写的类,它是 Struts 2 的主体内容。在 Action 中需要编写登录请求的处理方法,并在方法中使用 JDBC 连接数据库,执行用户名和密码的验证,验证成功返回登录成功页面,否则返回登录页面。

3.3.2 开发步骤

3.3.2.1 加入 Struts 2 配置

经过 3.2 节对 Struts 2 工作原理的学习,可以知道 Struts 2 的配置文件有两个,分别是 web.xml 和 struts.xml。下面是它们的配置方法。

1. 配置 web.xml

```
<?xml version="1.0" encoding="UTF-8"?>
<web-app xmlns:xsi="http://www.w3.org/2001/XMLSchema-instance" xmlns=
"http://java.sun.com/xml/ns/javaee" xmlns:web="http://java.sun.com/xml/ns/
javaee/web-app_2_5.xsd"
xsi:schemaLocation="http://java.sun.com/xml/ns/javaee http://java.sun.com/
xml/ns/javaee/web-app_3_0.xsd"
id="WebApp_ID" version="3.0">
    <display-name>tdyd</display-name>
    <welcome-file-list>
        <welcome-file>index.jsp</welcome-file>
    </welcome-file-list>
    <!--Struts 2核心控制器 -->
    <filter>
    <!--过滤器名字-->
        <filter-name>struts2</filter-name>
        <!--过滤器支持的Struts 2类 -->
    <filter-class>org.apache.struts2.dispatcher.ng.filter.StrutsPrepareAnd
ExecuteFilter</filter-class>
        <!--过滤器初始化设置 -->
        <init-param>
            <param-name>config</param-name>
    <!--过滤器加载的配置文件路径 -->
    <param-value>struts-default.xml,struts-plugin.xml,/config/struts.xml
</param-value>
        </init-param>
    </filter>
    <filter-mapping>
        <filter-name>struts2</filter-name>
        <!--过滤器拦截文件路径名字 -->
        <url-pattern>/* </url-pattern>
    </filter-mapping>
</web-app>
```

下面分析该配置:

(1) 在 Struts 2 中,设计者为了实现 AOP(面向方面编程)概念,使用了 filter。所以

web.xml 里加载的应该是 Struts 2 的 FilterDispatcher 类。但是此处的配置里面并没有看到 FilterDispatcher 类,这是因为自从 Struts 2.1.3 以后,FilterDispatcher 已标注为过时,后期都使用 StrutsPrepareAndExecuteFilter 了,从 prepare 与 execute 可以看出:前者表示准备,也就是指 Filter 中的 init 方法,即配置的导入;后者表示进行过滤,指 doFilter 方法,即将 request 请求转发给对应的 Action 去处理。

(2) 定义了过滤器之后,还需要在 web.xml 里指明该过滤器是如何拦截 URL 的。<url-pattern></url-pattern>中的/*是一个通配符,它表明该过滤器是拦截所有的 HTTP 请求,这一项基本上是不会改成其他形式的,因为在开发中所有的 HTTP 请求都可能是一个页面上进行业务逻辑处理的请求。就目前而言,开发人员只需要写成/*就可以了。

(3) <init-param>是设置过滤器初始化参数的配置内容。<param-name>指初始化参数名称,<param-value>指向 Struts 2 的配置文件即可。

2. 配置 struts.xml

```xml
<?xml version="1.0" encoding="UTF-8" ?>
<!DOCTYPE struts PUBLIC
    "-//Apache Software Foundation//DTD Struts Configuration 2.0//EN"
    "http://struts.apache.org/dtds/struts-2.0.dtd">
<struts>
    <!--是否使用 Struts 的开发模式。开发模式会有更多的调试信息。默认值为 false(生产环境下使用),开发阶段最好打开 -->
    <constant name="struts.devMode" value="true"></constant>
    <!--本地化支持 -->
    <constant name="struts.locale" value="zh_CN"></constant>
    <!--struts 表单主题 -->
    <constant name="struts.ui.theme" value="simple"></constant>
    <!--请求参数的编码方式 -->
    <constant name="struts.i18n.encoding" value="UTF-8" />
    <!--指定被 Struts 2 处理的请求后缀类型。多个请求后缀类型用逗号隔开 -->
    <constant name="struts.action.extension" value="action" />
    <!--当 struts.xml 改动后,是否重新加载。默认值为 false(生产环境下使用),开发阶段最好打开 -->
    <constant name="struts.configuration.xml.reload" value="true" />
    <!--引入其他配置文件 -->
    <include file="config/struts-users.xml" />
</struts>
```

在上面的配置中,主要配置了 Struts 2 的一些系统配置,例如 Struts 2 的开发模式、本地化支持、需要处理的请求后缀等。该文件是 Struts 2 最主要的配置文件,为了便于维护,将其他的配置分离到了另一个文件,此时只需在主配置文件中引入其他配置文件即可。上面的代码通过 include 标签引入了 Action 的配置文件。

3.3.2.2 前台登录页面的编写

本章要编写的页面一共有 3 个,包括登录页面、登录成功页面(主页面)和欢迎页面。下面是这 3 个页面的编写步骤。

1. 编写登录页面 index.jsp

```jsp
<%@page contentType="text/html; charset=utf-8"%>
<%@taglib prefix="s" uri="/struts-tags" %>
<%
String path=request.getContextPath();
String basePath = request.getScheme()+"://" + request.getServerName()+":" +
request.getServerPort()+path+"/";
%>
<!DOCTYPE html>
<html>
<head>
<title>重庆长江三峡旅游开发有限公司分销系统</title>
<link href="skin/base.css" rel="stylesheet" type="text/css" />
<link href="skin/layout.css" rel="stylesheet" type="text/css" />
<style>
html {background: url(skin/login_bg.gif);}
</style>
<script type="text/javascript">
function check(){
    var loginname=document.getElementById("login_name").value;
    if(loginname==""){
        alert("请输入用户名!");
        return false;
    }
    var password=document.getElementById("password").value;
    if(password==""){
        alert("请输入密码!");
        return false;
    }
}
</script>
</head>
<body class="login">
<s:form action="login/login.action" id="loginFormId" onsubmit="return check()" method="post">
    <div class="logo"><img src="skin/logo.gif"></div>
    <dl class="box">
        <dd>
```

```
        <ul>
            <li>
                <label class="nm">用户名<em>UserName</em></label>
                <s:textfield cssClass="ipt1" name="user.loginname" id="login_
                name"/>
            </li>
            <li>
                <label class="nm">密　码<em>Password</em></label>
                <s:password cssClass="ipt1" name="user.password" id=
                "password"/>
            </li>
            <li class="btn"><s:submit value=""/></li>
        </ul>
    </dd>
    <dt>在公共场合使用完毕后请退出本系统!<br />重庆长江三峡旅游开发有限公司分
        销系统 Chongqing Yangtze River Three Gorges Tourism Development Co.,
        Ltd. Distribution System</dt>
</dl>
</s:form>
</body>
</html>
```

在登录页面中包含一个表单用于提交请求到 Action,表单上 Action 项所填写的地址就是请求的 URL,当用户登录时即可发送请求。

从上面的代码可以看到,这里使用的表单和平常使用的有所不同,这是 Struts 2 标签库中 UI 标签的写法,它们简化了 HTML 标签的写法,但最终也会生成标准的 HTML 代码。

2. 编写登录成功页面 main.jsp

登录成功之后,系统即将跳转到主页面。主页面使用 EasyUI 进行布局,该布局使用起来非常简单,关键代码如下：

```
<body style="padding:0px;background:#EAEEF5;overflow:hidden" class="easyui-
layout">
<!--布局-北 -->
<div data-options="region:'north',border:false" class="adminTop">
<ul>
    <p>
        欢迎您:<strong></strong>  <a href="javascript:;" onclick=
        "$('#modifypass').window('open');$('#txtOldPass').focus()" id=
        "editpass">修改密码</a>/<a href="javascript:;" id="loginOut">安全退出
        </a>
    </p>
</ul>
```

```html
    </div>
    <!--布局-西 -->
    <div id="leftMenu" region="west" split="true" title="导航菜单" style="width:
200px;" id="west">
        <div class="easyui-accordion" fit="true" border="false">
            <!--导航内容 -->
        </div>
    </div>
    <!--布局-中 -->
    <div id="mainPanle" region="center">
        <div id="tabs" class="easyui-tabs" fit="true" border="false" >
        </div>
    </div>
    <!--布局-南 -->
    <div id="copyright" region="south" split="true" style="height: 30px;
        background: #D2E0F2;overflow:hidden;">
            <div class="footer">技术支持　成都欧软科技有限公司</div>
    </div>

    <div id="loadBg"
        style="z-index:100000;display:block;position:absolute;background-color:
        #ffffff; filter: progid: DXImageTransform.Microsoft.Alpha (opacity = 100);
        opacity:0.6;top:0px;left:0px;width:100%;height:100%;z-index:10000;text-
        align:center;color:#D2E0F2;font-size:14px;" valign="center"><br/><br/>
        <br/><br/><br/><br/><br/><br/><br/><img src="common/images/loading.gif">
        </img><br/>数据加载中...
    </div>
    <!--修改密码窗口-->
    <div id="modifypass" class="easyui-window" title="修改密码" collapsible=
"false" minimizable="false"
        maximizable="false" icon="icon-save"　style="width: 300px; height: 195px;
padding: 5px;
        background: #fafafa;">
        <div class="easyui-layout" fit="true">
            <div region="center" border="false" style="padding: 10px; background:
            #fff; border: 1px solid #ccc;">
                <form id="epassform" action="">
                <table cellpadding=3 class="tsui">
                    <tr>
                        <th>旧密码：</th>
                        <td><input id="txtOldPass" type="password" class="txt01"
                            name="userpass"/></td>
                    </tr>
                    <tr>
```

```
            <th>新密码: </th>
            <td><input id="txtNewPass" type="password" class="txt01"
            name="newpwd"/></td>
                </tr>
                <tr>
                    <th>确认密码: </th>
                    <td><input id="txtRePass" type="password" class=
                    "txt01" /></td>
                </tr>
            </table>
            </form>
        </div>
        <div region="south" border="false" style="text-align:right;
        height:30px;">
         <a id="btnEp1" class="easyui-linkbutton" icon="icon-ok" href=
         "javascript:;">确定</a><a id="btnCancel" class="easyui-
         linkbutton" icon="icon-cancel" href="javascript:;" onclick=
         "$('#modifypass').window('open');">取消</a>
        </div>
    </div>
</div>
</body>
</html>
```

在上面编写的页面中,使用到了 jQuery EasyUI,下面简单介绍如何使用 EasyUI。

首先需要引入 EasyUI 的相关 JavaScript 库文件,然后创建控件即可。控件的创建有两种方式:

1) 直接在 HTML 声明组件

在 main.jsp 中声明了一个 layout 组件,只需要在标签上添加 class="easyui-layout"和一些相应的设置即可。

```
<body class="easyui-layout">
<!--布局-北 -->
<div data-options="region:'north',border:false" class="adminTop"></div>
<!--布局-西 -->
<div id="leftMenu" region="west" split="true" title="导航菜单" id="west"></div>
<!--布局-中 -->
<div id="mainPanle" region="center"></div>
<!--布局-南 -->
<div id="copyright" region="south" split="true"></div>
</body>
```

2) 编写 JavaScript 代码来创建组件

在 JavaScript 代码中使用如下代码可以弹出一个消息提示框:

```
$.messager.alert('Warning','The warning message');
```

3. 编写欢迎页面 welcome.jsp

welcome.jsp 也就是登录成功之后进入系统看到的第一个子页面,该页面主要是显示一些欢迎信息,或者添加一些快捷按钮,目前系统还没有实现功能,所以暂未添加快捷菜单。

```
<%@ page language="java" contentType="text/html; charset=UTF-8"
    pageEncoding="UTF-8"%>
<!DOCTYPE html PUBLIC "-//W3C//DTD HTML 4.01 Transitional//EN" "http://www.w3.org/TR/html4/loose.dtd">
<html>
<head>
<meta http-equiv="Content-Type" content="text/html; charset=UTF-8">
<title>欢迎使用</title>
</head>
<body>
    <h1 style="color: red;">欢迎使用分销系统</h1>
</body>
</html>
```

3.3.2.3 编写 Action

Struts 2 有两个重要的控制器:StrutsPrepareAndExecuteFilter(核心控制器,Struts 2 框架提供),负责接收所有请求;业务逻辑控制器 Action,负责处理单个特定请求。

对于开发人员来说,使用 Struts 2 的主要工作就是编写 Action,然后用这个 Action 处理用户的请求,实现各种不同的业务逻辑,保存处理好的数据,把最终处理结果和要返回的对象放在 Request 或者 Session 里面返回给用户。下面,创建一个 LoginAction 来处理登录请求。

LoginAction 的代码如下:

```
package com.cdtskj.xt.login.action;
import com.opensymphony.xwork2.ActionSupport;
public class LoginAction extends ActionSupport{
    private String loginName;
    private String password;
    public String getLoginName() {
        return loginName;
    }
    public void setLoginName(String loginName) {
        this.loginName=loginName;
    }
    public String getPassword() {
```

```java
        return password;
    }
    public void setPassword(String password) {
        this.password=password;
    }

    /**
     * 用户登录
     * @throws Exception
     */
    public String execute() throws Exception{
        Connection conn=null;
        String sql;
        String url ="jdbc:mysql://localhost:3306/tdyd?"
                +"user=root&password=123456&useUnicode=true&characterEncoding=UTF8";
        try {
            //加载驱动
            Class.forName("com.mysql.jdbc.Driver");
            //创建连接
            conn=DriverManager.getConnection(url);
            //执行查询
            sql="SELECT *  FROM xt_user where loginname=? and password=?";
            PreparedStatement ps=conn.prepareStatement(sql);
            ps.setString(1, loginName);
            ps.setString(2, password);
            ResultSet rs=ps.executeQuery();
            if (rs.next()) {
                System.out.println("用户 admin 已成功登录,用户名:"+loginName+
                    "  密码:"+password);
                return "success";
            }else{
                return "login";
            }
        } catch (SQLException e) {
            e.printStackTrace();
        } catch (Exception e) {
            e.printStackTrace();
        } finally {
            //关闭连接
            conn.close();
        }
        return "login";
```

        }
    }

上面的 LoginAction 看起来就是一个普通的 Java 类而已,然而 Struts 2 的 Action 创建就是如此简单。

首先创建一个名为 LoginAction 的 Java 类,并继承 ActionSupport,可以使用 Struts 2 预设的返回字符串,如 SUCCESS、INPUT 等,同时可以重写方法,更方便地实现验证、国际化等功能,这种方式与 Struts 2 的功能结合紧密,方便开发。

那么页面和 Action 之间的数据是如何传递的呢? 在这里通过为该 Action 添加 loginName 和 password 属性,并添加该属性的 setter 方法来实现 Action 接收请求中的数据。通过这种为 Action 添加属性的方法,Struts 2 可以将请求中客户端传递的参数接收下来,并通过该属性的 setter 方法为属性赋值,方便处理业务逻辑时获取请求数据。

值得注意的是,在 Action 中所设置的属性名必须和请求中的参数名完全一致,并且至少需要添加该属性的 setter 方法,才能成功接收请求中的参数。当然,这并不是接收参数的唯一方法,在之后的知识拓展中会有详解。

最后在开发的 Action 中需要重写 execute()方法执行业务逻辑。在该方法中,取出客户端传递的用户名和密码,调用 JDBC 执行查询,如果通过该用户名和密码查询到了记录,则表示该用户是存在的,且用户名和密码正确,之后返回 success 字符串即可,否则返回 login 登录页,该字符串可随意填写,但需和 3.3.2.4 节的 Action 配置相对应。

3.3.2.4 配置 Action

接下来在 struts-users.xml 配置中加入如下一段代码:

```
<!--配置包 -->
<package name="login-package" namespace="/login" extends="struts-default">
    <!--配置 action -->
    <action name="login" class="com.cdtskj.xt.login.action.LoginAction">
        <!--配置返回结果 -->
        <result name="success" type="redirect">/main.jsp</result>
        <result name="login" type="redirect" >/index.jsp</result>
    </action>
</package>
```

从上面的配置代码可以看出,Struts 2 就是通过这个 Action 映射配置,将一个 URL 请求(如 http://localhost:8080/login/login.action)映射到一个 Action 类的。当一个请求匹配某个 Action 的名字时,Struts 2 就使用这个映射来确定如何处理请求。Action 元素的属性如表 3-1 所示。

除了 Action 元素的基本属性外,在其内部还可以使用一些预定义的元素来配置一些基本信息,可以配置的信息如表 3-2 所示。

表 3-1 Action 元素的基本属性

属 性	是否必须	说　　明
name	是	Action 的名字，用于匹配用户请求的 URL
class	否	Action 实现类的完整类名，也可为空，如果为空，那么 Struts 2 会使用 ActionSupport 为默认的 Action 类
method	否	执行 Action 类时调用的方法
convert	否	应用于 Action 的类型转换的完整类名

表 3-2 Action 中的配置元素

属 性	是否必须	说　　明
param	否	配置 Action 的静态参数
result	否	配置 Action 的返回结果信息
interceptor-ref	否	配置此 Action 所使用的拦截器
exception-mapping	否	Action 异常的映射处理

3.3.2.5　测试

（1）运行实例，打开浏览器，输入 http://localhost:8080/tdyd/index.jsp，即可出现登录页面，如图 3-1 所示。

（2）输入用户名 admin 和密码 123，单击"登录系统"按钮，即可发起请求到 Action，如果 MyEclipse 控制台输出如图 3-2 所示的内容，即表示请求已到达 Action，执行了业务逻辑判断，并跳转到了 main.jsp，如图 3-3 所示。如果用户名密码错误则返回登录页面。

3.3.3　相关知识与拓展

3.3.3.1　Struts 2 的配置

通过上面的开发，我们知道了在项目中加入 Struts 2 需要配置 web.xml 和 struts.xml。前者主要配置 Struts 2 的核心控制器，也就是整个项目 Struts 2 的入口位置；后者主要配置 Struts 2 内部的系统配置和业务配置。在这里，主要讲解 struts.xml 的配置内容。

struts.xml 是在开发中利用率最高的文件，也是 Struts 2 中最重要的配置文件。通常 struts.xml 的配置包含以下几个参数。

1. 包配置

在使用 Struts 2 来开发 Web 应用时，大部分是编写 Action、拦截器等组件来开发程序的，在 Struts 2 中使用"包"来管理 Action、拦截器等组件。包的作用和 Java 中的类包是非常类似的，它主要用于存放管理一组业务功能相关的 Action。在实际应用中，应该把一组业务功能相关的 Action 放在同一个包下。

在 struts.xml 文件中＜package＞元素用于定义包配置，每个＜package＞元素定义了一个包的配置。它的常用属性如下：

（1）name：必填属性，指定该包的名字，如果其他包要继承该包，必须通过该属性进行引用。

（2）extends：可选属性，指定该包继承其他包。继承其他包，也就是可以继承其他包中的 Action 定义、拦截器定义等。通常每个包都应该继承 struts-default 包，因为 Struts 2 很多核心的功能都是通过拦截器来实现的。例如，从请求中把请求参数封装到 Action、文件上传和数据验证等都是通过拦截器实现的。struts-default 定义了这些拦截器和 result 类型。可以这么说：当包继承了 struts-default 才能使用 Struts 2 提供的核心功能。struts-default 包是在 struts2-core-2.x.x.jar 文件中的 struts-default.xml 中定义。struts-default.xml 也是 Struts 2 默认配置文件。Struts 2 每次都会自动加载 struts-default.xml 文件。

（3）namespace：可选属性，定义该包的命名空间。

```
<?xml version="1.0" encoding="UTF-8" ?>
<!DOCTYPE struts PUBLIC
    "-//Apache Software Foundation//DTD Struts Configuration 2.0//EN"
    "http://struts.apache.org/dtds/struts-2.0.dtd">
<struts>
    <!--用于用户登录 -->
    <package name="default" extends="struts-default">
        <action name="login"  class="com.cdtskj.xt.action.LoginAction">
            <result name="success">/success.jsp</result>
        </action>
    </package>
</struts>
```

上面的示例配置了一个名为 default 的包，该包下定义了一个 Action。

2．命名空间配置

考虑到同一个 Web 应用中需要同名的 Action，Struts 2 以命名空间的方式来管理 Action，同一个命名空间不能有同名的 Action。Struts 2 通过为包指定 namespace 属性来为包下面的所有 Action 指定共同的命名空间。namespace 决定了 Action 的访问路径，默认为空，可以接收所有路径的 Action，namespace 可以写为/，或者/xxx，或者/xxx/yyy，对应的 Action 访问路径为/index.action，/xxx/index.action，或者/xxx/yyy/index.action，namespace 最好使用模块来进行命名。

现在把上面示例的配置改为如下形式：

```
<?xml version="1.0" encoding="UTF-8" ?>
<!DOCTYPE struts PUBLIC
    "-//Apache Software Foundation//DTD Struts Configuration 2.0//EN"
    "http://struts.apache.org/dtds/struts-2.0.dtd">
<struts>
```

```xml
<!--用于用户登录(无命名空间)-->
<package name="login-package" extends="struts-default">
    <!--定义处理URL为login.action的请求,class指处理该请求对应的action类
    路径-->
    <action name="login"   class="com.cdtskj.xt.action.LoginAction">
        <!--定义Action的处理结果和资源的关系-->
        <result name="success">/success.jsp</result>
     </action>
</package>
 <package name="user-package" namespace="/user" extends="struts-default">
    <!--定义处理URL为user/queryUser.action的请求,class指处理该请求对应的
    Action类路径-->
    <action name="queryUser"   class="com.cdtskj.xt.action.UserAction">
        <result name="success">/success.jsp</result>
    </action>
</package>
</struts>
<result name="success">/success.jsp</result>
```

以上配置了两个包：login-package 和 user-package，配置 user-package 包时指定了该包的命名空间为/user。

对于包 login-package：没有指定 namespace 属性。如果某个包没有指定 namespace 属性，即该包使用默认的命名空间，默认的命名空间总是为空。

对于包 user-package：指定了命名空间/user，则该包下所有的 Action 处理的 URL 应该是"命名空间/Action 名"。如上面的示例中名为 queryUser 的 Action，它处理的 URL 为

```
http://localhost:8080/tdyd/user/queryUser.action
```

3．包含配置

在 Struts 2 中可以将一个配置文件分解成多个配置文件，那么必须在 struts.xml 中包含其他配置文件。

```xml
<?xml version="1.0" encoding="UTF-8" ?>
<!DOCTYPE struts PUBLIC
    "-//Apache Software Foundation//DTD Struts Configuration 2.0//EN"
    "http://struts.apache.org/dtds/struts-2.0.dtd">
<struts>
    <include file="config/struts-users.xml" />
    <include file="config/struts-cx.xml" />
    ...
</struts>
```

4. 拦截器配置

关于拦截器的配置见 9.4.3 节的介绍。

5. 常量配置

Struts 2 框架有两个核心配置文件,其中 struts.xml 文件主要负责管理应用中的 Action 映射以及 Action 处理结果和物理资源之间的映射关系。除此之外,Struts 2 框架还包含了一个 struts.properties 文件,该文件存放了 Struts 2 框架的大量常量属性。但通常情况下推荐在 struts.xml 文件中配置这些常量属性。例如,后面会讲到的 Struts 2 的国际化,它的资源文件位置就用常量属性来指定:

```xml
<?xml version="1.0" encoding="UTF-8" ?>
<!DOCTYPE struts PUBLIC
    "-//Apache Software Foundation//DTD Struts Configuration 2.0//EN"
    "http://struts.apache.org/dtds/struts-2.0.dtd">
<struts>
    <!--struts 国际化资源文件位置 -->
    <constant name="struts.custom.i18n.resources" value="messages"/>
    ...
</struts>
```

这个配置指定了资源文件的位置在 classes 目录下,文件名均以 messages 开头,所以在 classes 目录下应该放置名称类似 messages_zh_CN.properties、messages_en.properties 的文件。

> 关于 Struts 2 国际化可查看配套电子资源,位置是 CODE\Struts 2\struts2_instance2_interceptor。

3.3.3.2 Struts 2 标签库

在登录页面中,登录使用的表单并不是普通的 HTML 表单,它是 Struts 2 提供的标签库,为开发提供了诸多便利。

下面介绍 Struts 2 标签库的使用。

1. Struts 2 标签库的作用

Struts 2 标签库提供了主题、模板支持,极大地简化了视图页面的编写,而且,Struts 2 的主题、模板都提供了很好的扩展性。实现了更好的代码复用。Struts 2 允许在页面中使用自定义组件,这完全能满足项目中页面显示复杂、多变的需求。

Struts 2 的标签库有一个巨大的改进之处,Struts 2 标签库的标签不依赖于任何表现层技术,也就是说 Strtus 2 提供了大部分标签,可以在各种表现技术中使用,包括最常用的 JSP 页面,也可以说 Velocity 和 FreeMarker 等模板技术中的使用。

2. Struts 2 标签库的分类

（1）UI(User Interface,用户界面)标签,主要用于生成 HTML 元素标签,UI 标签又可分为表单标签和非表单标签。

（2）非 UI 标签：主要用于数据访问、逻辑控制等的标签。非 UI 标签可分为流程控制标签（包括用于实现分支、循环等流程控制的标签）和数据访问标签（主要包括用户输出 ValueStack 中的值,完成国际化等功能的）。

（3）Ajax 标签。

3. 如何加入 Struts 2 标签库

在 JSP 页面中引入标记,代码如下所示：

```
<%@taglib prefix="s" uri="/struts-tags" %>
```

4. 了解 OGNL

OGNL 是 Object Graphic Navigation Language 的缩写,它是一个开源项目。Struts 2 框架使用 OGNL 作为默认的表达式语言。

在传统的 OGNL 表达式求值中,系统会假设系统只要一个根对象,但 Struts 2 的 Stack Context 需要多个根对象,其中 ValueStacke 只是多个根对象的其中之一。

下面假设使用传统的 OGNL 表达式求值,而不是用 Struts 2 的 OGNL 表达式求值。如果系统的 Context 中包含两个对象：foo 对象,它在 Context 中的名字为 foo；bar 对象,并且它在 Context 中的名为 bar。将 foo 对象设置成 Context 的根对象。下面是 OGNL 的表达式写法：

> 返回 foo.getBlah()方法的返回值时使用♯foo.blah。
> 返回 bar.getBlah()方法的返回值时使用♯bar.blah。

从上面的示例中可以看出 ONGL 表达式的语法非常简洁。

Struts 2 不仅可以根据表达式从 ValueStack 中取得对象,还可以直接从对象中获取属性。Struts 2 提供了一个特殊的 OGNL ProperAccessories(属性访问器),它可以自动搜寻栈内的所有实体（从上到下）,直接找到求值表达式匹配的属性。

Struts 2 使用标准的 Context 来进行 OGNL 表达式求值,OGNl 处理的顶级对象是一个 Context,这个 Context 对象就是一个 Map 类型实例,在该 OGNL 的 Context 中,有一个对象,这个根对象就是 OGNL ValueStack,当需要访问 ValueStack 里的属性,例如,要取出 Valuestack 中的 bar 属性,可以采用如下形式：${bar}。

除此之外,Struts 2 还提供了一些命名对象,这些命名对象与根对象无关,它们只是存在于 Stack Context 中。所以,访问这些对象实现需要使用♯前缀来指明。

（1）parameters 对象：用于访问 HTTP 请求参数。

（2）request 对象：用于访问 HttpServletRequest 属性的 Map,如♯request.userName。

（3）Session 对象：用于访问 HttpSession 的属性,例如♯session.userName。

（4）Application 对象：用于访问 ServletContext 的属性，例如♯application.userName。

（5）Attr 对象：如果可以访问到，则访问 PageContext，否则将依次搜索 HttpServlet-Requset、HttpSession、ServletContext 中的属性。

值得注意的是：当系统创建 Action 实例后，该 Action 实例已经被保存到 ValueStack 中，故无须书写♯即可访问 Action 属性。

5．Struts 2 标签库的使用

1）property 标签

用于输出指定的值：

```
<s:property value="%{@cn.csdn.hr.domain.User@Name}"/><br/>
<s:property value="@cn.csdn.hr.domain.User@Name"/><br/>
<!--以上两种方法都可以 -->
<s:property value="%{@cn.csdn.hr.domain.User@study()}"/>
```

以上是访问某一个包下的类的某个属性的几种方式，study() 是访问类的方法，并输出。下面是访问某一个范围内的属性的方法。

```
<%
//设置属性
pageContext.setAttribute("name", "laowang", PageContext.PAGE_SCOPE);
%>
<!--输出 name 属性的值 -->
<s:property value="#attr.name" />
```

如果在 Action 中设置了不同作用域的类，那么就需要使用不同的作用域标签。

```
<h3>获取 request 中的对象值</h3>
```
第一种：`<s:property value="#request.user1.realName"/>`
第二种：`<s:property value="#request.user1['realName']"/>`
第三种：`<s:property value="#user1.realName"/>`
第四种：`<s:property value="#user1['realName']"/>`
第五种：${requestScope.user1.realName } || ${requestScope.user1['realName'] }
第六种：`<s:property value="#attr.user1.realName"/>`

```
<!--注：attr 对象默认是按 page、request、session、application 的顺序进行查找的 -->
<h3>获取 session 中的值</h3>
```
第一种：`<s:property value="#session.user1.realName"/>`
第二种：`<s:property value="#session.user1['realName']"/>`
第五种：${sessionScope.user1.realName } || ${sessionScope.user1['realName'] }

```
<h3>获取 application 中的对象的值</h3>
```
第一种：`<s:property value="#application.user1.realName"/>`
第二种：`<s:property value="#application.user1['realName']"/>`
第三种：${ applicationScope. user1. realName } || ${ applicationScope. user1['realName'] }

2) iterator 标签的使用

iterator 标签用于对集合进行迭代，这里集合包含 list、set 和数组，也可对 Map 类型的对象进行迭代输出。value、id、status 3 个属性都是可选属性，如果没有指定 value 属性，则使用 ValueStack 栈顶的集合。

(1) list 集合。

```
<!--设置 set 集合  value -->
<!--status 可选属性,该属性指定迭代时的 IteratorStatus 实例 -->
<!--value="#attr.list"  list 存放到了 request 中,可以是 value="#request.list"
    statu.odd 返回当前被迭代元素的索引是否是奇数
  -->
<s:set name="list" value="{'a','b','c','d'}"></s:set>
<s:iterator var="ent" value="#request.list" status="statu">
<s:if test="%{#statu.odd}">
<font color="red"><s:property value="#ent" />
</font>
</s:if>
<s:else>
<s:property value="#ent" />
</s:else>
</s:iterator>
```

(2) map 集合中的使用。

```
<h3>Map 集合</h3>
    <!--map 集合的特点:
        语法格式:#{key:value,key1:value1,key2:value2,.....}
        以上的语法直接生成了一个 Map 类型的集合,该 Map 对象中的每个 key-value 对之间
        用英文的冒号隔开,多个元素之间用逗号分隔。
    -->
</div>
<s:set var="map" value="#{'1':'laowang','2':'老王','3':'猩猩'}"></s:set>
遍历 Map:
<br />
<s:iterator value="#map">
  <s:property value="key" />:::<s:property value="value" />
  <br />
</s:iterator>
```

(3) 集合的变量。

```
<h3>遍历集合</h3>
<div>
<!--遍历出价格大于 3000 的 -->
```

```
<s:iterator var="user" value="#session['users']">
<s:if test="%{#user['price']>3000}">
    <s:property value="#user['price']"/>
  </s:if>
</s:iterator>
<hr color="blue"/><!--$是取出价格大于3000的最后一个值 -->
<s:iterator var="u" value="#session.users.{$(#this['price']>3000)}">
  <s:property value="price"/>
</s:iterator>
</div>
```

注：users是User的对象，price是User中的一个属性。

3）if-else语句的使用

```
  <s:set name="age" value="21" />
<s:if test="#age==23">
  23
</s:if>
<s:elseif test="#age==21">
  21
</s:elseif>
<s:else>
  都不等
</s:else>
```

4）URL标签

```
<!--声明一个URL地址 -->
  <s:url action="test" namespace="/tag" var="add">
      <s:param name="username">laowangang</s:param>
      <s:param name="id">12</s:param>
  </s:url>
  <s:a href="%{add}">测试URL</s:a>
  <s:a action="test" namespace="/tag"></s:a>
```

以上的两个<s:a>标签的作用是一样的。

5）date标签

```
//设置属性
<%pageContext.setAttribute("birth",new Date(200,03,10),PageContext.REQUEST_SCOPE);%>
  <!--取出属性 -->
<s:date name="#request.birth" format="yyyy年MM月dd日"/>
<s:date name="#request.birth" nice="true"/>
```

这个标签是按照format的格式去输出的。

6）表单

```
<h1>from 表单</h1>
<s:form action="test" namespace="/tag">
  <s:textfield label="用户名" name="uname" tooltip="你的名字" javascriptTooltip=
    "false"></s:textfield>
  <s:textarea name="rmake" cols="40" rows="20" tooltipDelay="300" tooltip=
  "hi" label="备注" javascriptTooltip="true"></s:textarea>
  <s:password label="密码" name="upass"></s:password>
  <s:file name="file" label="上传文件"></s:file>
  <s:hidden name="id" value="1"></s:hidden>
  <s:select list="#{'1':'博士','2':'硕士'}" name="edu" label="学历" listKey=
  "key" listValue="value"></s:select>
  <s:select list="{'java','.net'}" value="java"></s:select><!--value 是选中的
  -->
  <!--必须有 name -->
  <s:checkbox label="爱好" fieldValue="true" name="checkboxFiled1"></s:
  checkbox>
  <!--多个 checkbox -->
  <s:checkboxlist list="{'java','css','html','struts2'}" label="喜欢的编程语
  言" name="box" value="{'css','struts2'}"></s:checkboxlist>
  <!--map 集合前要加 # -->
  <s:checkboxlist list="#{1:'java',2:'css',3:'html',4:'struts2',5:'spring'}"
  label="喜欢的编程语言" name="boxs" value="{1,2}"></s:checkboxlist>
  <!--radio -->
  <%
    //从服务器传过来值
    pageContext.setAttribute("sex","男",PageContext.REQUEST_SCOPE);
    pageContext.setAttribute("sex1","男",PageContext.REQUEST_SCOPE);
  %>
  <s:radio list="{'男','女'}" name="sex" value="#request.sex"></s:radio>
  <s:radio list="#{1:'男',2:'女'}" name="sex1" listKey="key" listValue=
  "value" value="#request.sex1"></s:radio>
  <!--防止表单提交的方式 -->
  <s:token></s:token>
  <s:submit value="提交"></s:submit>
</s:form>
```

> 关于 Struts 2 标签库的使用可查看配套电子资源实例，位置是 CODE\Struts 2\struts2_instance3。

3.3.3.3 Action 编写与配置

1. Action 的创建

通常 Action 的创建有 3 种方法：

（1）直接编写一个普通的Java类作为Action,只要实现一个返回类型为String的无参的public方法即可。

（2）实现com.opensymphony.xwork2.Action接口。

（3）继承com.opensymphony.xwork2.ActionSupport类。

在实际开发中,Action类很少实现Action接口,通常都是从ActionSupport类继承,ActionSupport实现了Action接口和其他一些可选的接口,提供了输入验证,错误信息存取以及国际化的支持。选择继承ActionSupport,可以简化Action的定义。而上面的代码就是一个继承了ActionSupport用于用户登录的Action类。

2. 请求参数的获取

Action既然要处理用户请求,自然需要获取请求里的参数,在Struts 2中,获取请求参数有3种方法:

（1）当把参数作为Action的类属性,且提供属性的setter方法时,xwork的OGNL会自动把request参数的值设置到类属性中,此时访问请求参数只需要访问类属性即可。值得注意的是,这些类属性的名称一定要和请求中的参数名完全相同。

（2）可以通过ActionContext对象Map parameterMap＝context.getParameters();方法,得到请求参数Map,然后通过parameterMap来获取请求参数。需要注意的是：当通过parameterMap的键取得参数值时,取得的是一个数组对象,即同名参数的值的集合。

（3）通过ActionContext取得HttpServletRequest对象,然后使用request.getParameter("参数名")得到参数值。

建议使用第(1)种或第(3)种方法获取请求参数,这两种方式是实际开发中最常用到的获取参数的方法。

> 关于Struts 2请求参数的获取可查看配套电子资源实例,位置是CODE\Struts 2\struts2_instance1。

3. Action的配置

在前面的代码中采用了loginAction的其中一种配置方式,Struts 2为开发者提供了多种配置方式,以应对各种不同的需求。下面通过示例详解Action的几种配置方式。

1）直接转发请求

```
<!--用于测试 -->
<package name="test-package" namespace="/test" extends="struts-default">
    <!--直接转发请求到success.jsp -->
    <action name="test1">
        <result name="success">/success.jsp</result>
    </action>
</package>
```

2) Action 映射

这是一种古老的配置方法,当请求被接收到,Struts 2 只会直接调用 Action 中的 execute 方法,所以只要在该 Action 中编写 execute 方法即可。即一个 Action 只有一个 execute 方法可以使用,但在业务逻辑繁多的系统中,不建议使用这种方式。

```xml
<action name="login" class="com.cdtskj.xt.action.LoginAction">
    <result name="success">/main.jsp</result>
</action>
```

3) 使用 method 属性

在配置 Action 时,可以通过 Action 元素的 method 属性来指定 Action 调用的方法,所指定的方法必须遵循与 execute 方法相同的格式。在 struts.xml 文件中,可以为同一个 Action 类配置不同的别名,并使用 method 属性。在 struts.xml 文件中为同一个 Action 类配置不同的别名,此配置可在同一个 Action 中添加多种方法,但 xml 配置依然繁多。

```xml
<!--使用 method 属性-->
<package name="methods" namespace="/" extends="struts-default">
    <!--对应 MethodAction 中的 execute 方法 -->
    <action name="list" class="org.lesson05.MethodAction">
        <result name="success">/Methods/list.jsp</result>
    </action>
    <!--对应 MethodAction 中的 add 方法 -->
    <action name="add" class="org.lesson05.MethodAction" method="add">
        <result name="success">/Methods/add.jsp</result>
    </action>
    <!--对应 MethodAction 中的 edit 方法 -->
    <action name="edit" class="org.lesson05.MethodAction" method="edit">
        <result name="success">/Methods/edit.jsp</result>
    </action>
    <!--对应 MethodAction 中的 delete 方法 -->
    <action name="delete" class="org.lesson05.MethodAction" method="delete">
        <result name="success">/Methods/delete.jsp</result>
    </action>
</package>
```

4) 动态方法调用

另外一种无须配置就可以直接调用 Action 中的非 execute 方法的方式,是使用 Struts 2 的动态方法调用。动态方法调用是在 Action 的名字中使用感叹号(!)来标识要调用的方法名,其语法格式为 actionName!methodName.action。

例如,配置了如下的 Action:

```xml
<action name="user" class="org.lesson05.UserAction">
    <result name="success">/Methods/list.jsp</result>
```

```
</action>
```

当请求/user!delete.action 时,就会自动调用 UserAction 中的 delete()方法。
如果要启用动态方法调用,则可以在 struts.xml 配置如下常量:

```
<!--是否开启动态方法调用 -->
<constant name="struts.enable.DynamicMethodInvocation" value="true" />
```

5) 通配符映射

随着 Web 应用程序的增加,所需的 Action 也会更多,从而导致大量的 Action 映射,使用通配符可以减少 Action 配置的数量,使一些具有类似行为的 Action 或者 Action 方法可以使用通用的样式来配置。通配符即星号(*),用于匹配 0 个或多个字符,在配置 Action 时,可以在 Action 元素的 name 属性中使用星号(*)来匹配任意的字符。

以下是在 Action 映射中使用通配符的例子:

```
<!--用户登录 -->
<package name="login_package" namespace="/login" extends="struts-default">
    <action name="*" method="{1}" class="loginAction">
    </action>
</package>
```

通配符方法设置的另一种常见方式是使用后缀通配符,即将 * 放在 Action 名字的后面,在 * 和名字前缀之间使用一个特殊字符作为分隔,常用的特殊字符是下划线(_),当然也可以使用其他字符。例如:

```
<!--用户登录 -->
<package name="login_package" namespace="/login" extends="struts-default">
    <action name="login_*" method="{1}" class="loginAction">
    </action>
</package>
```

当请求/login_loginIn.action 时,调用的是 LoginAction 实例的 loginIn 方法。当请求/login_loginOut.action 的时候,调用的是 LoginAction 实例的 loginOut 方法。

> 关于 Struts 2 配置可查看配套电子资源实例,位置是 CODE\Struts 2\struts2_instance1。

3.3.3.4 jQuery EasyUI

在编写登录成功页面时,使用到了 jQuery EasyUI。jQuery EasyUI 是一组基于 jQuery 的 UI 插件集合体,而 jQuery EasyUI 的目标就是帮助 Web 开发者更轻松地打造出功能丰富并且美观的 UI 界面。开发者不需要编写复杂的 JavaScript,也不需要对 CSS 样式有深入的了解,开发者需要了解的只有一些简单的 HTML 标签。

jQuery EasyUI 为提供了大多数 UI 控件的使用,如 accordion、combobox、menu、dialog、tabs、validatebox、datagrid、window、tree 等。

jQuery EasyUI 是基于 JQuery 的一个前台 UI 界面的插件,功能相对没有 extjs 强大,但页面也是相当好看的,同时页面支持各种 themes 以满足使用者对于页面不同风格的喜好。功能足够开发者使用,相对 extjs 更轻量。

jQuery EasyUI 有以下特点:
- 基于 jQuery 用户界面插件的集合。
- 为一些当前用于交互的 JavaScript 应用提供必要的功能。
- EasyUI 支持两种渲染方式,分别为 JavaScript 方式(如 $('♯p').panel({...}))和 HTML 标记方式(如:class="easyui-panel")。
- 支持 HTML5(通过 data-options 属性)。
- 开发产品时可节省时间和资源。
- 简单,但很强大。
- 支持扩展,可根据自己的需求扩展控件。
- 目前各项不足正以版本递增的方式不断完善。

jQuery EasyUI 提供了用于创建跨浏览器网页的完整的组件集合,包括功能强大的 datagrid(数据网格)、treegrid(树形表格)、panel(面板)、combo(下拉组合)等。用户可以组合使用这些组件,也可以单独使用其中一个。jQuery EasyUI 提供的组件如表 3-3 所示。

表 3-3 jQuery EasyUI 提供的组件

分 类	组 件	分 类	组 件
Base(基础)	parser 解析器 easyloader 简单载入器 draggable 一般拖动 droppable 拖动至容器 resizable 缩放 pagination 分页 searchbox 搜索框 progressbar 进度条 tooltip 提示框	Form(表单)	combo 自定组合框 combobox 可装载组合框 combotree 组合树 combogrid 组合表格 numberbox 数字验证框 datebox 日期组合框 datetimebox 日期时间组合框 calendar 日历 spinner 微调器 numberspinner 数字微调器 timespinner 时间微调器 slider 滑动条
Layout(布局)	panel 控制面板 tabs 标签页/选项卡 accordion 可折叠面板 layout 布局面板	Window(窗口)	window 窗口 dialog 对话窗口 messager 消息窗口
Menu(菜单)与 Button(按钮)	menu 菜单 linkbutton 链接按钮 menubutton 菜单按钮 splitbutton 分割按钮	DataGrid(数据表格)与 Tree(树)	datagrid 数据表格 propertygrid 属性表格 tree 树形菜单 treegrid 树形表格
Form(表单)	form 表单 validatebox 表单验证框		

更多关于 jQuery EasyUI 的知识希望大家自行学习,官方地址为 http://www.jeasyui.net/。

3.4 小　　结

Struts 2 加入项目需要配置 web.xml 和 struts.xml。

struts.xml 中的 namespace 决定了 Action 的访问路径，默认为空，可以接受所有路径的 Action。

Action 接收参数可以使用属性来实现。

jQuery EasyUI 是一组基于 jQuery 的 UI 插件集合体，可以帮助 Web 开发者更轻松地打造出功能丰富并且美观的 UI 界面。

3.5 课外实训

1. 实训目的

（1）掌握如何在项目中加入 Struts 2 并配置。

（2）掌握如何使用 Struts 2 进行开发。

2. 实训描述

本章学习了 Struts 2，并且可以初步使用 Struts 2。在本次实训中，需要加入 Struts 2 并完成英语平台的用户登录功能，登录页面如图 3-10 所示。使用学生账号登录成功之后，右上角提示登录信息并跳转到前台主页，如图 3-11 所示。使用管理员账号登录成功之后，进入管理后台页面，如图 3-12 所示。

图 3-10　前台登录页面

图 3-11 前台主页

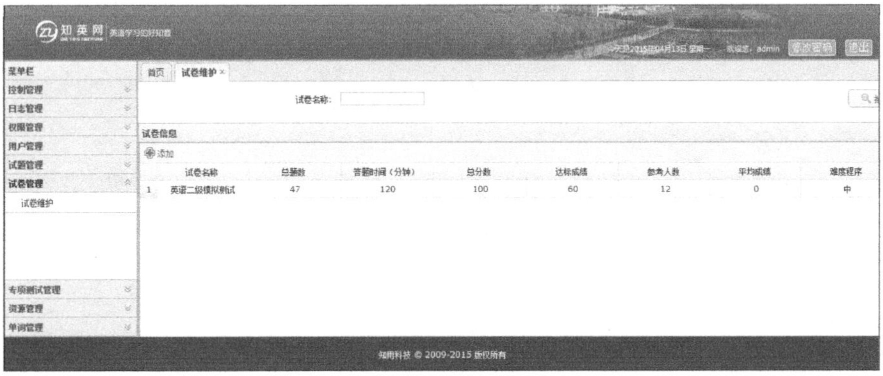

图 3-12 后台主页

任务一：

请在 EnglishLearn 项目中配置 Struts 2。

任务二：
请结合本章所学知识开发出英语平台的用户登录功能。

3. 实训要求

（1）严格按照开发步骤配置 Struts 2。
（2）Action 的配置使用通配符。
（3）使用 JDBC 执行数据库操作。

第 4 章 旅行社管理

本章主要任务是使用 Hibernate 完成旅行社信息的增、删、改、查,并保存数据到数据库。

开发目标:
- 加入 Hibernate 配置。
- 编写 POJO 和映射文件。
- 编写 DAO。
- 编写 Service。
- 编写 Action。
- 编写 JSP。

学习目标:
- 了解什么是 ORM、Hibernate。
- 掌握如何在项目中加入 Hibernate。
- 掌握 Hibernate 的实体关系映射规则。
- 掌握 Hibernate 的实体对象生命周期。
- 学会使用 jQuery Flexigrid。

4.1 任务简介

旅行社管理模块作为团队预订系统的一个基础数据管理模块,发挥着十分重要的作用。在本模块中,需要管理并维护系统中的所有旅行社信息。本章主要使用 Hibernate 实现旅行社信息管理的增删改查功能,最终效果如下所示:

(1) 单击"旅行社基本信息",查询出数据库已有旅行社并分页展示,如图 4-1 所示。
(2) 单击"添加",弹出对话框,填写内容后将数据保存到数据库,如图 4-2 所示。
(3) 选择一条数据,单击"修改",弹出对话框,填写内容后将数据保存到数据库,如图 4-3 所示。
(4) 选择一条数据,单击"删除",弹出确认删除提示,单击 OK 按钮后删除该数据,如图 4-4 所示。

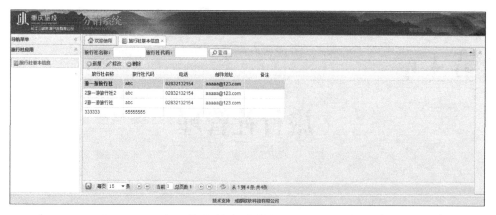

图 4-1　旅行社管理主页

图 4-2　新增功能

图 4-3　修改功能

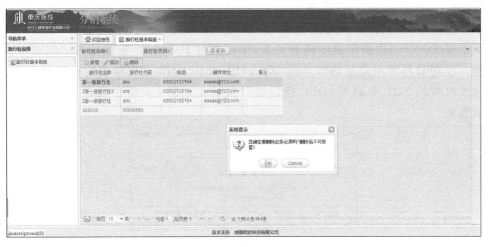

图 4-4　删除功能

4.2　技术要点

4.2.1　理解 ORM

ORM(Object Relational Mapping)是对象关系映射,是一种程序技术,它的实现思想就是将关系数据库中的表映射成为对象,以对象的形式展现,这样开发人员就可以把对数据库的操作转化为对这些对象的操作。因此它的目标是为了方便开发人员以面向对象的思想来实现对数据库的操作。

在开发一个应用程序的时候(不使用 ORM),开发者可能要写不少数据访问层的代码,用来从数据库保存、删除、读取对象信息等。在 DAL 中有很多方法来完成读取对象数据、改变对象状态等任务,而这些代码写起来总是重复且复杂的。

除此之外,还有更好的办法吗?答案就是引入一个 ORM。实质上,一个 ORM 会自动生成 DAL。与其自己写 DAL 代码,不如用 ORM。使用 ORM 保存、删除、读取对象,ORM 负责生成 SQL,而开发者只需要关心对象。

目前常见的 ORM 中间件有 Hibernate、TopLink 和 Castor 等。Hibernate 是这些 ORM 框架中最成功的一种,它具有简单、灵活、功能完备和高效的特点。

4.2.2　Hibernate 简介

Hibernate 是一个开放源代码的对象关系映射框架,它对 JDBC 进行了轻量级的对象封装,使得 Java 程序员可以使用对象编程思维来操纵数据库。Hibernate 可以在应用 EJB 的 J2EE 架构中取代 CMP,完成数据持久化。它还可以应用在任何使用 JDBC 的场合,既可以在 Java 的客户端程序中使用,也可以在 Servlet/JSP 的 Web 应用中使用。

Hibernate 对数据库结构提供了较为完整的封装，Hibernate 的 ORM 实现了 POJO(实体类)和数据库表之间的映射，以及 SQL 的自动生成和执行。程序员往往只需定义 POJO 到数据库表的映射关系，即可通过 Hibernate 提供的方法完成持久层操作。程序员甚至不需要熟练掌握 SQL，Hibernate/OJB 会根据指定的存储逻辑，自动生成对应的 SQL 并调用 JDBC 接口加以执行。如图 4-5 所示就是 Hibernate 的体系概要图。

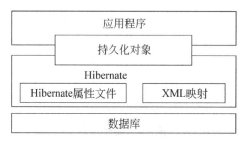

图 4-5 Hibernate 的体系概要图

4.2.3 Hibernate 工作原理

在 Hibernate 中有非常重要的 3 个类，分别是配置类、会话工厂类和会话类。

（1）配置类（Configuration）：主要负责管理 Hibernate 的配置信息和启动 Hibernate。在 Hibernate 运行时，配置类会读取一些底层的基本信息，包括数据库 URL、数据库用户名、数据库密码、数据库驱动等。

（2）会话工厂类（SessionFactory）：它是生成 Session 的工厂，保存了当前数据库中所有的映射关系，但它是一个重量级的对象，它的初始化创建过程会消耗大量的系统资源。

（3）会话类（Session）：它是 Hibernate 中数据库持久化操作的核心，它将负责 Hibernate 所有的持久化操作，开发者可以通过它实现对数据库基本的增、删、改、查的操作。但会话类并不是线程安全的，需要注意不能多个线程共享一个会话。

Hibernate 的工作原理如图 4-6 所示。

（1）读取并解析配置文件。

（2）读取并解析映射信息，创建 SessionFactory。

（3）打开 Session。

（4）创建事务 Transaction。

（5）持久化操作。

（6）提交事务。

（7）关闭 Session。

（8）关闭 SessionFactory。

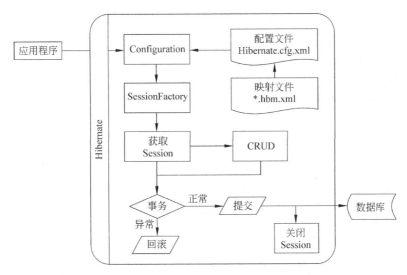

图 4-6　Hibernate 的工作原理

4.3　开发：旅行社管理

4.3.1　任务分析

本章需要完成旅行社管理模块。该模块的主要功能包括旅行社信息的增、删、改、查。用户在成功登录系统之后即可在 main.jsp 中单击本模块进入管理页面。模块的功能结构如图 4-7 所示。

本模块代码层次分为 action、dao、pojo、service 四层，分别对应表现层的 action、持久层 dao、域模型层 pojo、业务逻辑层 service，如图 4-8 所示。其余模块如人员管理、线路管理等都是使用这种分层设计的，各层的作用如下：

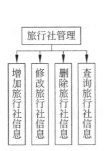

图 4-7　旅行社管理模块的功能结构

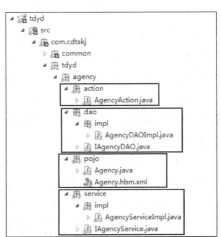

图 4-8　旅行社管理模块的代码结构

➢ action：完成前台数据的接收，调用 service 进行业务逻辑处理，然后返回结果到相应的页面。
➢ dao：接收 service 发送的指令，通过 pojo 的实体映射，操作数据库，执行数据的持久化操作。
➢ pojo：实现实体和数据库表的映射。
➢ service：接收 action 传下来的数据，执行业务逻辑，调用 dao 层方法执行数据查询或持久化。

在第 3 章中，系统已加入了 Struts 2 作为表示层的控制器，并使用 JDBC 的方式查询出了用户信息用以验证登录。而本章的主要任务是加入 Hibernate 框架取代原有的 JDBC 查询数据库的方式，并结合 Struts 2 完成本模块的开发。

在本模块的开发中，需要经历如下步骤：

（1）在系统中加入 Hibernate。

在一个空白的项目中加入 Hibernate 框架需要完成以下两个步骤：

① 导入 Hibernate 所必需的 jar 包，如图 4-9 所示。

图 4-9 中的 jar 包是 Hibernate 的基础开发包，是必须导入的。由于在前面章节已经添加了所有本系统需要的 jar 包，所以此处可忽略该步骤。

② 加入 hibernate.cfg.xml 配置。

Hibernate 配置文件主要用于配置数据库连接和 Hibernate 运行时所需的各种属性，这个配置文件位于 config 包中，和其他配置文件放在相同的地方，便于管理，如图 4-10 所示。

图 4-9　Hibernate 所需 jar 包

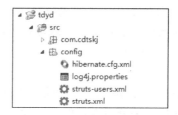

图 4-10　配置文件

（2）编写 POJO 和对应的映射文件。

在 Hibernate 中，Hibernate 操作的对象是 POJO 持久类，Hibernate 通过对象-关系映射（ORM）将持久类和数据库表做匹配，当 Hibernate 保存持久类的时候，它会通过该映射关系自动将持久类中的数据保存到数据库，所以对于开发者，只需要操作对象即可，不需要再操作底层的 JDBC。对于如何映射，开发者只需要做两件事：编写持久类，编写持久类和数据库表的映射文件。

（3）编写 DAO 持久层和业务逻辑层 Service。

DAO 持久层需要使用 Hibernate 实现几个固定的方法，比如旅行社对象的增加、删除、修改和查询，以便于业务逻辑层 Service 操作 DAO 层时进行调用。如此 Service 层只关注业务逻辑的处理，DAO 层只关注数据的持久化操作，两者各司其职。

（4）编写 Action 和页面。

Action 中需要包含旅行社的增加、删除、修改和查询方法。查询方法需要使用分页控制,结合前台页面的 jQuery EasyUI 和 Flexigrid 表格控件完成页面数据的展示与增删改查功能。前台页面的效果预览如图 4-1 至图 4-3 所示。

4.3.2 开发步骤

4.3.2.1 加入 hibernate.cfg.xml 配置

Hibernate 的基本配置文件有两种：hibernate.cfg.xml 和.hbm.xml 文件。前者包含了 Hibernate 与数据库的基本连接信息,在 Hibernate 工作的初始阶段,这些信息被先后加载到 Configuration 和 SessionFactory 实例;后者包含了 Hibernate 的基本映射信息,即系统中每一个类与其对应的数据库表之间的关联信息,在 Hibernate 工作的初始阶段,这些信息通过 hibernate.cfg.xml 的 mapping 节点被加载到 Configuration 和 SessionFactory 实例。这两种文件信息包含了 Hibernate 的所有运行期参数,现在建立如图 4-8 所示的 hibernate.cfg.xml 文件。

在文件中编写如下代码：

```xml
<?xml version="1.0" encoding="UTF-8"?>
<!DOCTYPE hibernate-configuration PUBLIC
"-//Hibernate/Hibernate Configuration DTD 3.0//EN"
"http://hibernate.sourceforge.net/hibernate-configuration-3.0.dtd">
<hibernate-configuration>
    <session-factory>
        <!--驱动程序-->
         <property name="connection.driver_class">com.mysql.jdbc.Driver
         </property>
        <!--JDBC URL-->
         <property name="connection.url">jdbc:mysql://localhost:3306/tdyd
         </property>
        <!--数据库用户名-->
        <property name="connection.username">root</property>
        <!--数据库密码-->
        <property name="connection.password">123456</property>
        <!--为 true 表示将 Hibernate 发送给数据库的 sql 显示出来-->
        <property name="show_sql">true</property>
        <!--SQL 方言,这里设定的是 MySQL-->
        <property name="dialect">org.hibernate.dialect.MySQLDialect</property>
        <!--一次读的数据库记录数-->
        <property name="jdbc.fetch_size">50</property>
        <!--设定对数据库进行批量删除-->
        <property name="jdbc.batch_size">30</property>
        <!--需要映射的文件-->
        <mapping resource="com/cdtskj/tdyd/agency/pojo/Agency.hbm.xml"/>
    </session-factory>
```

`</hibernate-configuration>`

该文件设置了 Hibernate 的一些基本信息，如数据库 URL、用户名、密码、方言等，主要用于 Hibernate 启动时加载配置。

在 4.2.2 节里讲到 Hibernate 的会话工厂类（SessionFactory），它是生成 Session 的工厂，保存了当前数据库中所有的映射关系，但它是一个重量级的对象，它的初始化创建过程会消耗大量的系统资源。所以需要创建一个工具类来生成 SessionFactory，每个系统中只需要存在一个 SessionFactory 即可，具体代码如下：

```java
public class HibernateUtil {
    public static final SessionFactory sessionFactory;
    static {
        try {
            //加载 Configuration
            sessionFactory= new Configuration().configure("config/hibernate.cfg.xml").buildSessionFactory();
        } catch (Throwable ex) {
            System.err.println("Initial SessionFactory creation failed." +ex);
            throw new ExceptionInInitializerError(ex);
        }
    }
    //获取 Session
    public Session getCurrentSession(){
        return sessionFactory.getCurrentSession();
    }
    //开启事务
    public Transaction beginTransaction(){
        Transaction trans=this.getCurrentSession().beginTransaction();
        return trans;
    }
}
```

在这里使用了 static 静态块加载配置，这样编写 sessionFactory 就只会在系统启动的时候加载一次。

4.3.2.2 编写 POJO 和映射文件

1. 添加一个旅行社的 POJO 持久类

在图 4-11 所示位置新建 Agency.java 实体类及其配置文件。

持久类代码如下：

```
package com.cdtskj.tdyd.agency.pojo;
//旅行社实体类
```

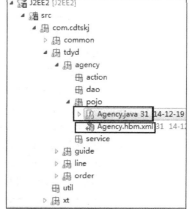

图 4-11 新建 Agency.java 实体类和其配置文件

```
public class Agency implements java.io.Serializable {
    //ID
    private Integer id;
    //名称
    private String name;
    //编码
    private String code;
    //电话
    private String phone;
    //E-mail
    private String email;
    //备注
    private String remark;
    //旅行社下的所有导游
    private Set<Guide> guides=new HashSet<Guide>();
    //旅行社下的所有订单
    private Set<Order> orders=new HashSet<Order>();
    //此处省略 get、set 方法
    public Agency() {
        super();
    }
}
```

持久类的编写规则有如下 4 点：

(1) 需要含有一个默认的无参构造方法。以便 Hibernate 通过 Constructor.newInstance()实例化持久类。

(2) 最好不要使用 final 类。如果使用了 final 类，Hibernate 就无法使用代理来延迟关联加载，如此将会影响开发者对 Hibernate 进行性能优化。

(3) 提供一个标识属性。标识属性一般是数据库表中的主键字段，如 Agency 中的 id。

(4) 属性声明为 private，提供 get()和 set()方法。

2. 添加持久类对应的映射文件

映射文件也称映射文档，用于向 Hibernate 提供关于将对象持久化到关系数据库中的信息。

整个系统中所有持久化对象的映射定义可全部存储在同一个映射文件中，也可将每个对象的映射定义存储在独立的文件中。建议使用后一种方法，因为将大量持久化类的映射定义存储在一个文件中是非常麻烦的，维护起来很困难。建议采用每个持久化类建立一个映射文件的方法来组织映射文档。

映射文件的命名规则是，使用持久化类的类名，并使用扩展名 hbm.xml。例如本模块的持久化类的映射文件就命名为 Agency.hbm.xml。

映射文件在使用前需要在 hibernate.cfg.xml 中注册，建议将映射文件与持久化类放在同一目录中,这样便于查找和修改。

Agency.hbm.xml 映射文件内容如下:

```xml
<?xml version="1.0" encoding="utf-8"?>
<!DOCTYPE hibernate-mapping PUBLIC "-//Hibernate/Hibernate Mapping DTD 3.0//EN"
"http://www.hibernate.org/dtd/hibernate-mapping-3.0.dtd">
<!--
hibernate-mapping 有几个可选的属性:
schema 属性指明了这个映射的表所在的 schema 名称。
default-cascade 属性指定了默认的级联风格,可取值有 none、save、update。
auto-import 属性默认让用户在查询语言中可以使用非全限定名的类名,可取值有 true、
false。
package 属性指定一个包前缀。
-->
<hibernate-mapping>
<!--用 class 元素来定义一个持久化类 -->
<class name="com.cdtskj.tdyd.agency.pojo.Agency" table="ly_agency" catalog="j2ee">
    <!--id 元素定义了属性到数据库表主键字段的映射-->
    <id name="id" type="java.lang.Integer">
        <!--column 元素定义了属性对应的数据库表字段名-->
        <column name="ID" />
        <!--用来为该持久化类的实例生成唯一的标识 -->
        <generator class="identity" />
    </id>
    <!--property 元素为类声明了一个持久化的、JavaBean 风格的属性-->
    <property name="name" type="java.lang.String">
        <column name="NAME" length="20" not-null="true"/>
    </property>
    <property name="code" type="java.lang.String">
        <column name="CODE" length="20" not-null="true"/>
    </property>
    <property name="phone" type="java.lang.String">
        <column name="PHONE" length="20"/>
    </property>
    <property name="email" type="java.lang.String">
        <column name="EMAIL" length="50"/>
    </property>
    <property name="remark" type="java.lang.String">
        <column name="REMARK" length="50"/>
    </property>
    <!--设置关联关系-->
    <set name="guides" inverse="true" cascade="all-delete-orphan">
        <!--指定关联外键字段-->
```

```xml
            <key>
                <column name="AGENCYID"/>
            </key>
        <!--一对多映射-->
            <one-to-many class="com.cdtskj.tdyd.guide.pojo.Guide" />
        </set>
        <set name="orders" cascade="all-delete-orphan">
            <key>
                <column name="AGENCYID"/>
            </key>
            <one-to-many class="com.cdtskj.tdyd.order.pojo.Order" />
        </set>
    </class>
</hibernate-mapping>
```

通过上面的配置作为桥梁,Hibernate 持久类与数据库表之间的关系就一一对应起来了。

在之后的开发中,对该持久类进行增、删、改、查操作,Hibernate 就会通过该映射文件自动将持久化类的数据保存到数据库中,而对于开发者而言,仅仅只是操作持久化对象而已。

4.3.2.3 编写 DAO 持久层

在 POJO 和映射文件都建立好之后,现在可以开始编写持久层了。旅行社管理的 DAO 层持久层需要实现旅行社信息的增加、修改、删除和查询。

在这里,可能有人会有疑问,直接使用 Hibernate 来访问数据库不就可以了吗,为何还要自己定义 DAO 接口?答案是采用这种结构的系统能拥有更好的灵活性。通过这种接口的方式,可以让方法调用者和方法的具体实现断开关联,任何一边的修改不会影响到另一边的正常运行,达到解耦的目的。比如,现在程序是使用 Hibernate 做持久层组件,如果几年之后又出现了新的更好的持久层框架,需要替换为最新的持久层框架的时候,DAO 接口的优越性就体现出来了,这时只需要将接口的具体实现替换掉就可以了,并不会影响到原业务的代码。

DAO 持久层在包里的结构如图 4-12 所示,在 dao 包中编写接口,在 impl 包中编写该接口的实现类。

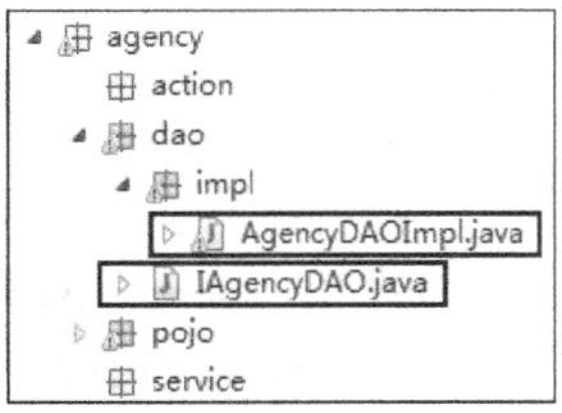

IAgencyDAO 接口内容如下:

```java
//导包
public interface IAgencyDAO {
    //保存旅行社
    public void save(Agency agency);
    //修改旅行社
    public void delete(Agency agency);
    //删除旅行社
```

图 4-12 旅行社管理 DAO 持久层包结构

```java
    public void update(Agency agency);
    //根据 ID 查询旅行社对象
    public Agency queryAgencyById(int id);
    //查询出所有旅行社
    public List<Agency>queryAllAgency();
    //分页条件查询旅行社
    public List < Agency > queryPaginationAgency (String hql, Object [ ] param,
    Integer page, Integer rows);
    //查询旅行社记录总数
    public Long count(String hql, Object[] param);
}
```

AgencyDAOImpl 实现类内容如下:

```java
public class AgencyDAOImpl implements IAgencyDAO {
    private SessionFactory sessionFactory=HibernateUtil.sessionFactory;
    public SessionFactory getSessionFactory() {
        return sessionFactory;
    }
    public void setSessionFactory(SessionFactory sessionFactory) {
        this.sessionFactory=sessionFactory;
    }
    @Override
    public void save(Agency agency) {
        Session session=sessionFactory.getCurrentSession();      //获取 session
        session.save(agency);                                     //保存对象
    }
    @Override
    public void delete(Agency agency) {
        Session session=sessionFactory.getCurrentSession();      //获取 session
        session.delete(agency);                                   //删除对象
    }
    @Override
    public void update(Agency agency) {
        Session session=sessionFactory.getCurrentSession();      //获取 session
        session.update(agency);                                   //更新对象
    }
    @Override
    public Agency queryAgencyById(int id) {
        Session session=sessionFactory.getCurrentSession();      //获取 session
        Agency agency=(Agency) session.get(Agency.class, id);    //取出对象
        return agency;
    }
    @Override
    public List<Agency>queryAllAgency() {
```

```java
        Session session=sessionFactory.getCurrentSession();
        List<Agency> agencies=session.createQuery("from Agency a").list();
                                                        //根据hql查询对象列表
        return agencies;
    }
    @Override
    public List<Agency> queryPaginationAgency(String hql, Object[] param,
    Integer page, Integer rows) {
        Session session=sessionFactory.getCurrentSession();
        if (page==null || page <1) {
            page=1;
        }
        if (rows==null || rows <1) {
            rows=10;
        }
        Query q=session.createQuery(hql);                //创建查询
        if (param !=null && param.length >0) {
            for (int i=0; i <param.length; i++) {
                q.setParameter(i, param[i]);             //设置参数
            }
        }
        List<Agency> agencies=q.setFirstResult((page - 1) * rows).setMaxResults
        (rows).list();                                   //执行查询
        return agencies;
    }
    @Override
    public Long count(String hql, Object[] param) {
        Query q=sessionFactory.getCurrentSession().createQuery(hql);
        if (param !=null && param.length >0) {
            for (int i=0; i <param.length; i++) {
                q.setParameter(i, param[i]);
            }
        }
        int size=q.list().size();
        return new Long((long)size);
    }
}
```

这样就完成了旅行社管理模块的 DAO 持久层的增、删、改、查方法。接下来可以在实现类中使用 main 方法测试一下方法是否书写正确,测试代码如下:

```java
public static void main(String[] args) {
    AgencyDAOImpl adi=new AgencyDAOImpl();
    Agency agency=new Agency();
    agency.setCode("abc");
```

```java
agency.setEmail("aaaaa@123.com");
agency.setName("游一游旅行社");
agency.setPhone("02832132154");
agency.setRemark("情况良好");
adi.save(agency);
System.out.println("添加了 agency,name 为:"+agency.getName());
agency.setName("2游一游旅行社 2");
adi.update(agency);
System.out.println("修改了 agency,name 为:"+agency.getName());
adi.delete(agency);
System.out.println("删除了 agency");
List<Agency>agencies=adi.queryAllAgency();
for (Agency temp: agencies) {
    System.out.println(temp.getName());
}
}
```

控制台输出信息如下：

```
Hibernate: insert into tdyd.ly_agency (NAME, CODE, PHONE, EMAIL, REMARK) values (?, ?, ?, ?, ?)
添加了 agency,name 为:2游一游旅行社
Hibernate: update tdyd.ly_agency set NAME=?, CODE=?, PHONE=?, EMAIL=?, REMARK=? where ID=?
修改了 agency,name 为:2游一游旅行社 2
Hibernate: delete from tdyd.ly_agency where ID=?
删除了 agency
Hibernate: select agency0_.ID as ID0_, agency0_.NAME as NAME0_, agency0_.CODE as CODE0_, agency0_.PHONE as PHONE0_, agency0_.EMAIL as EMAIL0_, agency0_.REMARK as REMARK0_ from tdyd.ly_agency agency0_
游一游旅行社
2游一游旅行社 2
2游一游旅行社
```

从以上输出信息可以看出，Hibernate 向数据库插入了一条数据，然后更新了这条数据的内容，最后删除了这条数据，之后执行了一个查询，打印出了数据库中查询出的数据。数据库之前已存在的数据如图 4-13 所示。

ID	NAME	CODE	PHONE	EMAIL	REMARK
3	游一游旅行社	abc	0283213215	aaaaa@12	
4	2游一游旅行社2	abc	0283213215	aaaaa@12	
5	2游一游旅行社	abc	0283213215	aaaaa@12	

图 4-13　Hibernate 从数据库中查询出的数据

通过上面的测试可以了解到，只要执行了实体对象的增、删、改操作，数据库表的内容也会相应地发生变化，那么为什么会发生这种关联变化呢？这得从 Hibernate 的一个

重要概念说起,那就是 Hibernate 实体对象的生命周期。具体内容请参阅 4.3.3 节的相关知识介绍。

4.3.2.4 编写业务逻辑层

编写 IAgencyService 接口:

```
//导包
public interface IAgencyService {
    //更新旅行社信息
    public void updateAgency(Agency Agency);
    //删除旅行社
    public void deleteAgency(Agency Agency);
    //增加旅行社
    public void addAgency(Agency Agency);
    //通过 ID 查询一个旅行社
    public Agency queryAgencyById(Integer id);
    //查询集合(带分页)
     public Pagination queryPaginationAgency (Agency Agency, Integer page,
      Integer rows);
    //查询所有的旅行社
    public List<Agency>querySuitableAgencys();
}
```

编写 AgencyService 实现类:

```
//导包
public class AgencyServiceImpl implements IAgencyService {
    private IAgencyDAO dao=new AgencyDAOImpl();
    //get、set
    @Override
    public void updateAgency(Agency agency) {
        Transaction trans=HibernateUtil.beginTransaction();      //开启事务
        Agency Agency2=this.dao.queryAgencyById(agency.getId());
        BeanUtils.copyProperties(agency, Agency2);     //复制所有属性到另一个对象
        this.dao.update(Agency2);
        trans.commit();                                          //提交事务
    }
    @Override
    public void deleteAgency(Agency agency) {
        Transaction trans=HibernateUtil.beginTransaction();      //开启事务
        this.dao.delete(this.dao.queryAgencyById(agency.getId()));
        trans.commit();                                          //提交事务
    }
    @Override
    public void addAgency(Agency agency) {
```

```java
        Transaction trans=HibernateUtil.beginTransaction();        //开启事务
        this.dao.save(agency);
        trans.commit();                                             //提交事务
    }
    @Override
    public Agency queryAgencyById(Integer id) {
        Transaction trans=HibernateUtil.beginTransaction();        //开启事务
        List<Agency>agencies=this.dao.queryAgencyById(id);
        trans.commit();                                             //提交事务
        return agencies ;
    }
    @Override
    public Pagination queryPaginationAgency(Agency agency,
            Integer page, Integer rows) {
        Transaction trans=HibernateUtil.beginTransaction();        //开启事务
        String hql=" from Agency where name like ? and code like ? ";  //初始化 hql
        String [] param= new String []{"%"+ agency.getName()+"%","%"+ agency.
            getCode()+"%"};                                         //设置参数
        List<Agency>agencies=this.dao.queryPaginationAgency(hql, param, page,
            rows);                                                  //执行查询
        Long total=this.dao.count(hql, param);                      //查询记录总数
        trans.commit();                                             //提交事务
        return new Pagination(total, page, agencies);              //返回分页对象
    }
    @Override
    public List<Agency>querySuitableAgencys() {
        Transaction trans=HibernateUtil.beginTransaction();        //开启事务
        List<Agency>agencies=this.dao.queryAllAgency();
        trans.commit();                                             //提交事务
        return agencies ;
    }
}
```

也许看到这里，大家对 Service 层的概念还比较模糊，认为 Service 层和 DAO 层是一样的，没有存在的必要，Service 层仅仅是调用 DAO 层做一些逻辑，即使不用 Service 层，也可以在 Action 中调用 DAO 层做逻辑处理。接下来了解一下为什么主流的设计都会加上 Service 层。

Service 层也就是业务逻辑层，专注于处理系统中的业务逻辑，而不涉及表示层技术和持久层技术，这样单独划分一层出来，是为了"解耦"，让开发者更加专注于业务代码，而不用去关注数据的传输、展现和持久化。将各层的耦合度降低以后，改变某一层的代码，并不会影响到其他层或者影响非常小的时候，系统的灵活性就非常高了，有利于之后的扩展。

在该 Service 的实现类里，定义了一个名为 DAO 的接口，在每次调用该 Service 实现

类时,容器都会实例化一个对应的 DAO 以便 Service 中的方法调用 DAO 层实现数据库操作。在 4.3.2.5 节的表示层中同样使用到了这种方法,在后面章节中,将使用另一种方法来注入这些接口。

值得注意的是,每一个 Service 方法中都有一个事务的开启和提交,事务的概念将在第 5 章讲解,在这里只需要按此步骤执行即可。

在 queryPaginationAgency()方法中有这样一段代码:

```
String hql=" from Agency where name like?and code like?";
```

这看起来非常像一条 SQL 语句,但又有一些不同,比如没有 select。这就是 Hibernate 的查询语言 HQL,HQL 和 SQL 有许多相似之处,但最大的不同是操作的对象不同。具体的关于 HQL 的相关知识请参阅 4.3.3 节中的详细讲解。

4.3.2.5 编写表示层 Action

编写 AgencyAction.java:

```java
//导包
public class AgencyAction extends ActionSupport {
    private IAgencyService agencyService=new AgencyServiceImpl();
    private Agency agency;
    private Integer page;
    private Integer rp;
    //get、set
    //增加、删除、修改方法
    //按条件查询分页旅行社数据,使用 AJAX
    public void queryPagination() throws Exception {
        HttpServletRequest request=ServletActionContext.getRequest();
        Agency tempAgency=new Agency();
        //获取参数
        String agencyname = request.getParameter("agencyname")==null ? "":
        URLDecoder.decode(request.getParameter("agencyname"),"utf-8");
        String code=request.getParameter("code")==null ? "": URLDecoder.decode
        (request.getParameter("code"), "utf-8");
        tempAgency.setName(agencyname);
        tempAgency.setCode(code);
        //查询结果
        Pagination pagination=this.service.queryPaginationAgency(tempAgency,
        page, rp);
        //开启 Json 设置,以便过滤不需要的属性,避免 Hibernate 查询死循环
        JsonConfig config=new JsonConfig();
        config.registerJsonBeanProcessor(Agency.class, new JsonBeanProcessor(){
            public JSONObject processBean(Object bean, JsonConfig jsonConfig){
                if(!(bean instanceof Agency)){
                    return null;
```

```
            }
            Agency agency=(Agency) bean;
            JSONObject result=new JSONObject();
            //选出需要的属性,没有选择的属性则不会返回结果
            result.element("id", agency.getId());
            result.element("name", agency.getName());
            result.element("code", agency.getCode());
            result.element("phone", agency.getPhone());
            result.element("email", agency.getEmail());
            result.element("remark", agency.getRemark());
            return result;
          }
        });
        JSON json=JSONSerializer.toJSON(pagination, config);
        ResponseWriteOut.write(ServletActionContext.getResponse(), json.toString());
    }
}
```

编写 struts.xml:

```
<!--旅行社基本信息 -->
  <package name="agency_package" namespace="/agency" extends="struts-
  default">
      <!--使用通配符的方式 -->
      <action name="*" method="{1}" class="com.cdtskj.tdyd.agency.action.
      AgencyAction"></action>
  </package>
```

  在表示层的 Action 中,添加了一个分页查询的方法 queryPagination(),当 Struts 2 接收到访问该方法的请求时将执行方法中的代码。在方法中,使用了属性和 request. getParameter() 两种不同的方法接收用户的参数,然后调用 Service 层对应的查询方法执行业务,返回查询出的对象,之后过滤掉对象中不需要的属性(后面会详细讲解),将其转换为 Json 返回到响应之中。值得注意的是,为什么此处返回的是 Json 而不是使用 Struts 2 的 result 呢? 这是因为前端展示数据时使用的 jQuery Flexigrid 是基于 AJAX 的组件,所以此处返回 Json 用以传递对象数据。使用 AJAX 只需将需要返回的数据写到 response(响应)即可。

  struts.xml 中使用的是通配符的方式进行配置,当用户发送 agency/queryPagination.action 的请求时,Struts 2 即可将此请求转发到 com.cdtskj.tdyd. agency.action.AgencyAction 中,并调用 queryPagination 方法。

4.3.2.6 编写旅行社信息展示页面

1. 创建页面

页面代码和后台代码使用同样的层次结构方式,按模块划分文件夹,如图 4-14 所示。

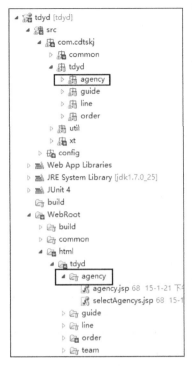

图 4-14　旅行社管理的页面代码存放位置

2．添加旅行社管理模块的菜单选项

在 main.jsp 中的西部布局"导航内容"内部加入如下代码，以添加左边的菜单选项，加入的代码如下：

```
<div title="旅行社应用"  selected="true"  style="overflow:auto;">
    <ul>
        <li>
            <div>
                <a href="javascript:;"  rel="<%=basePath%>html/tdyd/agency/
                agency.jsp" name="icon098" onclick="clickMe(this)">
                <span class="icon icon098">    </span>
                <span class="nav">旅行社基本信息</span> </a>
            </div>
        </li>
    </ul>
</div>
```

3．编写旅行社管理页面

新建 agency.jsp 页面，agency.jsp 的关键代码如下：

```javascript
//引入相关js组件和样式
<script type="text/javascript">
var BASE_URL='<%=basePath%>';
$(document).ready(function () {
    //重新定义表格大小,使Flexigrid随浏览器大小改变而改变
    $(window).resize(function () {
        $("#flex1").flexResize($(window).width(), $(window).height()-1);
    });
    $("#save").hide();
    loadflexigrid();                                            //加载Flexigrid表格
    setTimeout('collapseEast()',500);                           //将东部弹出窗收起
});
//加载表格
function loadflexigrid(){                                       //渲染Flexigrid
    var queryStr='<label>';
    queryStr+='旅行社名称:<input name="cxsupply_name" id="queryname" class="tsui" type="text" style="width:80px" />';
    queryStr+='旅行社代码:<input name="cxsupply_code" id="querycode" type="text" class="tsui" style="width:80px"/>';
    queryStr+='</label>';
    queryStr+='<label class="shuru"><input name="" type="button" onclick="query()" value="查询" /></label>';     //搜索栏
$("#flex1").flexigrid({
    url: BASE_URL+'agency/queryPagination.action',              //获取数据的请求地址
    dataType: 'json',                                            //数据加载类型
    type:"post",                                                 //请求方式
    onError:error,                                               //发生错误的处理方法
    menu_control:false,
    colModel: [                                                  //设置表头
        {display:'ID',name:'id',hide:true,toggle:false},
        {display:'旅行社名称',name:'name',width:100,sortable:true,align:'left'},
        {display:'旅行社代码',name:'code',width:100,sortable:true,align:'left'},
        {display:'电话',name:'phone',width:100,sortable:true,align:'left'},
        {display:'邮件地址',name:'email',width:100,sortable:true,align:'left'},
        {display:'备注',name:'remark',width:100,sortable:true,align:'left'}
    ],
    buttons: [                                                   //设置功能按钮
    {separator: true},
    {displayname:'新增',name:'Add',separator:false,bclass:'add',onPress:operation},
    {separator: true},
    {displayname:'修改',name:'Edit',bclass:'modify',onPress:operation},
    {separator: true},
    {displayname:'删除',name:'Delete',bclass:'delete',onPress:operation},
```

```
            {separator: true}
        ],
        usepager: true,                              //是否使用分页
        title: queryStr,                             //标题
        useRp: true,                                 //是否可以动态设置每页显示的结果数
        rp: 15,                                      //每页默认的结果数
        showcheckbox: false,                         //是否显示选择框
        pagestat:'从{from}到{to}条 共{total}条',     //显示当前页和总页数的样式
        procmsg:'数据正在加载,请等待...',            //正在处理的提示信息
        showTableToggleBtn: true,                    //是否显示"显示隐藏 Grid"的按钮
        width: 'auto',                               //宽度
        height: $(window).height()-1                 //高度
        });
}
//单击 buttons 执行的操作
function operation(com,grid){...}
//收起东边的弹出窗
function collapseEast(){...}
//单击查询按钮
function query(){...}
</script>
</head>
<body style="overflow:hidden;margin:0 0 0 0" class="easyui-layout">
<div data-options="region:'center',border:false,split:true" style="overflow:
hidden;">
<table id="flex1" style="display:none;"></table>
</div>
<!--东部弹出窗 -->
<div style="width:480px;overflow:auto;" data-options="region:'east',border:
false,split:true,title:'
<div align=center>供应商管理</div>'">
...
</body>
</html>
```

本系统使用的是 jQuery EasyUI 和 jQuery Flexigrid,所以在 HTML 标签和 JavaScript 上都是采用的它们的写法。从以上代码可以看出,这两个前端框架为开发者封装了许多方法,通过简单的配置和调用即可完成许多重复且繁杂的任务。在这里使用到了 Flexigrid 和 EasyUI 的 layout 布局。

Flexigrid 的使用方法比较简单,首先在页面中写入一个 table 标签,然后在 JavaScript 中对该标签引用 Flexigrid 的渲染方法即可,当页面渲染时加载该方法即可完成请求的发送和返回数据的处理以及显示。

4.3.2.7 旅行社信息的增删改查

4.3.2.6 节在渲染 Flexigrid 时增加了"新增"、"修改"和"删除"按钮,并将其设置为单击按钮则调用 operation()方法,执行相应的操作。operation()方法内容如下:

```
//单击 button 执行的操作
function operation(com,grid){
    var obj=$('.trSelected',grid);                     //取出选择的行
    if (com=='Add'){                                    //"新增"按钮
        add();                                          //执行添加方法
    }else if(com=='Edit'){                              //"修改"按钮
        if(obj.length!=1){                              //没有选中行
            top.msgShow('系统提示','请选择一条记录!','warn');
            return false;
        }
        edit(grid);                                     //执行修改方法
    }else if(com=='Delete'){
        if(obj.length==0){                              //没有选中行
            top.msgShow('系统提示','请至少选择一条记录!','warn');
            return false;
        }else{
            //弹出删除确认对话框
            $.messager.confirm('系统提示','您确定要删除此条记录吗?删除后不可恢复!',function(flag){
                if(flag){                               //判断是否单击"确定"按钮
                    $.ajax({                            //发送请求删除该数据
                        type: 'post',
                        url: BASE_URL+'agency/deleteAgency.action',
                                                        //删除方法的请求地址
                        data: {'agency.id':$('.trSelected td:nth-child(1)',grid).text()},    //需要删除的 id
                        dataType: 'json',               //返回数据为 json 类型
                        success: function(data) {
                            if(data.result==true){      //已成功删除
                                reload();               //重新加载 Flexigrid
                                top.msgShow('系统提示','删除成功!','info');
                                                        //提示成功
                                $(".easyui-layout").layout('collapse','east');    //收起东部的弹出窗
                            }else{
                                top.msgShow('系统提示','删除失败!','error');        //提示失败
                            }
                        }
```

```
                    });
                }
            });
        }
    }
}
```

在上面的代码中,单击按钮之后,Flexigrid 调用 operation()方法并传递相应的参数,之后在方法中判断单击的是哪一个按钮,执行相应的操作。下面是添加和修改操作执行的方法。

```
//单击"新增"按钮
function add(){
    $("#form1").retForm();                                  //重置表单内容
    $("#save").val("保存");                                 //"保存"按钮显示的内容
    $("#save").show();                                       //显示"保存"按钮
    $(".easyui-layout").layout('expand','east');             //展开东部弹出窗
}
/**点击"修改"按钮*/
function edit(id){
    $("#save").val("修改");                                 //"修改"按钮显示的内容
    $("#save").show();                                       //显示"修改"按钮
    $("#agencyid").val($('.trSelected td:nth-child(1)',id).text());
                                                             //将原有的 id 填写到表单中
    $("#name").val($('.trSelected td:nth-child(2)',id).text());
                                                             //将原有的 name 填写到表单中
    $("#code").val($('.trSelected td:nth-child(3)',id).text());
                                                             //将原有的 code 填写到表单中
    $("#phone").val($('.trSelected td:nth-child(4)',id).text());
                                                             //将原有的 phone 填写到表单中
    $("#email").val($('.trSelected td:nth-child(5)',id).text());
                                                             //将原有的 email 填写到表单中
    $("#remark").val($('.trSelected td:nth-child(6)',id).text());
                                                             //将原有的 remark 填写到表单中
    $(".easyui-layout").layout('expand','east');  //展开东部弹出窗
}
```

在东部弹出窗展开后,填写或修改相应的数据之后,单击 save 按钮时将根据 save 的值来判断是修改操作还是保存操作,代码如下:

```
//单击 save 按钮
function save(obj){
    //取出各个 input 框输入的值
    var agencyname=$("#name").val();
    var code=$("#code").val();
```

```
var phone=$("#phone").val();
var email=$("#email").val();
var remark=$("#remark").val();
if(isnull(agencyname)){
    top.msgShow('系统提示','旅行社名称不能为空!','warn');
    return false;
}
if(isnull(code)){
    top.msgShow('系统提示','旅行社代码不能为空!','warn');
    return false;
}
if(obj.value=="保存"){                           //判断是否是添加操作
    var data={
        'agency.name':agencyname,
        'agency.code':code,
        'agency.phone':phone,
        'agency.email':email,
        'agency.remark':remark
    };                                           //组装即将发送的参数,json格式
    $.ajax({                                     //发送添加请求
        type:'post',
        url: BASE_URL+'agency/addAgency.action',  //添加请求的地址
        data: data,                              //传入的参数
        dataType: 'json',                        //返回的数据为json类型
        success: function(data) {                //执行成功之后的回调函数
            if(data.result==true){
                reload();                        //重新加载Flexigrid
                top.msgShow('系统提示','添加成功!','info');      //提示成功
                $(".easyui-layout").layout('collapse','east');
                                                 //收起东部弹出窗
            }else{
                top.msgShow('系统提示','添加失败!','error');     //提示失败
            }
        }
    });
}
if(obj.value=="修改"){                           //判断是否是修改操作
    var data={
        'agency.name':agencyname,
        'agency.code':code,
        'agency.phone':phone,
        'agency.email':email,
        'agency.remark':remark,
        'agency.id':$("#agencyid").val()
```

```
        };                                      //组装请求参数,json格式
        $.ajax({
            type: 'post',
            url: BASE_URL+ 'agency/updateAgency.action',    //修改请求的地址
            data: data,                                       //发送的参数
            dataType: 'json',                       //返回的数据为json类型
            success: function(data) {               //执行成功之后的回调函数
                if(data.result==true){
                    reload();                       //重新加载Flexigrid
                    top.msgShow('系统提示','修改成功!','info');    //提示成功
                    $(".easyui-layout").layout('collapse','east');
                                                    //收起东部弹出窗
                }else{
                    top.msgShow('系统提示','修改失败!','error');
                                                    //提示失败
                }
            }
        });
    }
}
```

4.3.3 相关知识与拓展

4.3.3.1 Hibernate 的配置文件

Hibernate 配置文件主要用于配置数据库连接和 Hibernate 运行时所需的各种属性，这个配置文件应该位于应用程序或 Web 程序的类文件夹 classes 中。Hibernate 配置文件支持两种形式，一种是 XML 格式的配置文件，另一种是 Java 属性文件格式的配置文件，采用"键＝值"的形式。建议采用 XML 格式的配置文件。XML 配置文件可以直接对映射文件进行配置，并由 Hibernate 自动加载，而 properties 文件则必须在程序中通过编码加载映射文件。

在系统中，主配置文件 hibernate.cfg.xml 是放置于 config 包下的，目的是为了便于管理系统的所有配置文件。

在前面的开发过程中，该配置文件里配置了许多 Hibernate 的属性，Hibernate 可以配置的属性如表 4-1 所示。

表 4-1 Hibernate 可配置的属性列表

属 性 名	属性的含义和作用
hibernate.dialect	配置 Hibernate 数据库方言，Hibernate 可针对特殊的数据库进行优化
hibernate.show_sql	是否把 Hibernate 运行时的 SQL 语句输出到控制台，项目编码期间设置为 true 便于调试，项目部署完毕设置为 false 加快程序运行

续表

属 性 名	属性的含义和作用
hibernate.format_sql	是否优化在日志和控制台输出的 SQL 语句,如果设置为 true,在 Hibernate 运行输出到控制台的 SQL 语句排版清晰,更便于阅读。建议设置为 true
hibernate.default_schema	默认的数据库。例如,如果设置为 pubs,则生成 SQL 语句时,所有的数据库表前都会出现 pubs 字样,可能生成如下的 SQL 语句:select id,name,sex form pubs.UserInfo(其中 UserInfo 是数据库 pubs 的表,id、name、sex 是表 UserInfo 中的 3 个字段)
hibernate.session_factory_name	当 SessionFactory 创建后,自动在 JNDI 中绑定这个名字
hibernate.max_fetch_depth	对"一对一","一对多"的外联接设置抓取最大深度,推荐值为 0～3,如果为 0 则关闭外连接抓取
hibernate.default_batch_fetch_size	设置 Hibernate 关联的默认批量抓取数量
hibernate.default_entity_mode	为在 SessionFactory 中打开的所有 Session,设置默认的实体表现模式,可选值为 dynamic-map、dom4j、pojo
hibernate.order_updates	强迫 Hibernate 利用主键值对将要更新的字段进行排序。在高并发量的系统里,设置此项为 true 将减少事务死锁
hibernate.generate_statistics	如果设置为 true,Hibernate 将收集对性能调整有用的统计信息
hibernate.use_identifer_rollback	如果设置为 true,当表中的所有数据被删除时,主键标识符将被重置,即数据库中的自动增长字段将重新从设定的值开始
hibernate.use_sql_comments	如果为了方便调试,可设置为 true,Hibernate 将在生成的 SQL 语句中产生注释,默认为 false
hibernate.jdbc.fetch_size	JDBC 每次从表取出并放到 Statement 的记录条数,必须为非 0 值(可在程序中调用 Statement.setFetchSize()进行设置)
hibernate.jdbc.batch_size	设置 Hibernate 利用 JDBC2 的批量插入、删除和更新时每次操作的记录数。推荐值为 5～30,不能为 0
hibernate.jdbc.batch_versioned_data	设置为 true,当调用 executeBatch()时,JDBC 能返回正确的行数。Hibernate 将为自动版本化的数据使用批量 DML。默认为 false
hibernate.jdbc.factory_class	设置一个自定制的 Batcher。大多数程序不用设置此属性
hibernate.jdbc.use_scrollable_resultset	如果设置为 true,将启用 JDBC2 的可滚动结果集,当使用用户提供的 JDBC 连接时,这个选项可设置为 true,否则 Hibernate 将使用连接的元数据
hibernate.jdbc.use_streams_for_binary	这是系统级属性。当从 JDBC 读写二进制或可序列化的数据类型时,使用 Stream。可选值为 true、false
hibernate.jdbc.use_get_generated_keys	设置为 true,当插入数据到表中后,利用 JDBC3 的 PreparedStatement.getGeneratedkeys()来检索插入后生成的键值。需要 JDBC3 以上的驱动程序和 JRE1.4 以上的版本。如果 Hibernate 在生成标识符时出问题,设置此项为 false。默认情况下,利用连接的元数据判断数据库驱动程序是否具有此能力

续表

属 性 名	属性的含义和作用
hibernate.connection.provider_class	提供给 Hibernate 的用户自定义 ConnectionProvider 类,这个类用来向 Hibernate 提供 JDBC 连接
hibernate.connection.isolation	设置 JDBC 事务隔离级别。检查 java.sql.Connection 决定各个值的含义。大多数数据库不制止所有的隔离级别,在多用户并发访问量大的情况下,这个选项的设置尤为重要
hibernate.connection.autocommit	为 JDBC 连接池重点连接开启自动提交(不推荐开启此选项),可选值为 true、false
hibernate.connection.release_mode	指定 Hibernate 何时释放 JDBC 连接,默认情况下,JDBC 保持连接状态直到 session 显式关闭或断开。对于应用服务器 JTA 数据源,应该调用 after_statement,以便每次 JDBC 调用后积极地释放连接;对于非 JTA 连接,使用 after_transaction 可在事务结束时释放连接。如果设置为 auto,对于 JTA 和 CMT 事务策略将选用 after_statement,对于 JDBC 事务策略将选用 after_transaction
hibernate.use_sql_comments	如果为了方便调试,可设置为 true,Hibernate 将在生成 SQL 语句中产生注释,默认为 false

4.3.3.2 持久化类、映射文件及关系映射

下面是映射文件的配置细节。

1. Hibernate 映射

Hibernate 需要知道如何加载或保存持久化类的对象,而 Hibernate 映射文件的作用就是完成该任务。映射文件将告诉 Hibernate 它应该访问数据库里面的哪个表、哪些字段。

一个完整的映射文件就像前面添加的映射文件一样,包含<hibernate-mapping>元素和<class>元素、而<class>元素包含一个<id>元素,多个<property>元素、<set>元素等。

<class>元素主要用于指定持久类和数据库的表名。该元素上的 name 属性需要指定持久类的全类名,table 属性需要指定持久类所映射的数据库表名。

<id>元素就是持久类的唯一标识,它和数据库表的主键字段映射,在<id>元素中通过<generator>定义主键的生成策略,主要的内置属性如表 4-2 所示。

表 4-2 <generator>的内置属性

属性名称	说 明
increment	适用于所有数据库,由 Hibernate 维护主键自增,和底层数据库无关,但是不适用于集群
identity	适用于支持自增的数据库,主键值不由 Hibernate 维护
sequence	适用于 Oracle 等支持序列的数据库,主键值不由 Hibernate 维护,由序列产生
hilo	把特定表的字段作为高位值,生成主键值
native	根据底层数据库的具体特性选择适合的主键生成策略,支持 identity、sequence 或 hilo
assigned	适合于应用程序维护的自然主键,此时持久类的唯一标识不能声明为 private 类型

属性名称	说 明
foreign	只适用基于共享主键的一对一关联映射的时候使用。即一个对象的主键是参照的另一张表的主键生成的
uuid	适用于所有数据库。使用 128 位 UUID 算法生成主键，能够保证网络环境下的主键唯一性，也就能够保证在不同数据库及不同服务器下主键的唯一性

<property>元素用于持久类的其他属性和数据库表中的非主键字段的映射。其中 name 属性指定持久类属性名，column 指定数据库表字段名，type 指定数据库字段类型，length 指定数据库字段定义的长度，not-null 指定数据库字段是否可为空，lazy 指定是否使用延迟加载。

<set>元素指定和其他对象的关联关系，inverse 指定是否被动维护关系，cascade 指定如何级联。其中的<one-to-many>、<many-to-many>、<one-to-one>指定是属于哪种关系，该元素上的 class 属性指定关联类的全类名，<key>指定外键，后面将会详细讲解。

2. Hibernate 实体关联关系映射

由于在数据库中已经提供了表之间的外键关系，所以能够很方便、清晰地完成实体和对象之间的关系配置。对象之间的关联关系主要包括以下几种类型：一对一、一对多（多对一）和多对多。

1）一对一

一对一关系就像居民和身份证的关系，一个居民只能拥有一个身份证，一个身份证也只属于一个居民。数据库表间一对一关系的表现有两种，一种是外键关联，一种是主键关联，如图 4-15 所示。

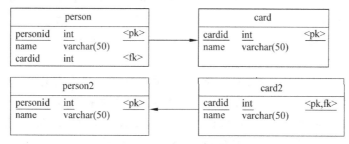

图 4-15 人和身份证的关系

(1) 一对一外键关联。

person 配置如下：

```
<hibernate-mapping>
    <!--定义 person 对象对应数据库的 person 表 -->
<class name="com.test.hibernate.pojo.person" table="person">
    <!--定义 id 标识 -->
        <id name="id" type="integer">
            <column name="personid"></column>
        <!--id生成策略 -->
```

```xml
            <generator class="increment"></generator>
        </id>
        <property name="name" column="name" type="string"></property>
        <!--一对一的映射关系 -->
        <one-to-one name="card" class="com.test.hibernate.pojo.card" cascade
        ="all"></one-to-one>
    </class>
</hibernate-mapping>
```

card 配置如下：

```xml
<hibernate-mapping>
    <class name="com.test.hibernate.pojo.card" table="card">
        <id name="id" type="integer">
            <column name="cardid"></column>
            <generator class="increment"></generator>
        </id>
        <property name="name" column="name" type="string"></property>
        <!--多对一的映射方式,但设置为多方只有唯一值,等同于一对一 -->
        <many-to-one name="person"  class="com.test.hibernate.pojo.person"
        cascade="all" column="true" unique="true"></many-to-one>
    </class>
</hibernate-mapping>
```

一对一外键关联,其实可以看做是一对多的一种特殊形式,多方退化成一。要使多方退化成一,只需要在＜many-to-one＞标签中设置"unique"="true"。

（2）一对一主键关联。

person 配置如下：

```xml
<hibernate-mapping>
    <class name="com.test.hibernate.pojo.person" table="person">
        <id name="id" type="integer">
            <column name="personid"></column>
            <generator class="increment"></generator>
        </id>
        <property name="name" column="name" type="string"></property>
        <one-to-one name="card" class="com.test.hibernate.pojo.card" cascade
        ="all"></one-to-one>
    </class>
</hibernate-mapping>
```

card 配置如下：

```xml
<hibernate-mapping>
    <class name="com.test.hibernate.pojo.card" table="card">
        <id name="id" type="integer">
            <column name="cardid"></column>
            <!--设置 card 表的主键参照 person 属性的主键值 -->
```

```
            <generator class="foreign">
                <param name="property">person</param>
            </generator>
        </id>
        <property name="name" column="name" type="string"></property>
        <one-to-one name="person" class="com.test.hibernate.pojo.person"
            cascade="all"></one-to-one>
    </class>
</hibernate-mapping>
```

一对一主键关联,是让两表的主键值一样。要让两张表的主键相同,只能由一张表生成主键,另一张表参考该主键。class="foreign"就是设置 card 表的主键参照 person 属性的主键值。

2) 一对多(多对一)

一对多是最普遍的映射关系,简单来讲就如旅行社与订单的关系。从旅行社的角度来说,一个旅行社可以有多个订单,即为一对多;从订单的角度来说,多个订单可以对应一个旅行社,即为多对一。

在一对多关系中,Agency 对应多个 Order,所以 Agency 对象包含一个 Set 集合用于存储多个 Order,Order 包含一个 Agency 对象用于存储关联自己的 Agency。

旅行社 Agency(一方)配置:

```
<set name="orders" inverse="true" cascade="all-delete-orphan">
    <key>
        <column name="AGENCYID"></column>
    </key>
    <one-to-many class="com.cdtskj.tdyd.order.pojo.Order" />
</set>
```

订单 Order(多方)配置:

```
<many-to-one name="agency" class="com.cdtskj.tdyd.agency.pojo.Agency" fetch="select">
    <column name="AGENCYID" />
</many-to-one>
```

在一对多(多对一)的情况下,关联关系的维护工作需要由多方来完成,所以配置的时候在一方添加 inverse="true"的属性,表示在关联关系的维护上,该方处于被动状态,即让出主动权,所以最后维护关系的任务就交到了多方。每当增加一个订单的时候,做一个关系维护。

需要特别注意的是,要区分 inverse 和 cascade 这两个属性,很多初学者都会把它们弄错。实际上,它们是两个互不相关的概念。inverse 是指关联关系的控制方向,也就是由谁来维护它们之间的关联关系。而 cascade 是指层级之间的连锁操作方式,也就是说在一个对象改变时是否也对其下管理的对象做相应的操作。

3) 多对多

多对多关系很常见,例如用户与角色之间的关系,一个用户可以拥有多个角色,而一个角色又可以被多个用户选择。数据库中的多对多关联关系一般需采用中间表的方式处理,将多对多转化为两个一对多。

用户和角色的数据库关系如图 4-16 所示。

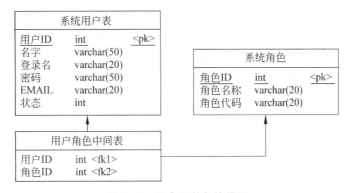

图 4-16　用户和角色的关系

用户 SysUser 配置如下：

```
<!--多对多 -->
<!--name 关联属性名,table 产生中间表表名-->
<set name="roles" table="xt_user_role"  cascade="save-update" >
<!--当前对象在中间表产生外键列名 -->
<key column="USERID" ></key>
<!--column 指定集合对应表,在中间表产生外键列名   -->
<many-to-many column="ROLEID" class="com.cdtskj.xt.role.pojo.Role" />
</set>
```

角色 Role 配置如下：

```
<!--多对多 -->
<!--name 关联属性名,table 产生中间表表名-->
<set name="users" table="xt_user_role"  inverse="true" cascade="save-update" >
<!--当前对象在中间表产生外键列名 -->
<key column="ROLEID"></key>
<!--column 指定集合对应表,在中间表产生外键列名   -->
<many-to-many column="USERID" class="com.cdtskj.xt.user.pojo.SysUser"/>
</set>
```

其实多对多就是两个一对多。在多对多的关系设计中,一般都会使用一个中间表将一个多对多的关系拆分成两个一对多。而<set>元素中的 table 属性就是用于指定中间表的。中间表一般包含两个表的主键值,该表用于存储两表之间的关系。

需要注意的是,在多对多的关系中,同样也需要指定关系维护的主控方,最终使用哪一方作为主控方则由实际开发情况来确定,比如此处的用户和角色的关系,一般会设计为由用户来维护它们之间的关系,所以这里在角色中配置 inverse="true"。

> 关于Hibernate映射配置可查看配套电子资源,位置为CODE\Hibernate\hibernate_instance2。

4.3.3.3 inverse和cascade

inverse和cascade属性可以说是在Hibernate映射中最难掌握的两个属性,两者都是在对象的关联操作中发挥作用,对于初学者来说,很容易把这两个配置参数搞混,下面就针对这两个配置参数做详细的分析和讲解。

1. inverse属性

首先需要知道的一点是,inverse只存在于集合标记的元素中,Hibernate所提供的集合元素包括<set/>、<map/>、<list/>、<array/>和<bag/>。

inverse属性的作用是控制是否把对集合对象的修改反映到数据库中,它的默认值为false。也就是说当inverse="false"时,所有对集合对象的修改会被反映到数据库中,而inverse="true"时则不会对数据库进行相应的处理。

换个角度来理解,inverse属性的作用是设置对象之间的关联关系的维护方是谁。当inverse="false"时,表示对象之间的关联关系由本方来进行维护;而当inverse="true"时,则表示对象之间的关联关系由关联的另一方进行维护。

简单地说,inverse的任务就是描述关联时由谁来维护关联联系。

2. cascade属性

cascade属性的作用是描述关联对象进行操作时的级联特性。因此只有涉及关联的元素才有cascade属性。具有cascade属性的标记包括<many-to-one/>、<one-to-one/>、<any/>、<set/>、<map/>、<list/>、<array/>和<bag/>。由于<one-to-many/>和<many-to-many/>是在集合标记内部的,所以没有cascade属性。

在这里所说的级联操作是指当主控方执行某项操作(如增加、删除和修改)时,是否需要对被关联方执行相同的操作。通常将主动执行操作的一方称为主控方,而将被动执行的一方称为被控方。

Hibernate的cascade属性如下有4个可选值,它们分别代表不同的含义。

- all:所有情况均执行关联操作。
- none:所有情况均不执行关联操作。这是默认值。
- save-update:在执行save/update/saveOrUpdate时执行关联操作。
- delete:在执行delete时执行关联操作。

在确定要执行级联操作后,被控方要执行什么操作主要取决于主控方所执行的操作,同时还受被控方对象状态的影响。

简单地说,cascade的任务就是描述关联时做什么。

3. inverse与cascade的区别

通过上面的分析和实践可以发现,inverse和cascade两者之间没有任何关系。但是它们又都能影响对象关联关系的维护。下面是它们之间的区别主要表现的几个方面。

(1) 作用的范围不同。inverse 是设置在集合元素中的,而＜many-to-one/＞和＜ont-to-many/＞没有 inverse 属性,但有 cascade 属性,cascade 对于所有涉及关联的元素都有效。

(2) 执行的策略不同。inverse 会首先判断集合的变化情况,然后针对变化执行相应的处理。cascade 是直接对集合中每个元素执行相应的处理。

(3) 执行的时机不同。inverse 是在执行 SQL 语句之前判断是否要执行该 SQL 语句,cascade 则在主控方执行操作时用来判断是否要进行级联操作。

(4) 执行的目标不同。inverse 对于＜ont-to-many/＞和＜many-to-many/＞处理方式不相同。对于＜ont-to-many/＞,inverse 所处理的是对被关联表进行修改操作。对于＜many-to-many/＞,inverse 所处理的则是中间关联表。cascade 不会区分这两种关系的差别,所做的操作都是针对被关联的对象。

通过上面对 inverse 和 cascade 的介绍和分析,本书给出如下建议:

(1) 在＜one-to-many/＞中,建议设置 inverse="true",由多方来进行关联关系的维护。

(2) 在＜many-to-many/＞中,只设置其中一方 inverse="false",由其中一方进行维护。

(3) 如非必要,尽量不使用 cascade,而使用手动控制级联关系。

4.3.3.4 Hibernate 对象的生命周期

实体对象的生命周期在 Hibernate 应用中是一个很关键的概念,正确地理解实体对象的生命周期将对如何应用 Hibernate 做持久层设计起到很大的作用。而所谓的实体对象的生命周期就是指实体对象由产生到被 GC 回收的一段过程。在此过程中大家需要理解的是实体对象生命周期中的 3 种状态。

Hibernate 实体对象的生命周期主要存在 3 种不同的状态,分别是 Transient(瞬时态)、Persistent(持久态)和 Detached(游离态)。

1. Transient(瞬时态)

瞬时态也就是该实体是自由存在于内存中的,它们没有任何与数据库相关联的行为,尚未和 Hibernate 关联,如果它们没有被其他对象引用,将会被垃圾回收机制回收。

下面来看 4.3.2 节中的测试代码:

```
Agency agency=new Agency();
agency.setCode("abc");
agency.setEmail("aaaaa@123.com");
```

在这里,创建了一个 Agency 对象的实例,并设置了它的属性。这个 Agency 对象就是瞬时态的,还没有对它进行任何持久化操作,也就是说和数据库中的记录还没有任何关系。瞬时态的实体对象有以下两个特征:

(1) 数据库中没有相关的记录。

(2) 与 Session 没有任何关系,也就是没有通过 Session 对象的实例进行过任何持久化操作。

2. Persistent(持久态)

持久态指该实体是处于 Hibernate 框架管理的,也就是说,这个实体对象是与 Session 对象的实例相关的。持久态对象的最大特征是对其做的任何变更都将被 Hibernate 通过执行持久化同步到数据库中,也就是说,只需要修改持久态的对象,该对象对应的数据库数据也会发生相应的变化。

```
//创建了一个瞬态对象
Agency agency=new Agency();
agency.setCode("abc");
agency.setEmail("aaaaa@123.com");
Session session=sessionFactory.getCurrentSession();
Transaction trans=session.beginTransaction();
//此时 Agency 仍然是瞬时态
adi.save(agency);
//此时 Agency 已经被纳入了 Hibernate 的实体管理容器,状态已改变为持久态
trans.commit();
//事务提交后,将向数据库表中插入一条记录
Transaction trans2=session.beginTransaction();
agency.setName("2游一游旅行社 2");
trans.commit();
//在这个事务中修改了持久态的 Agency 的 name 属性,由于对持久态的任何变更操作都会同步
//到数据库,所以在事务提交之后,数据库表中的相应记录已经发生了改变
session.close();
```

通过本例可以看出,瞬时态的对象在执行了 save 方法之后就变为持久态。对持久态对象做的变更操作在事务提交后都会被 Hibernate 持久化到数据库。获得持久态的实体对象还有另一种方法,那就是执行查询来让 Hibernate 直接返回持久化对象。下面的例子就是使用 Session 的 get()方法来返回持久化对象。

```
Session session=sessionFactory.getCurrentSession();
Transaction trans=session.beginTransaction();
Agency agency=(Agency) session.get(Agency.class, id);
//Hibernate 在返回 Agency 对象之前会将其纳入 Hibernate 实体管理容器
//此时的 Agency 对象已经是持久态了
trans.commit();
```

从上面的例子可以看出,持久态的实体对象有以下特征:

(1) 处于持久态的实体对象在数据库中都能找到相应的记录。

(2) 处于持久态的实体对象都是与一个 Session 对象的实例关联的。

（3）Hibernate 将对持久态对象发生的变更同步到数据库中。

3. Detached（游离态）

当处于持久态的对象不再与 Session 对象关联时，这个对象就变成了游离态。

```
//创建了一个瞬态对象
Agency agency=new Agency();
agency.setCode("abc");
agency.setEmail("aaaaa@123.com");
Session session=sessionFactory.getCurrentSession();
Transaction trans=session.beginTransaction();
//此时 Agency 仍然是瞬时态
adi.save(agency);
//此时 Agency 已经被纳入了 Hibernate 的实体管理容器,状态已改变为持久态
trans.commit();
//事务提交后,将向数据库表中插入一条记录
session.close();
//Agency 对象此时已经变为了游离态
```

需要注意的是，在执行 session.close()之后，虽然 Agency 对象相对应的数据库记录还存在，但是 Agency 对象已经与当前的 Session 对象失去了联系，所以此时该对象已变为游离态。

从上面的例子可以看出游离态实体对象有以下特征：

（1）游离态的实体对象不再与 Session 关联。

（2）游离态的实体对象与数据库中的数据没有直接的关联，表现在 Hibernate 不再同步该对象的变更到数据库。

（3）游离态的实体对象在数据库中有相应的记录（前提是没有其他 Session 删除该记录）。

如何区分一个对象是瞬时态还是游离态呢？其实游离态和瞬时态本质上是相同的，在没有被引用时，JVM 会在适当的时机将其回收，唯一的区别就是游离态的对象比瞬时态对象多一个数据库记录标识值，游离态的对象在数据库中有可能存在，而瞬时态则不可能存在。

以上就是 Hibernate 实体生命周期的 3 种状态。一个实体对象在其生命周期中都应该是这 3 种状态中的一种，一定要理解清楚。图 4-17 是 Hibernate 实体对象生命周期状态的相互转换图。

> 关于 Hibernate 对象生命周期可查看配套电子资源，位置为 CODE\Hibernate\hibernate_instance2。

4.3.3.5 Hibernate 查询语言 HQL

在 4.3.2 节业务逻辑层的代码中，有如下一段：

```
String hql=" from Agency where name like ? and code like ? ";
String[] param=new String[]{"%"+agency.getName()+"%","%"+agency.getCode()+"%"};
List<Agency>agencies=this.dao.queryPaginationAgency(hql, param, page, rows);
```

这是 Hibernate 独有的查询语言 HQL, 看上去跟 SQL 语句相似, 但它提供了更加强大的查询功能, HQL 是完全面向对象的查询语言, 它提供了更加面向对象的封装, 同时它可以理解多态、继承和关联等概念, 所以它是 Hibernate 官方推荐的查询模式。

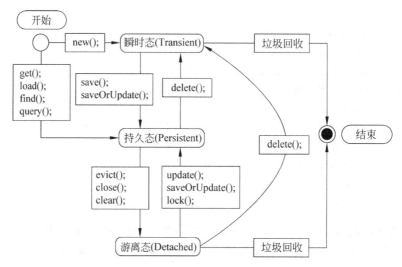

图 4-17　Hibernate 实体对象的生命周期

1. HQL 基本语法

HQL 的基本语法如下:

```
select 对象.属性名
from 对象
where 过滤条件
group by 对象.属性名 having 分组条件
order by 对象.属性名
```

例如, 如下的 HQL 代码

```
select * from Agency agency where agency.name like '张%'
```

等价于

```
from Agency agency where agency.name like '张%'
```

该语句查询从数据库返回的实体对象集合, 过滤条件为 name 以 "张" 开始, 在这里 Agency 是实体对象, 而不是数据库表名, 这是 HQL 和 SQL 的最大的区别。

2. 实体对象查询

使用如下 HQL 语句, 可直接对实体对象进行查询:

```
from Agency
```

大多数情况下,建议为实体对象指定一个别名,方便其他地方引用该对象,别名的首字母最好小写,避免与语句中的实体对象混淆,命名方法如下:

```
from Agency agency
```

上面的 HQL 语句查询出实体对象 Agency 在数据库中对应的所有数据,并返回封装好的 Agency 对象的集合。但使用此方式查询出的 Agency 对象包含所有的数据库字段对应的属性值,相当于 SQL 中的 select *,如果只需要获取指定字段的信息,则使用动态实例化查询,方法如下:

```
select new Agency(id,name) from Agency agency
```

这种查询通过 new 动态实例化实体对象,对指定属性进行封装,可以在不需要查询所有字段的时候提高查询效率。值得一提的是,最好不要使用以下的语句进行实体对象的查询。

```
select agency.id,agency.name from Agency agency
```

因为该语句返回的并不是实体对象,而是一个 object 类型的数组,破坏了数据的封装。

3. 条件查询

条件查询即过滤数据库返回的查询数据,显示对用户有价值的信息。HQL 的条件查询与 SQL 的条件查询相同,都是使用 where 字句来实现的。如下代码即是一个简单的条件查询:

```
from Agency agency where agency.name like '张%'
```

4. 参数绑定机制

在 JDBC 中的 PreparedStatement 对象通过动态赋值的形式对 SQL 语句的参数进行绑定,在 HQL 中同样提供了动态赋值的功能,有以下两种不同的实现方式。

1)顺序占位符"?"

```
Session session=sessionFactory.getCurrentSession();
String hql="from Agency agency where agency.name=?";
Query q=session.createQuery(hql);
q.setParameter(0, "张三");
List<Agency>agencies=q.list();
```

2)引用占位符":parameter"

```
Session session=sessionFactory.getCurrentSession();
String hql="from Agency agency where agency.name=:name "
Query q=session.createQuery(hql);
q.setParameter("name", "张三");
```

```
List<Agency>agencies=q.list();
```

5. 排序查询

在 SQL 中通过 order by 字句和 asc、desc 可以实现查询结果的排序操作，HQL 同样拥有此功能，其用法与 SQL 相似，唯一不同的是排序的条件参数变成了实体对象的属性，示例如下：

```
from Agency agency order by agency.id desc
```

6. 聚合函数

HQL 同样支持 SQL 中常用的聚合函数，如 max、min、count、avg、sum 等，使用方法与 SQL 基本一致。

```
select count(*) from Agency agency
select max(agency.id) from Agency agency
```

值得注意的是，这里返回的并不是实体对象，而是 object 类型的数组。

7. 分组查询

HQL 中的分组和 SQL 语句相同，也可以使用 having 语句，示例如下：

```
//按性别分组并显示人数
select guide.sex,count(*) from Guide guide group by guide.sex
```

8. 联合查询

联合查询是多表操作时必须使用到的，在 SQL 中的链接查询方式，诸如内连接、左连接、右连接和全连接，在 HQL 中也是支持的。

```
Session session=sessionFactory.getCurrentSession();
//查询导游 id、姓名以及所在旅行社的名称
String hql="select guide.id,guide.name,agency.name from Guide guide left join Agency agency "
Query q=session.createQuery(hql);
List<Object[]>agencies=q.list();
```

9. 子查询

HQL 同样支持子查询，示例如下：

```
Session session=sessionFactory.getCurrentSession();
//查询 id 最小的旅行社信息
String hql="from Agency agency where agency.id=(select min(id) from Agency) "
Query q=session.createQuery(hql);
```

```
List<Agency>agencies=q.list();
```

> 关于 Hibernate HQL 查询可查看配套电子资源实例，位置为 CODE\Hibernate\hibernate_instance3。

10. AJAX

AJAX 就是异步的 JavaScript 和 XML。它是一种用于创建快速动态网页的技术。通过在后台与服务器进行少量数据交换，AJAX 可以使网页实现异步更新。这意味着可以在不重新加载整个网页的情况下对网页的某部分进行更新。传统的网页（不使用 AJAX）如果需要更新内容，必须重载整个网页面，比如 Struts 2 的 result，每次返回的都是一个新的页面。

AJAX 不是一种新的编程语言，而是一种用于创建更好、更快以及交互性更强的 Web 应用程序的技术。通过 AJAX，应用程序可以变得更完善、更友好。

在本章旅行社信息的增删改查代码编写中使用了如下一段代码：

```
$.ajax({                                            //发送请求删除该数据
    type: 'post',
    url: BASE_URL+'agency/deleteAgency.action',     //删除方法的请求地址
    data: {'agency.id':$('.trSelected td:nth-child(1)',grid).text()},
                                                    //需要删除的id
    dataType: 'json',                               //返回数据为JSON类型
    success: function(data) {
        if(data.result==true){                      //已成功删除
            reload();                               //重新加载Flexigrid
            top.msgShow('系统提示','删除成功!','info');    //提示成功
            $(".easyui-layout").layout('collapse','east');
                                                    //收起东部的弹出窗
        }else{
            top.msgShow('系统提示','删除失败!','error');   //提示失败
        }
    }
});
```

这就是团队预订系统中一个简单的 AJAX 的使用案例。AJAX 的所有参数如表 4-3 所示。

表 4-3　AJAX 的参数

参 数 名	类　　型	描　　述
url	String	发送请求的地址（默认为当前页地址）
type	String	请求方式（"POST"或"GET"），默认为"GET"。注意：其他 HTTP 请求方法，如 PUT 和 DELETE 也可以使用，但仅部分浏览器支持
timeout	Number	设置请求超时时间（毫秒)。此设置将覆盖全局设置

续表

参数名	类型	描述
async	Boolean	默认为 true,即所有请求均为异步请求。如果需要发送同步请求,请将此选项设置为 false。注意,同步请求将锁住浏览器,用户其他操作必须等待请求完成才可以执行
data	Object,String	发送到服务器的数据将自动转换为请求字符串格式。在 GET 请求中,将该参数附加在 URL 后。查看 processData 选项说明了解如何禁止此自动转换。必须为 Key/Value 格式。如果为数组,jQuery 将自动为不同值对应同一个名称。如{foo:["bar1","bar2"]}转换为'&foo=bar1&foo=bar2'.
dataType	String	预期服务器返回的数据类型。如果不指定,jQuery 将自动根据 HTTP 包 MIME 信息返回 responseXML 或 responseText,并作为回调函数参数传递,可用值如下: "xml":返回 XML 文档,可用 jQuery 处理。 "html":返回纯文本 HTML 信息;包含 script 元素。 "script":返回纯文本 JavaScript 代码。不会自动缓存结果。 "json":返回 JSON 数据。 "jsonp":JSONP 格式。使用 JSONP 形式调用函数时,如"myurl?callback=?",jQuery 将自动替换?为正确的函数名,以执行回调函数
success	Function	请求成功后回调函数。这个方法有两个参数:服务器返回数据和返回状态 function(data,textStatus){ }
beforeSend	Function	发送请求前可修改 XMLHttpRequest 对象的函数,如添加自定义 HTTP 头。XMLHttpRequest 对象是唯一的参数。 function(XMLHttpRequest){ }
cache	Boolean	jQuery1.2 新功能,默认为 true,设置为 false 将不会从浏览器缓存中加载请求信息
complete	Function	请求完成后回调函数(请求成功或失败时均调用)。参数 XMLHttpRequest 对象为成功信息字符串。 function(XMLHttpRequest,textStatus){ }
contentType	String	发送信息至服务器时内容编码类型。默认为"application/x-www-form-urlencoded",默认值适合大多数应用场合
error	Function	请求失败时将调用此方法。默认为自动判断(xml 或 html)。这个方法有 3 个参数:XMLHttpRequest 对象、错误信息、(可能)捕获的错误对象。 function(XMLHttpRequest,textStatus,errorThrown){ }
global	Boolean	是否触发全局 AJAX 事件。默认为 true。设置为 false 将不会触发全局 AJAX 事件,如 ajaxStart 或 ajaxStop。可用于控制不同的 AJAX 事件
ifModified	Boolean	仅在服务器数据改变时获取新数据。默认为 false。使用 HTTP 包 Last-Modified 头信息判断
processData	Boolean	默认为 true。默认情况下,发送的数据将被转换为对象(从技术上讲并非字符串)以配合默认内容类型。 "application/x-www-form-urlencoded" 如果要发送 DOM 树信息或其他不希望转换的信息,请设置为 false

在 AJAX 的实际使用中，常用的参数有 url、type、async、data、dataType、success。

11．Flexigrid

在实际的项目开发中难免会使用到一些表格组件，在团队预订系统中使用的是 Flexigrid。它是一个轻量级但功能丰富的 datagrid 插件，支持列伸缩和排序功能，可采用 AJAX 的方式连接到一个 XML 的数据源来获取所需数据，它和 Ext Grid 非常相似，但它是纯 jQuery 的，这使得它更加小巧并遵循 jQuery 插件一贯的少量配置的特性。

下面是 Flexigrid 的部分参数的示例：

```
height:200,                    //Flexigrid插件的高度,单位为px
width:'auto',                  //宽度值,auto表示根据每列的宽度自动计算
striped:true,                  //是否显示斑纹效果,默认是奇偶交互的形式
novstripe:false,
minwidth:30,                   //列的最小宽度
minheight:80,                  //列的最小高度
resizable:true,                //是否可伸缩
url:false,                     //AJAX方式对应的URL地址
method:'POST',                 //数据发送方式
dataType:'xml',                //数据加载的类型
checkbox:false,                //是否要复选框
errormsg:'连接错误!',           //错误提示信息
usepager:false,                //是否分页
nowrap:true,                   //是否不换行
page:1,                        //默认当前页
total:1,                       //总页面数
useRp:true,                    //是否可以动态设置每页显示的结果数
rp:15,                         //每页默认的结果数
rpOptions:[5,10,15,20,25,30,40],         //可选择设定的每页结果数
title:false,                             //是否包含标题
pagestat:'显示第{from}条到{to}条,共{total}条数据',  //显示当前页和总页面的样式
procmsg:'正在处理,请稍候...',            //正在处理的提示信息
query:'',                      //搜索查询的条件
qtype:'',                      //搜索查询的类别
nomsg:'没有数据存在!',          //无结果的提示信息
minColToggle:1,                //允许显示的最小列数
showToggleBtn:true,            //是否允许显示隐藏列
hideOnSubmit:true,             //隐藏提交
autoload:true,                 //自动加载
blockOpacity:0.5,              //透明度设置
onToggleCol:false,             //当在行之间转换时,可在此方法中重写默认实现,基本无用
onChangeSort:false,            //当改变排序时,可在此方法中重写默认实现,自行实现客户端排序
onSuccess:false,               //成功后执行
onSubmit:false                 //调用自定义的计算函数
```

4.4 开发完善：使用 Hibernate 补全用户信息的查询

4.4.1 任务分析

在开发了旅行社管理模块之后，读者对 Hibernate 有了一定的了解，就可以使用 Hibernate 做持久化操作。接下来需要将第 3 章用户登录时使用 JDBC 查询数据库验证用户名和密码是否正确的方式替换为使用 Hibernate 来完成。

首先整理一下本次完善工作需要完成的内容：

（1）编写 POJO 和映射文件（待完成，对象 SysUser）。

（2）编写 DAO 持久层（待完成）。

（3）编写业务逻辑层（待完成）。

（4）编写表示层（剩余查询 SysUser 对象并比对未做，login.Action）。

（5）编写页面（已完成，index.jsp）。

整体的包结构如图 4-18 所示。

图 4-18　user 的包结构

为了开发方便，需要开发出一个通用泛型 DAO，有了该工具，之后的 DAO 持久层的编写就会相当简单。同时还要开发分页工具，在系统处理完业务之后可以轻松地按 Flexigrid 的要求返回数据。

4.4.2 开发步骤

4.4.2.1 编写所有 POJO 和映射文件

4.3.2 节介绍了如何编写持久化类和映射文件，在进入本次开发之前，请先完成系统所有持久化类及其映射文件的编写，在巩固所学知识的同时，为以后的模块开发打下基础。在这里需要编写的持久化类有 Line（线路）、Guide（导游）、Order（旅行团订单）、SysUser（用户）和 Log（日志），具体的编写方法不再赘述。

4.4.2.2 开发通用泛型 DAO

在实际的开发中，绝大多数的 DAO 持久层都是对单表的增删改查，不会有太大的变动，没有必要每一个实体都重写一个完整的 DAO，为了提高效率，这里抽取一个通用的泛型 DAO，其他的 DAO 只需要继承或实现这个通用的 BaseDAO 即可。在图 4-19 中标示了抽取出来的 BaseDAO 的位置。

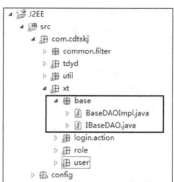

图 4-19　BaseDAO 的存放位置

IBaseDAO 的内容如下：

```java
//基础数据库操作类
public interface IBaseDAO<T>{
    //保存对象
    public Serializable save(T o);
    //删除对象
    public void delete(T o);
    //更新对象
    public void update(T o);
    //保存或更新对象
    public void saveOrUpdate(T o);
    //查询
    public List<T> find(String hql);
    //查询集合
    public List<T> find(String hql, Object[] param);
    //查询集合
    public List<T> find(String hql, List<Object> param);

    //查询集合(带分页)
    public Pagination find(String hql, Object[] param, Integer page, Integer
    rows) throws Exception;
    //查询集合(带分页)
    public Pagination find(String hql, List<Object> param, Integer page, Integer
    rows) throws Exception;
    //根据标识获得对象
    public T get(Class<T> c, Serializable id);
    //根据条件获得对象
    public T get(String hql, Object[] param);
    //根据条件获得对象
    public T get(String hql, List<Object> param);

}
```

BaseDAOImpl 的内容如下：

```java
public class BaseDAOImpl<T> implements IBaseDAO<T>{
        private SessionFactory sessionFactory=HibernateUtil.sessionFactory;
        public SessionFactory getSessionFactory() {
            return sessionFactory;
        }
        public void setSessionFactory(SessionFactory sessionFactory) {
            this.sessionFactory=sessionFactory;
        }
        public Session getCurrentSession() {
```

```java
        return sessionFactory.getCurrentSession();
    }
    public Serializable save(T o) {
        Session session=sessionFactory.getCurrentSession();
        Serializable serializable=session.save(o);
        return serializable;
    }
    public void delete(T o) {
        Session session=sessionFactory.getCurrentSession();
        session.delete(o);
    }
    public void update(T o) {
        Session session=sessionFactory.getCurrentSession();
        session.update(o);
    }
    public void saveOrUpdate(T o) {
        Session session=sessionFactory.getCurrentSession();
        session.saveOrUpdate(o);
    }
    public List<T>find(String hql) {
        Session session=sessionFactory.getCurrentSession();
        List list=session.createQuery(hql).list();
        return list;
    }
    public List<T>find(String hql, Object[] param) {
        Session session=sessionFactory.getCurrentSession();
        Query q=null;
        try {
            q=session.createQuery(hql);
        } catch (Exception e) {
            e.printStackTrace();
        }
        if (param !=null && param.length >0) {
            for (int i=0; i <param.length; i++) {
                q.setParameter(i, param[i]);
            }
        }
    List list=q.list();
    return list;
}
    public List<T>find(String hql, List<Object>param) {
        Session session=sessionFactory.getCurrentSession();
        Query q=session.createQuery(hql);
        if (param !=null && param.size() >0) {
```

```java
            for (int i=0; i <param.size(); i++) {
                q.setParameter(i, param.get(i));
            }
        }
        List list=q.list();
        return list;
    }
    public Pagination find(String hql, Object[] param, Integer page, Integer rows) throws Exception {
        Session session=sessionFactory.getCurrentSession();
        if (page==null || page <1) {
            page=1;
        }
        if (rows==null || rows <1) {
            rows=10;
        }
        int indexFrom=hql.indexOf("from");      //查询 hql 是否包含 from 关键字
        if(indexFrom==-1){
            throw new Exception("无效语句,没有包含 from");
        }
        //截取 from 及之后的 hql 再组装查询总数的 hql
        String countHql="select count(*) "+hql.substring(indexFrom);
        Query q2=this.getCurrentSession().createQuery(countHql);
                                                           //建立查询,查询总数
        if (param !=null && param.length >0) {
            for (int i=0; i <param.length; i++) {
                q2.setParameter(i, param[i]);
            }
        }
        long total=((Long) q2.uniqueResult()).longValue();

if(total <1L){
            return new Pagination(0L, 0, Collections.EMPTY_LIST);
        }
        Query q=this.getCurrentSession().createQuery(hql);   //建立查询,查询数据
        if (param !=null && param.length >0) {
            for (int i=0; i <param.length; i++) {
                q.setParameter(i, param[i]);
            }
        }
        List list=q.setFirstResult((page -1) * rows).setMaxResults(rows).list();
        return new Pagination(total , page, list);
    }
```

```java
public Pagination find(String hql, List<Object> param, Integer page, Integer rows) throws Exception {
    Session session=sessionFactory.getCurrentSession();
    if (page==null || page <1) {
        page=1;
    }
    if (rows==null || rows <1) {
        rows=10;
    }
    int indexFrom=hql.indexOf("from");
    if(indexFrom==-1){
        throw new Exception("无效语句,没有包含 from");
    }
    //查询总数
    String countHql="select count(*) "+hql.substring(indexFrom);
    Query q2=this.getCurrentSession().createQuery(countHql);
    if (param !=null && param.size() >0) {
        for (int i=0; i <param.size(); i++) {
            q2.setParameter(i, param.get(i));
        }
    }
    long total=((Long) q2.uniqueResult()).longValue();
    if(total <1L){
        return new Pagination(0L, 0, Collections.EMPTY_LIST);
    }
    //查询数据
    Query q=this.getCurrentSession().createQuery(hql);
    if (param !=null && param.size() >0) {
        for (int i=0; i <param.size(); i++) {
            q2.setParameter(i, param.get(i));
        }
    }
    List list=q.setFirstResult((page -1) * rows).setMaxResults(rows).list();
    return new Pagination(total , page, list);
}
public T get(Class<T>c, Serializable id) {
    Session session=sessionFactory.getCurrentSession();
    T t=(T) this.getCurrentSession().get(c, id);
    return t;
}
public T get(String hql, Object[] param) {
    Session session=sessionFactory.getCurrentSession();
    List<T>l=this.find(hql, param);
    if (l !=null && l.size() >0) {
```

```
            return l.get(0);
        } else {
            return null;
        }
    }
    public T get(String hql, List<Object>param) {
        Session session=sessionFactory.getCurrentSession();
        List<T>l=this.find(hql, param);
        if (l !=null && l.size() >0) {
            return l.get(0);
        } else {
            return null;
        }
    }
}
```

在编写其他 DAO 时,只需要继承或实现 BaseDAO 即可完成一般的增删改查。下面编写 SysUser 的 DAO 层。

ISysUserDAO 代码如下:

```
package com.cdtskj.xt.user.dao;
import com.cdtskj.xt.base.IBaseDAO;
import com.cdtskj.xt.user.pojo.SysUser;
public interface ISysUserDAO extends IBaseDAO<SysUser>{
//如果有其他需要的特殊方法,在此处添加即可
}
```

SysUserDAOImpl 代码如下:

```
package com.cdtskj.xt.user.dao.impl;
import com.cdtskj.xt.base.BaseDAOImpl;
import com.cdtskj.xt.user.dao.ISysUserDAO;
import com.cdtskj.xt.user.pojo.SysUser;
public class SysUserDAOImpl extends BaseDAOImpl < SysUser > implements
ISysUserDAO {
    //如果有其他需要的特殊方法,在此处添加即可
}
```

使用通用泛型 DAO 极大地提高了开发效率,只需要短短几行代码即可完成一个 DAO 的编写。此时,同样可以将 IAgencyDAO 与其实现类修改为使用该 BaseDAO,在之后的其他模块中均使用此方法简化 DAO 层的编写,如果确实遇到 BaseDAO 无法满足需要的情况,在继承 BaseDAO 之后直接添加自己需要的接口方法即可。

4.4.2.3 开发分页工具

在上面的通用泛型 DAO 中使用到了分页对象,开发分页对象是为了封装 Flexigrid

需要的参数,在调用 DAO 层的时候可直接返回 Flexigrid 需要的数据格式,减少开发者的工作。该对象作为工具类放置在 util 包中,具体代码如下:

```java
//分页工具
public class Pagination {
    //总记录数
    private Long total;
    //当前页码
    private Integer page;
    //返回的对象数据
    private List rows;
    public Long getTotal() {
        return total;
    }
    public void setTotal(Long total) {
        this.total=total;
    }
    public Integer getPage() {
        return page;
    }
    public void setPage(Integer page) {
        this.page=page;
    }
    public Pagination(Long total, Integer page, List rows) {
        super();
        this.total=total;
        this.page=page;
        this.rows=rows;
    }
    public Pagination() {
        super();
    }
    public List getRows() {
        return rows;
    }
    public void setRows(List rows) {
        this.rows=rows;
    }
}
```

4.4.2.4 编写业务层和 Action

编写 SysUserService 接口和实现类,完成根据用户名密码查询用户对象的业务。接口的代码如下:

```java
public interface ISysUserService {
    /**用户登录 */
    public List<SysUser>login(SysUser user);
}
```

实现类的代码如下：

```java
public class SysUserServiceImpl implements ISysUserService {
    private  ISysUserDAO dao=new SysUserDAOImpl();
    public ISysUserDAO getDao() {
        return dao;
    }
    public void setDao(ISysUserDAO dao) {
        this.dao=dao;
    }
    @Override
    public  List<SysUser>login(SysUser user) {
        return this.dao.find("from  SysUser where loginname=? and password=?",
            new Object[]{user.getLoginname(),user.getPassword()});
    }
}
```

修改 LoginAction 的登录方法，关键代码如下：

```java
/**
 * 用户登录
 * @throws Exception
 */
public String execute() throws Exception{
    //查询是否存在该用户
    List<SysUser>list=sysUserService.login(loginName,password);
    if(list.size()>0){                           //存在
        HttpServletRequest request=ServletActionContext.getRequest();
        //将用户信息放到 session 中
        request.getSession().setAttribute("user", list.get(0));
        request.setAttribute("username", loginName);
        return "success";
    }else{
        return "login";
    }
}
```

4.4.2.5 测试

在 xt_user 表中加入一条测试数据，内容如图 4-20 所示。

打开登录页面，输入用户名和密码，如图 4-21 所示。

图 4-20 测试数据

图 4-21 输入用户名和密码

如果能正确进入 main.jsp，则该功能顺利实现。

4.4.3 相关知识与拓展

使用 Java 开发企业应用都会涉及对象的持久化操作，为了降低业务逻辑操作的耦合度，通常需要创建大量的 DAO 对象。DAO 对象主要功能就是实现数据的 C（创建）、U（更新）、R（读取）、D（删除）操作。在设计过程中常常需要花费大量的时间重复定义上述方法，而利用 JDK5 引入的泛型语法，实现一个通用的 DAO 对象，充分提高代码的复用性，可以为开发者节省很多的时间，并且易于维护。4.4.2 节实现的 DAO 正是以 Hiberante 为 ORM 框架编写的通用泛型 DAO。

4.5 小 结

本章主要使用 Hibernate 开发了旅行社管理模块，在开发的同时介绍了 Hibernate 的基础知识。持久化操作是开发应用系统的基础，熟练掌握 Hibernate 的基础知识可以为快速开发应用程序打下坚实的基础。下面回顾一下本章的一些重点知识。

(1) ORM 的实现思想就是将关系数据库中表的数据映射成为对象，以对象的形式展现，它的目的是为了方便开发人员以面向对象的思想来实现对数据库的操作。

(2) Hibernate 的基本配置文件有两种：hibernate.cfg.xml 和 .hbm.xml 文件。前者主要用来配置数据库连接参数；后者主要用来映射实体对象和数据库表之间的对应关系。

(3) Hibernate 的映射关系主要有一对一、一对多（多对一）和多对多，在这几种映射关系中，最常用的是一对多的映射。

(4) Hibernate 一共有 3 种实例状态——瞬时态（Transient）、持久态（Persistent）、游

离态(Detached)。只有掌握了这 3 种状态之间的相互转换关系,才能够更好地理解 session 的持久化过程。

(5) HQL 和 SQL 最大的区别就是:HQL 是面向对象的查询语言,操作的都是实体对象,返回的是匹配的单个实体对象或多个实体对象的集合,而 SQL 操作的是数据库表,返回的是单条信息或多个信息的集合。

(6) 应用泛型 DAO 模式的程序能够保证程序的安全性,提高代码的重用性、可读性,从而进一步提高了系统的性能。

(7) Flexigrid 是一个基于 jQuery 开发的一款易用、灵活的高性能表格控件。

4.6 课外实训

1. 实训目的

(1) 掌握如何在项目中加入 Hibernate。
(2) 掌握实体类的抽取方法。
(3) 掌握 Hibernate 的实体关系映射规则。
(4) 掌握 Hibernate 的实体对象生命周期。

2. 实训描述

本章学习了 Hibernate,在本次练习中,需要分析出英语平台将使用到的实体类,并将其加入到 EnglishLearn 项目当中。

任务一:
请在 EnglishLearn 中加入 Hibernate。

任务二:
请分析出英语平台需要使用到的实体类,如试题、试卷、单词、用户等,并编写其对应的 POJO 实体类。

任务三:
请根据任务二分析出的实体类编写对应的映射文件。

3. 实训要求

(1) 请做好实体类的全面分析。
(2) 请严格按照编写规则编写实体类。
(3) 正确配置映射文件的关系映射。
(4) 映射文件和实体类请置于相同路径下。

第 5 章 线 路 管 理

本章将学习一些与 Hibernate 相关的高级技巧。主要涉及以下几个方面：Hibernate 的事务处理、缓存机制以及 Hibernate 的一些性能优化的基本知识。同时开发系统中一个相对独立的模块。

开发目标：
➢ 完成线路管理模块。

学习目标：
➢ 掌握 Hibernate 的事务处理。
➢ 掌握 Hibernate 的缓存机制。
➢ 了解 Hibernate 的性能优化。

5.1 任务简介

本章的任务主要是完成线路管理，相对于其他模块，这个模块是比较独立的。每一个旅行团必定都有旅游线路，而线路管理的主要任务就是维护为旅行团设定旅游线路的基础数据。该模块最终实现的功能如下所示：

➢ 单击"线路基本信息"，查询出数据库已有线路并分页展示，如图 5-1 所示。

图 5-1 线路管理主页

➢ 单击"新增"，弹出新增线路对话框，填写内容后将数据保存到数据库，如图 5-2 所示。

图 5-2　新增线路

➢ 选择一条数据,单击"修改",弹出修改线路对话框,填写内容后将数据保存到数据库,如图 5-3 所示。

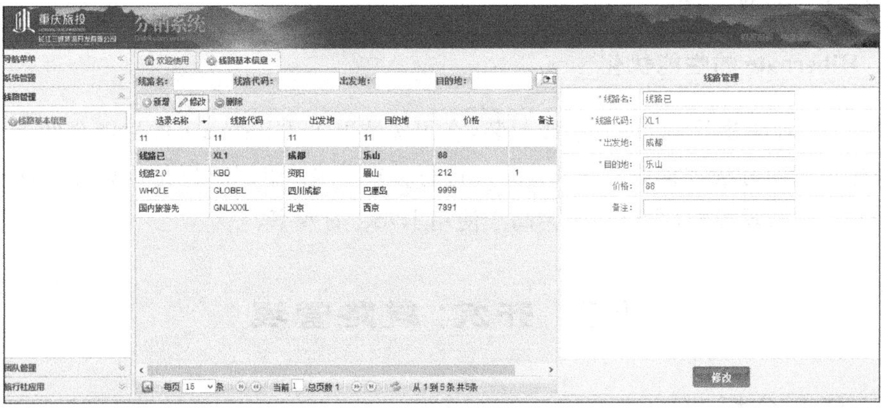

图 5-3　修改线路

➢ 选择一条数据,单击"删除",弹出确认删除提示,单击 OK 按钮后删除该数据,如图 5-4 所示。

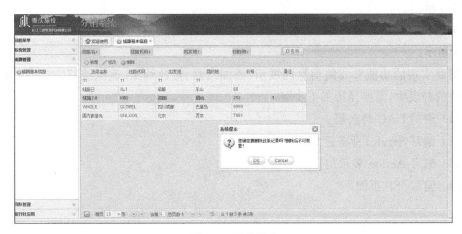

图 5-4　删除线路

5.2 技术要点

1. Hibernate 的事务处理

数据库事务处理是在数据库应用开发中必须解决的一个问题。那么对于选择 Hibernate 作为持久层组件,了解 Hibernate 的事务是很重要的。简单地说,一次提交就是一次事务。

2. Hibernate 的缓存

Hibernate 是以 JDBC 为基础实现的持久层组件,因此其性能肯定会低于直接使用 JDBC 来访问数据库,为了提高 Hibernate 的性能,Hibernate 提供了完善的缓存机制来提高数据库访问的性能。

3. Hibernate 的性能优化

Hibernate 是对 JDBC 的轻量级封装,在很多情况下 Hibernate 的性能会低于 JDBC,但是通过正确的方法和策略对 Hibernate 进行性能优化,使用时还是可以非常接近直接使用 JDBC 时的效率的,有时甚至会高于使用 JDBC 的效率。

5.3 开发:线路管理

5.3.1 任务分析

在本章中需要完成线路管理模块。该模块的功能包括线路信息的增、删、改、查。用户在成功登录系统之后即可在 main.jsp 中单击本模块进入管理页面。模块的功能结构如图 5-5 所示。

本模块的业务比较简单,且在系统中属于相对独立的模块,后台代码层次结构如图 5-6 所示。

需要实现的功能有线路信息的展示、添加线路、修改线路、删除线路,查询线路。在本模块的开发中,需要经历如下步骤:

(1) 编写 DAO 持久层。
(2) 编写 Service 业务逻辑层。
(3) 编写 Action 表示层。
(4) 编写 JSP 页面。

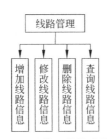

图 5-5　线路管理模块功能结构

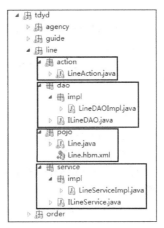

图 5-6　线路管理代码结构

5.3.2　开发步骤

5.3.2.1　编写 DAO 持久层

按照第 4 章的编写思路，首先编写 DAO 层。
ILineDAO 代码如下：

```
package com.cdtskj.xt.line.dao;
import com.cdtskj.xt.base.IBaseDAO;
import com.cdtskj.xt.line.pojo.Line;
public interface ILineDAO extends IBaseDAO<Line>{
//如果有其他需要的特殊方法,在此处添加即可
}
```

LineDAOImpl 代码如下：

```
package com.cdtskj.xt.line.dao.impl;
import com.cdtskj.xt.base.BaseDAOImpl;
import com.cdtskj.xt.line.dao.ILineDAO;
import com.cdtskj.xt.line.pojo.Line;
public class LineDAOImpl extends BaseDAOImpl<Line>implements  ILineDAO {
//如果有其他需要的特殊方法,在此处添加即可
}
```

上面的代码和第 4 章的代码类似，由于使用了泛型 DAO，所以之后的 DAO 持久层的编写工作都和这里相似，之后就不再赘述。

5.3.2.2　编写业务逻辑层

编写 ILineService 接口：

```java
//导包
public interface ILineService {
    //更新线路信息
    public void updateLine(Line Line);
    //删除线路
    public void deleteLine(Line Line);
    //增加线路
    public void addLine(Line Line);
    //通过ID查询一个线路
    public Line queryLineById(Integer id);
    //查询集合(带分页)
     public Pagination queryPaginationLine(Line Line, Integer page, Integer rows);
    //查询所有的线路
    public List<Line>querySuitableLines();
}
```

编写 LineService 实现类:

```java
//导包
public class LineServiceImpl implements ILineService {
    private ILineDAO dao=new LineDAOImpl();
    //get、set
    @Override
    public void updateLine(Line line) {
        Transaction trans=HibernateUtil.beginTransaction();      //开启事务
        Line Line2=this.dao.queryLineById(line.getId());
        BeanUtils.copyProperties(line, Line2);   //复制所有属性到另一个对象
        this.dao.update(Line2);
        trans.commit();                                          //提交事务
    }
    @Override
    public void deleteLine(Line line) {
        Transaction trans=HibernateUtil.beginTransaction();      //开启事务
        this.dao.delete(this.dao.queryLineById(line.getId()));
        trans.commit();                                          //提交事务
    }
    @Override
    public void addLine(Line line) {
        Transaction trans=HibernateUtil.beginTransaction();      //开启事务
        this.dao.save(line);
        trans.commit();                                          //提交事务
    }
    @Override
    public Line queryLineById(Integer id) {
```

```
        Transaction trans=HibernateUtil.beginTransaction();    //开启事务
        List<Line>agencies=this.dao.queryLineById(id);
        trans.commit();                                         //提交事务
        return agencies ;
    }
    @Override
    public Pagination queryPaginationLine(Line line,Integer page, Integer rows)
{
        Transaction trans=HibernateUtil.beginTransaction();    //开启事务
        String hql=" from Line where name like ? and code like ? ";
        String[] param=new String[]{"%"+line.getName()+"%","%"+line.getCode()
        +"%"};
         List< Line > agencies = this. dao. queryPaginationLine (hql, param, page,
rows);
        Long total=this.dao.count(hql, param);
         trans.commit();                                        //提交事务
        return new Pagination(total, page, agencies);
    }
    @Override
    public List<Line>querySuitableLines() {
        Transaction trans=HibernateUtil.beginTransaction();    //开启事务
         List<Line>agencies=this.dao.queryAllLine();
         trans.commit();                                        //提交事务
        return agencies ;
    }
}
```

在上面的代码中,每一个方法都有这样一段代码:

```
Transaction trans=HibernateUtil.beginTransaction();            //开启事务
...
trans.commit();//提交事务
```

这段代码适用于开启事务和提交事务,那么什么是事务呢?接下来了解一个生活中可能遇到的问题。

例如使用 ATM(自动柜员机)取钱,需要经历下面的步骤:插卡→输入密码→输入取款金额→单击"取款"按钮→ATM 发送扣款请求到银行→银行扣款→ATM 出钱→完成交易→取卡。这是一个完整且连贯的业务流程,可以将其看做是一个事务,试想如果在银行扣款之后,ATM 突然断电了,这时 ATM 还没有吐出钞票,那么这次事务就应该判定为失败,并且银行应该将所扣的款项退回到账户中,这种退款的行为也就是事务回滚。如果没有发生异常,在用户拿到钞票之后,ATM 这边就完成了交易,并告诉银行钱已被取走,这种行为也就是事务提交。

从上面的例子中可以看出,事务的完整性是特别重要的。更多详细的内容请参阅本章 5.3.4.1 节。

5.3.2.3 编写表示层

表示层的编写与第 4 章没有太大的区别。编写步骤如下所示。

1. 编写 LineAction.java

```java
//导包
public class LineAction extends ActionSupport {
    private ILineService lineService=new LineServiceImpl();
    private Line line;
    private Integer page;
    private Integer rp;
    //get、set
    //增删改查方法
    //按条件查询分页线路数据
    public void queryPagination() throws Exception {
        HttpServletRequest request=ServletActionContext.getRequest();
        Line tempLine=new Line();
        String linename= request.getParameter("linename")==null ? "": URLDecoder.decode(request.getParameter("linename"), "utf-8");
        String code=request.getParameter("code")==null ? "": URLDecoder.decode(request.getParameter("code"), "utf-8");
        tempLine.setName(linename);
        tempLine.setCode(code);
        Pagination pagination=this.service.queryPaginationLine(tempLine,page,rp);
        //设置json属性过滤
        JsonConfig config=new JsonConfig();
        config.registerJsonBeanProcessor(Line.class, new JsonBeanProcessor(){
            public JSONObject processBean(Object bean, JsonConfig jsonConfig){
                if(!(bean instanceof Line)){
                    return null;
                }
                Line line= (Line) bean;
                JSONObject result=new JSONObject();
                result.element("id", line.getId());
                result.element("name", line.getName());
                result.element("code", line.getCode());
                result.element("phone", line.getPhone());
                result.element("email", line.getEmail());
                result.element("remark", line.getRemark());
                return result;
            }
        });
        JSON json=JSONSerializer.toJSON(pagination, config);
```

```
            ResponseWriteOut.write (ServletActionContext.getResponse (), json.
toString());
        }
}
```

2. 编写 struts.xml

```
<!--线路基本信息 -->
    <package name="line_package" namespace="/line" extends="struts-default">
        < action name=" * " method="{1}" class="com.cdtskj.tdyd.line.action.
        LineAction"></action>
    </package>
```

3. 编写页面

由于本模块是一个相对独立且简单的模块,页面的代码这里就不再详细描述了。请参照第4章的页面代码进行编写。

5.3.3 相关知识与拓展

5.3.3.1 Hibernate 事务

1. 事务的概念

事务(transaction)是并发控制中的基本逻辑单位,用于确保数据库能够被正确修改,避免数据只修改了一部分而导致数据不完整,或者在修改时受到用户干扰。作为一名软件设计师,必须了解事务并合理利用,以确保数据库保存正确、完整的数据。例如,银行的转账工作,从一个账号扣款并打入另一个账号,这两个操作要么都执行,要么都不执行。所以应该把它们看做是一个事务。事务是数据库维护数据一致性的单位,每个事务结束时都能保持数据的一致性。

事务的提出主要是为了解决并发情况下保持数据一致性的问题。其中,数据库向用户提供保存当前程序状态的方法叫事务提交(commit);当事务执行过程中,使数据库忽略当前的状态并回到前面保存的状态的方法叫事务回滚(rollback)。

事务具有以下4个基本特征:

(1) 原子性:事务中包含的操作被看做是一个逻辑单元,这个逻辑单元中的操作要么全部成功,要么全部失败。

(2) 一致性:只有合法的数据可以被写入数据库,否则事务应该将其回滚到最初状态。

(3) 隔离性:事务允许多个用户对同一个数据进行并发访问,而不破坏数据的正确性和完整性。同时,并行事务的修改必须与其他并行事务的修改相互独立。

(4) 持久性:事务完成之后,它对系统的影响是永久的,即使出现系统故障也是如此。

2. 事务隔离

事务隔离也就是说对于某一个正在运行的事务而言,其他并发的事务都可以当做不存在。但在大部分情况下,很少使用完全隔离的事务。但不完全隔离的事务会带来如下一些问题。

(1) 更新丢失(lost update)。两个事务都企图去更新同一条数据,导致事务抛出异常而退出,两个事务的更新未执行成功。

(2) 脏数据(dirty read)。如果第二个应用程序使用了第一个应用程序修改过的数据,而这个数据处于未提交状态,这时就会发生脏读。第一个应用程序随后可能会请求回滚被修改的数据,从而导致第二个事务使用的数据被损坏,即所谓的"变脏"。

(3) 不可重读(unrepeatable read)。一个事务两次读取同一行数据,可是这两次读到的数据不一样,就叫不可重读。如果一个事务在提交数据之前,另一个事务可以修改和删除这些数据,就会发生不可重读。

(4) 幻读(phantom read)。一个事务执行了两次查询,但是第二次查询结果比第一次查询多出了一条数据,出现这种情况可能是因为另一个事务在这两次查询期间插入了新的数据。

为了避免上面出现的几种情况,在标准的 SQL 规范中,定义了如下 4 个事务隔离级别,不同的隔离级别对事务的处理不同。

(1) 未授权读取(read uncommitted)。说明一个事务在提交前,其变化对于其他事务来说是可见的。这样脏读、不可重读和幻读都是允许的。当一个事务已经写入一行数据但未提交,其他事务都不能再写入此行数据;但是,任何事务都可以读任何数据。这个隔离级别使用排写锁实现。

(2) 授权读取(read committed)。读取未提交的数据是不允许的,它使用临时的共读锁和排写锁实现。这种隔离级别不允许脏读,但不可重读和幻读是允许的。

(3) 可重复读取(repeatable read)。说明事务保证能够再次读取相同的数据而不会失败。此隔离级别不允许脏读和不可重读,但幻读会出现。

(4) 序列化(serializable)。提供最严格的事务隔离。这个隔离级别不允许事务并行执行,只允许串行执行。这样,脏读、不可重读或幻读都不可能发生。

事务隔离与隔离级别的关系如表 5-1 所示。

表 5-1 事务隔离与隔离级别的关系

隔离级别	脏读	不可重读	幻读
未授权读取	可能	可能	可能
授权读取	不可能	可能	可能
可重复读取	不可能	不可能	可能
序列化	不可能	不可能	不可能

在一个实际应用中,开发者经常不能确定使用什么样的隔离级别。太严厉的级别将降低并发事务的性能,但是不足够的隔离级别又会产生一些小的漏洞,而这些漏洞只会

在系统重负荷(也就是并发严重时)的情况下才会出现。对于大多数实际应用而言,可选的隔离级别是授权读取(read committed)和可重复读取(repeatable read)。Hibernate 的默认隔离级别是授权读取,也可以显式地设置隔离级别,只需在 Hibernate 配置文件中加入如下代码即可:

```
<property name="hibernate.connection.isolation">4</property>
```

数值 1 代表未授权读取(read uncommitted),2 代表授权读取(read committed),3 代表可重复读取(repeatable read),4 代表序列化(serializable),可根据需要进行调整,一般使用默认级别即可。

3. Hibernate 中的事务处理

在现在的 B/S 体系结构的软件开发中,在数据库事务处理时最常使用的是每个用户的一次请求作为一次事务。简单地说就是**"一次提交就是一次事务"**,用户每提交一次请求,就是一次事务,直到服务器处理完成并响应了用户请求才会关闭这个事务。

对于 Hibernate 而言,事务是这样处理的:当服务器接收到请求之后,创建一个新的 Hibernate Session 对象,然后通过 Session 对象开始一个新的事务,并且之后所有对数据库的操作都通过该 Session 对象来进行,最后将响应的数据发送到客户端之后再提交事务,并关闭 Session。

在项目中使用到的 Hibernate 版本为 4.1.9,需要通过 getCurrentSession()获取 Session。并设置 <property name="current_session_context_class">thread</property>,这样 Session 对象就可以绑定到处理用户请求的线程上,可以使任何业务处理方法都能轻松得到 Session 对象。

> 关于 Hibernate 事务可查看配套电子资源实例代码,位置是 CODE\Hibernate\hibernate_instance5。

5.3.3.2 Hibernate 缓存

众所周知,Hibernate 是以 JDBC 为基础实现的持久层组件,因此其性能肯定会低于直接使用 JDBC 来访问数据库。为了提高 Hibernate 的性能,Hibernate 组件提供了完善的缓存机制来提高数据库访问的性能。

1. 什么是缓存

缓存(cache)是介于应用程序和物理数据之间的,目的是为了降低应用程序对物理数据的访问频率。缓存要求对数据的读写速度很高,因此采用将部分物理数据放在内存当中的方式。缓存的实现不仅要考虑存储介质,还要考虑管理缓存的并发访问和缓存数据的生命周期。

为了提高系统性能,Hibernate 也使用了缓存机制。在 Hibernate 中,主要包含以下两种缓存:一级缓存和二级缓存。Hibernate 中缓存的作用主要表现在通过主键加载数据和延迟加载两方面。

2. 一级缓存

Hibernate 的一级缓存是由 Session 提供的，因此它仅仅存在于 Session 的生命周期中，也就是说当 Session 被关闭的时候，该 Session 所管理的一级缓存也会被清除。而一级缓存是 Session 内置的，不能被卸载，同时也不能进行任何配置。

一级缓存是用 Map 来实现的，在缓存实体对象时，对象的主关键字 ID 是 Map 的 key，实体对象是对应的值。所以一级缓存是以实体对象为单位进行存储的，访问时使用的是 ID。

虽然开发者不能配置一级缓存，但是可以通过下面两种方法进行一定的处理。

➢ evict()：将某个对象从 Session 的一级缓存中清除。
➢ Clear()：将一级缓存中的对象全部清除。

例如，在进行大批量数据一次性更新的时候，会占用非常多的内存来缓存被更新的对象。这时就应该有计划地调用 Session 对象的 clear()方法来清空一级缓存中的对象，控制一级缓存的大小，避免内存溢出。代码如下：

```
Session session=HibernateUtil.sessionFactory.getCurrentSession();
Transaction trans=session.beginTransaction();            //开启事务
for(int i=0; i<10000; i++){
    Agency agency=new Agency(……);
    session.save(line);
    If(i%100==0){                                        //100 条执行一次
        session.flush();
        session.clear();
    }
}
trans.commit();                                          //提交事务
session.close();
```

3. 二级缓存

SessionFactory 也提供了相应的缓存机制，可划分为内置缓存和外置缓存。

SessionFactory 的内置缓存存放了映射文件中数据的副本和预定义 SQL 语句，SessionFactory 的内置缓存是只读的，应用程序不能修改内置缓存。

SessionFactory 的外置缓存是一个可配置的插件。在默认情况下，SessionFactory 不会启用这个插件。外置缓存的数据是数据库数据的副本，外置缓存的介质可以是内存或者硬盘。SessionFactory 的外置缓存也被称为 Hibernate 的二级缓存。

Hibernate 的二级缓存的实现原理与一级缓存是一样的，也是通过以 ID 为 key 的 Map 来实现对对象的缓存。

二级缓存是缓存实体对象的，由于 Hibernate 的二级缓存是作用在 SessionFactory 范围内的，因而它比一级缓存的范围更广，可以被所有的 Session 对象所共享。

1) 二级缓存如何工作

Hibernate 的二级缓存同一级缓存一样，也是针对对象 ID 来进行缓存。所以说，二级缓存的作用范围是针对根据 ID 获得对象的查询。其工作内容如下。

- 在执行各种条件查询时，如果所获得的结果集为实体对象的集合，那么就会把所有的数据对象根据 ID 放入到二级缓存中。
- 当 Hibernate 根据 ID 访问数据对象的时候，首先会从 Session 一级缓存中查找，如果查不到并且配置了二级缓存，那么会从二级缓存中查找，如果还查不到，就会查询数据库，把结果按照 ID 放入缓存中。
- 删除、更新、增加数据的时候，同时更新缓存。

2) 适用范围

Hibernate 的二级缓存是可以配置的，但并不是所有对象都放在二级缓存中。

在通常情况下会将具有以下特征的数据放入二级缓存中：

- 很少被修改的数据。
- 不是很重要的数据，允许出现偶尔并发的数据。
- 不会被并发访问的数据。
- 常量数据。
- 不会被第三方修改的数据。

而对于具有以下特征的数据则不适合放在二级缓存中：

- 经常被修改的数据。
- 财务数据，绝对不允许出现并发。
- 与其他应用共享的数据。

特别要注意的是，放入缓存中的数据不能有第三方的应用对数据进行更改（其中也包括在自己的程序中使用其他方式进行数据的修改，例如 JDBC），因为那样 Hibernate 将无法获知数据已经被修改，也就无法保证缓存中的数据与数据库中数据的一致性。

3) 常见的二级缓存组件

在默认情况下，Hibernate 会使用 EHCache 作为二级缓存组件。但是，可以通过设置 hibernate.cache.provider_class 属性，指定其他的缓存策略，该缓存策略必须实现 org.hibernate.cache.CacheProvider 接口。通过实现此接口可以提供对不同二级缓存组件的支持，此接口充当缓存插件与 Hibernate 之间的适配器。Hibernate 内置支持的二级缓存组件如表 5-2 所示。

表 5-2 Hibernate 支持的二级缓存组件

组 件	Provider 类	类 型	集 群	查询缓存
Hashtable	org.hibernate.cache.HashtableCacheProvider	内存	不支持	支持
EHCache	org.hibernate.cache.EhCacheProvider	内存，硬盘	不支持	支持
OSCache	org.hibernate.cache.OSCacheProvider	内存，硬盘	支持	支持
SwarmCache	org.hibernate.cache.SwarmCacheProvider	集群	支持	不支持
JBoss TreeCache	org.hibernate.cache.TreeCacheProvider	集群	支持	支持

注意：Hibernate已经不再提供对JCS(Java Caching System)组件的支持了。

那么，如何在项目中使用二级缓存呢？配置步骤如下：

(1) 在项目中加入ehcache.xml，可放置到config包中和其他配置文件集中在一起，代码如下：

```xml
<?xml version="1.0" encoding="UTF-8"?>
<ehcache xmlns:xsi="http://www.w3.org/2001/XMLSchema-instance"
    xsi:noNamespaceSchemaLocation="http://ehcache.org/ehcache.xsd">
    <!--设置缓存目录-->
    <diskStore path="java.io.tmpdir/wlkst/hibernate" />
    <!--设置CacheManagerEventListener,当cache被创建或者删除时,会调用listener
    的相关方法-->
    <cacheManagerEventListenerFactory class="" properties="" />
    <defaultCache maxElementsInMemory="10000"    //缓存最大个数
        eternal="false"            //对象是否永久有效,一旦设置了,timeout将不起作用
        timeToIdleSeconds="120"    //设置对象在失效前的允许闲置时间(单位:秒)
        timeToLiveSeconds="120"    //设置对象在失效前允许存活时间(单位:秒)
        overflowToDisk="true"
                    //当内存中对象数量达到最大值时,Ehcache是否将对象写到磁盘中
        diskSpoolBufferSizeMB="30"    //设置DiskStore(磁盘缓存)的缓存区大小
        maxElementsOnDisk="10000000"   //硬盘最大缓存个数
        diskPersistent="false"        //是否缓存虚拟机重启期数据
        diskExpiryThreadIntervalSeconds="120"
                        //磁盘失效线程运行时间间隔,默认是120s
        memoryStoreEvictionPolicy="LRU" />    //当达到maxElementsInMemory限制
                            //时,Ehcache将根据指定的策略清理
                            //内存。默认策略是LRU(最近最少使
                            //用)。可以设置为FIFO(先进先出)或
                            //LFU(较少使用)
</ehcache>
```

在这里只是使用EHCache所提供的默认配置文件进行了EHCache的基本配置，其他请参考其官方网站(http://ehcache.sourceforge.net)中的相关资料。在实际开发中，应该根据自己的具体情况来设置这些参数。

(2) 在hibernate.cfg.xml中加入配置。

在使用Hibernate二级缓存时需要指定缓存提供者对象，方便Hibernate通过其实现对数据的缓存处理，配置代码如下：

```xml
<!--ehcache -->
<property name="cache.use_query_cache">true</property>
<property name="cache.use_second_level_cache">true</property>
<property name="cache.use_structured_entries">true</property>
<property name="cache.region.factory_class">org.hibernate.cache.EhCacheRegionFactory</property>
<property name="net.sf.ehcache.configurationResourceName">/config/ehcache.
```

```
xml</property >
```

(3) 为指定对象配置缓存。

为指定对象设置二级缓存有两种方式,第一种是直接在对象的映射文件中添加＜cache usage＝"read－write"/＞即可,代码如下:

```
<hibernate-mapping>
    <class name="com.cdtskj.tdyd.agency.pojo.Agency" table="ly_agency"
    catalog="j2ee">
        <!--指定实体类使用二级缓存 -->
        <cache usage="read-write"/>
        <id name="id" type="java.lang.Integer">
            <column name="ID" />
            <generator class="identity" />
        </id>
        <property name="name" type="java.lang.String">
            <column name="NAME" length="20" not-null="true">
            </column>
        </property>
        ...
    </class>
</hibernate-mapping>
```

第二种是在 Hibernate 配置文件中加入＜class－cache＞进行配置即可,代码如下:

```
<hibernate-configuration>
    <session-factory>
        ...
        <mapping resource="com/cdtskj/xt/role/pojo/Role.hbm.xml"/>
        <mapping resource="com/cdtskj/xt/log/pojo/Log.hbm.xml"/>
        <!--指定实体类使用二级缓存 -->
        <class-cache usage="read-write" class="com.cdtskj.tdyd.agency.pojo.
        Agency"/>
    </session-factory>
</hibernate-configuration>
```

4) 查询缓存

查询缓存是针对各种查询操作进行缓存。查询缓存会在整个 SessionFactory 的生命周期中生效,其存储方式也是采用 Map 来存储的。

在使用查询缓存时需要设置＜property name＝"cache.use_query_cache"＞true＜/property＞来启动对查询缓存的支持。另外,查询缓存是在执行查询语句的时候指定缓存的方式以及是否需要对查询结果进行缓存。代码如下:

```
...
Public void run(){
    Session session=HibernateUtil.sessionFactory.getCurrentSession();
    Transaction trans=session.beginTransaction();    //开启事务
```

```
        Query query=session.createQuery("from Agency");
        Iterator it=query.setCacheable(true).list().iterator();
        while(it.hasNext()){
            System.out.println(it.next());
        }
        Agency agency=session.get(Agency.class,"1");
        System.out.println(agency);
        trans.commit();                          //提交事务
    }
    Public static void main(String[] args){
        QueryCache qc=new QueryCache();
        qc.start();                              //启动线程
        try{
            Thread.sleep(5000);                  //休眠
        }catch(InterruptedException e){
            e.printStackTrace();
        }
        QueryCache qc2=new QueryCache();
        qc2.start();
    }
```

上面的代码使用多线程首先将 from Agency 的查询结果进行缓存,再通过 ID 获得对象来检查缓存是否成功。通过多个线程的执行可以看出:对于进行了缓存的查询是不会执行第二次查询的。控制台结果输出应该如下所示:

Hibernate: select agency0_.agencyId as agencyId0_, agency0_.name as name0_ from t_agency agency0_

ID: 1
Name: 游一游旅行社

ID: 1
Name: 游一游旅行社

从上面的结果可以看出,两个线程执行,却只执行了一次查询,这是由于对象在第一次查询之后已经进行了缓存,所以并没有第二次查询的 SQL 语句输出。

4. Hibernate 查询与缓存的关系

在开发中,通常使用两种方式执行查询操作。一种是通过 ID 获取单独的实体对象,另一种是使用 HQL 语句来执行查询。下面分别说明这两种方式和缓存的关系。

通过 ID 获取 Java 对象可以直接使用 Session 对象的 load() 或者 get() 方法,两者的区别在于使用缓存的方式不同。通过 HQL 来执行的数据库查询操作是由 Query 对象的 list() 和 iterator() 方法来执行的,两个方法存在着差别。具体不同之处有如下几点。

1) load()

在使用了二级缓存时,load() 方法会在二级缓存中查找指定对象是否存在。

执行该方法时，Hibernate 首先从当前 Session 的一级缓存中获取 ID 对应的对象，在无法取到对象的情况下，将根据是否配置了二级缓存来做相应处理。

当配置了二级缓存，则继续到二级缓存中查找 ID 对应的对象，如仍然获取不到对象，还需要根据是否配置了延迟加载来决定如何执行。如果此时未配置延迟加载，则从数据库中直接获取，在获取到数据后，Hibernate 会将一级缓存和二级缓存填充起来，如果配置了延迟加载，则直接返回一个代理类，只有在触发代理类的调用时才进行数据库的查询操作。

2）get()

get()方法和 load()方法的区别在于，get()方法不会查找二级缓存。当 Session 的一级缓存中获取不到指定的对象时，会直接执行查询语句从数据库中获得所需的数据。

3）list()

在执行 Query 的 list()方法时，Hibernate 首先检查是否配置了查询缓存，如果配置了查询缓存，则从中寻找是否已对该查询进行了缓存，如果获取不到则从数据库获取，当从数据库获取到数据之后，Hibernate 会将一级缓存、二级缓存和查询缓存填充起来。如果获取到的是直接的结果集，则直接返回，如果获取到的是一些 ID 值，则再根据 ID 值使用 Session.load()获取相应的对象，最后形成结果集返回。

需要注意的是，查询缓存在数据发生变化时会自动清空。

4）iterator()

该方法处理方式与 list()方法不同，它首先使用查询语句得到 ID 值的列表，然后再使用 Session 的 load()方法得到对象的值。

开发者在获取数据的时候，应该从以上 4 种不同的获取数据的方式中选择适合的方法来使用。在开发中可以设置 show_sql 为 true 来输出 Hibernate 执行的 SQL 语句。

> 关于 Hibernate 二级缓存和 ehcache 的使用可查看配套电子资源实例代码，位置是 CODE\Hibernate\hibernate_instance4。

5.3.3.3 Hibernate 性能优化

Hibernate 是对 JDBC 的轻量级封装，在很多情况下 Hibernate 的性能会低于 JDBC，但是通过正确的方法和策略，对 Hibernate 进行性能优化，使用时还是可以非常接近直接使用 JDBC 时的效率的，有时甚至会高于使用 JDBC 的效率。对于 Hibernate 性能优化，主要考虑如下几点：

- 数据库设计调整。
- HQL 优化。
- API 的正确使用（如根据不同的业务类型选用不同的集合及查询 API）。
- 主设置参数（日志、查询缓存、fetch_size、batch_size 等）。
- 映射文件优化（ID 生成策略、二级缓存、延迟加载、关联优化）。
- 一级缓存的管理。
- 针对二级缓存，有许多特有的策略。
- 事务控制策略。

下面是对 Hibernate 优化的几点建议。

1. 数据库设计

（1）降低关联的复杂性。
（2）尽量不使用联合主键。
（3）ID 的生成机制，不同的数据库所提供的机制并不完全相同。
（4）适当的冗余数据，不过分追求高范式。

2. HQL 优化

如果 HQL 抛开它同 Hibernate 本身一些缓存机制的关联，HQL 的优化技巧与普通的 SQL 优化技巧相同，这里不再赘述。

3. 优化 Hibernate 主设置

（1）查询缓存同下面讲的缓存不太相同，它是针对 HQL 语句的缓存，即完全相同的语句再次执行时能利用缓存数据。不过，查询缓存在一个交易系统（数据变更频繁，查询条件相同的机率并不大）中可能会起反作用：它会白白耗费大量的系统资源，却难以派上用场。

（2）fetch_size 同 JDBC 的相关参数作用类似，参数并不是越大越好，而应根据业务特征去设置，一般设置为 30、50、100。设置代码如下：

```
<!--一次读的数据库记录数 -->
<property name="jdbc.fetch_size">50</property>
<!--设定对数据库进行批量删除 -->
<property name="jdbc.batch_size">30</property>
```

（3）batch_size 同上，但一般设置为 30、50。
（4）在生产系统中，一定要关掉 SQL 语句的打印。

4. 合理使用缓存

（1）数据库级缓存：这一级缓存是最高效和安全的，但不同的数据库可管理的层次并不相同，比如，在 Oracle 中，能在建表时指定将整个表置于缓存当中。

（2）一级缓存：在一个 Session 有效，一级缓存的可干预性不强，多为 Hibernate 自动管理，但提供了清除缓存的方法，这些方法在大批量增加或更新操作时是有效的。比如，同时增加十万条记录，按常规方式进行，很可能会发现内存溢出的异常，这时可能就需要通过调用 evict()和 clear()方法，手动清除一级缓存。

（3）二级缓存：在同一个 SessionFactory 中有效，因此也是优化的重中之重，各类策略也考虑得较多。在将数据放入二级缓存之前，需要考虑一些前提条件：
➢ 数据不会被第三方修改。（比如，是否有另一个应用也在修改这些数据？）
➢ 数据不会太大。
➢ 数据不会频繁更新（否则使用缓存可能适得其反）。
➢ 数据会被频繁查询。

➢ 数据不是关键数据(如涉及钱、安全等方面的问题)。

二级缓存有几种形式的策略,可以在映射文件中设置:read-only(只读,适用于变更非常少的静态数据/历史数据),nonstrict-read-write,read-write(比较普遍的形式,效率一般),transactional(JTA 中,且支持的缓存产品较少)。

5. 使用正确的查询方法

在前面已经介绍过,执行数据查询功能的基本方法有两种:一种是得到单个持久化对象的 get()方法和 load()方法,另一种是 Query 对象的 list()方法和 iterator()方法。在开发中应该依据不同的情况选用正确的方法。

6. 使用正确的抓取策略

所谓抓取策略(fetching strategy)是指当应用程序需要利用关联关系进行对象获取的时候,Hibernate 获取关联对象的策略。抓取策略可以在 O/R 映射的元数据中声明,也可以在特定的 HQL 或条件查询中声明。Hibernate 定义了以下几种抓取策略。

(1) 连接抓取(join fetching)。

连接抓取是指 Hibernate 在获得关联对象时会在 SELECT 语句中使用外连接的方式来获得关联对象。

(2) 查询抓取(select fetching)。

查询抓取是指 Hibernate 通过另外一条 SELECT 语句来抓取当前对象的关联对象的方式。这也是通过外键的方式来执行数据库的查询。与连接抓取的区别在于,通常情况下这个 SELECT 语句不是立即执行的,而是在访问到关联对象的时候才会执行。

(3) 子查询抓取(subselect fetching)。

子查询抓取也是指 Hibernate 通过另外一条 SELECT 语句来抓取当前对象的关联对象的方式。与查询抓取的区别在于它所采用的 SELECT 语句的方式为子查询,而不是通过外连接。

(4) 批量抓取(batch fetching)。

批量抓取是对查询抓取的优化,它会依据主键或者外键的列表来通过单条 SELECT 语句实现管理对象的批量抓取。

以上介绍的是 Hibernate 所提供的抓取策略,也就是抓取关联对象的手段。为了提升系统的性能,在抓取关联对象的时机上,还有以下一些选择。

(1) 立即抓取(immediate fetching)。

立即抓取是指宿主对象被加载时,它所关联的对象也会被立即加载。

(2) 延迟集合抓取(lazy collection fetching)。

延迟集合抓取是指在加载宿主对象时,并不立即加载它所关联的对象,而是到应用程序访问关联对象的时候才抓取关联对象。这是集合关联对象的默认行为。

(3) 延迟代理抓取(lazy proxy fetching)。

延迟代理抓取是指在返回单值关联对象的情况下,并不是在对其进行 get 操作时抓取,而是直到调用其某个方法的时候才会抓取这个对象。

(4) 延迟属性加载(lazy attribute fetching)。

延迟属性加载是指在关联对象被访问的时候才进行关联对象的抓取。

上面介绍了 Hibernate 所提供的关联对象的抓取方法和抓取时机,这两个方面的因素都会影响 Hibernate 的抓取行为,最重要的是要清楚这两方面的影响是不同的,不要将这两个因素混淆,在开发中要结合实际情况选用正确的抓取策略和合适的抓取时机。

在通常情况下都会使用延迟的方式来抓取关联的对象。因为每个立即抓取都会导致关联对象的立即实例化,太多的立即抓取关联会导致大量的对象被实例化,从而占用过多的内存资源。

对于抓取策略的选取将影响到抓取关联对象的方式,也就是抓取关联对象时所执行的 SQL 语句。这就要根据实际的业务需求、数据的数量以及数据库的结构来进行选择了。

在这里需要注意的是,通常情况下都会在执行查询的时候针对每个查询来指定对其合适的抓取策略。指定抓取策略的方法如下:

```
Agency agency= (Agency) session.createCriteria(Agency.class)
.setFetchMode("permissions", FetchMode.JOIN)     //指定抓取策略为 JOIN
.add(Restrictions.idEq(userId))
.uniqueResult();
```

5.4 小　　结

(1) Hibernate 本身并不具备事务管理能力,只是委托给底层的 JDBC 或者 JTA。
(2) Hibernate 默认情况下使用的是 JDBC 事务。
(3) 数据库事务隔离机制在 Hibernate 中仍然适用。
(4) Hibernate 缓存分为一级缓存和二级缓存。
(5) Hibernate 查询对于缓存的使用是不同的,使用时需结合实际情况选择适当的查询方法。
(6) Hibernate 性能优化需要从多方面考虑。

5.5 课 外 实 训

1. 实训目的

(1) 加深对 Hibernate 的理解。
(2) 掌握 Hibernate 的事务处理方法。
(3) 熟练掌握 jQuery Flexigrid 的使用方法。

2. 实训描述

本次实训是使用 Hibernate 和 Struts 2 完成试题模块的开发,在开发中需要将 Hibernate 和 Struts 2 结合起来。由于英语试题包含多种类型,比如单选题、多选题、听力题以及阅读理解题等，每一种类型的题目在内容上都有所不同，所以除了需要试题管理模块外，还需要试题模板的管理功能。

试题管理模块包含试题模板维护和试题维护两个菜单，如图 5-7 所示。

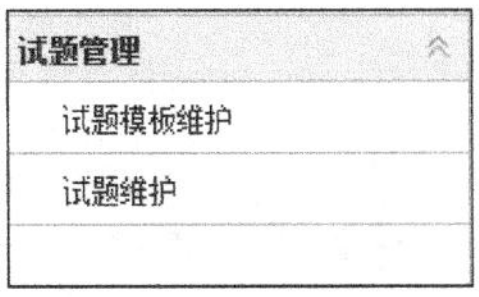

图 5-7　试题管理模块

任务一：

开发试题模板维护功能，页面如图 5-8 所示。

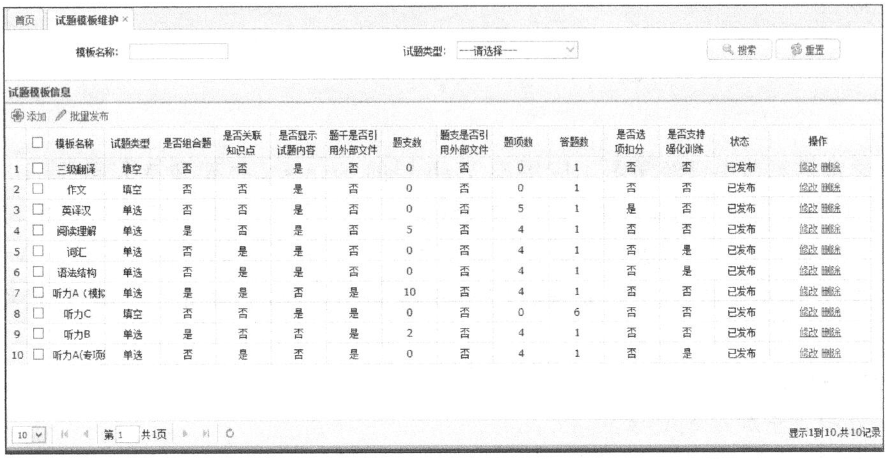

	模板名称	试题类型	是否组合题	是否关联知识点	是否显示试题内容	题干是否引用外部文件	题支数	题支是否引用外部文件	题项数	答题数	是否选项扣分	是否支持强化训练	状态	操作
1	三级翻译	填空	否	否	是	否	0	否	0	1	否	否	已发布	修改 删除
2	作文	填空	否	否	是	否	0	否	0	1	否	否	已发布	修改 删除
3	英译汉	单选	否	否	是	否	0	否	5	1	是	否	已发布	修改 删除
4	阅读理解	单选	是	否	是	否	5	否	4	1	否	否	已发布	修改 删除
5	词汇	单选	否	是	是	否	0	否	4	1	否	是	已发布	修改 删除
6	语法结构	单选	否	是	是	否	0	否	4	1	否	是	已发布	修改 删除
7	听力A（模拟	单选	是	是	否	是	10	否	4	1	否	否	已发布	修改 删除
8	听力C	填空	否	否	是	是	0	否	0	6	否	否	已发布	修改 删除
9	听力B	单选	是	否	否	是	2	否	4	1	否	否	已发布	修改 删除
10	听力A(专项	单选	否	是	否	是	0	否	4	1	否	是	已发布	修改 删除

图 5-8　试题模板维护

任务二：

开发试题维护功能，页面如图 5-9 所示。

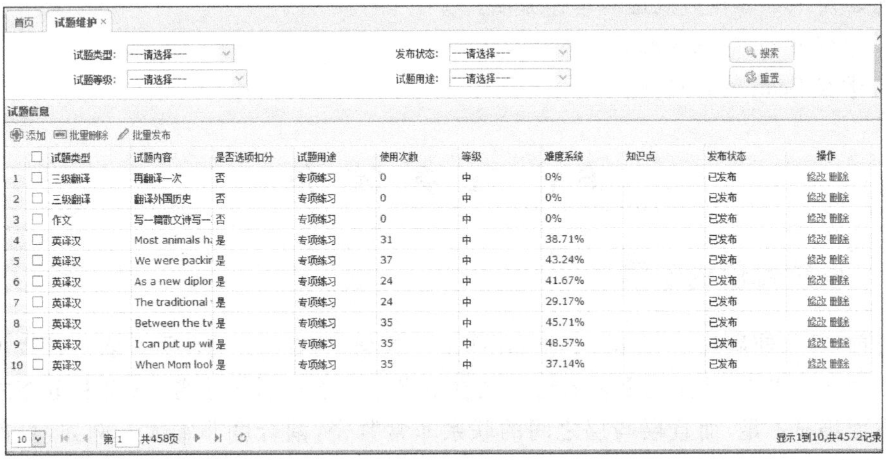

	试题类型	试题内容	是否选项扣分	试题用途	使用次数	等级	难度系统	知识点	发布状态	操作
1	三级翻译	再翻译一次	否	专项练习	0	中	0%		已发布	修改 删除
2	三级翻译	翻译外国历史	否	专项练习	0	中	0%		已发布	修改 删除
3	作文	写一篇散文诗写一	否	专项练习	0	中	0%		已发布	修改 删除
4	英译汉	Most animals h	是	专项练习	31	中	38.71%		已发布	修改 删除
5	英译汉	We were packir	是	专项练习	37	中	43.24%		已发布	修改 删除
6	英译汉	As a new diplor	是	专项练习	24	中	41.67%		已发布	修改 删除
7	英译汉	The traditional	是	专项练习	24	中	29.17%		已发布	修改 删除
8	英译汉	Between the tv	是	专项练习	35	中	45.71%		已发布	修改 删除
9	英译汉	I can put up wi	是	专项练习	35	中	48.57%		已发布	修改 删除
10	英译汉	When Mom loo	是	专项练习	35	中	37.14%		已发布	修改 删除

图 5-9　试题维护

3. 实训要求

(1) 在编写业务逻辑层时，请对每个业务方法执行事务处理。

(2) 页面请参照实训描述中的示例进行编写，需要使用到 EasyUI 和 Flexigrid。

第 6 章

模 块 整 合

在之前的章节中已经学习了应用于 Web 层的 Struts 2 框架和持久层的 Hibernate 框架,它们为企业级应用提供了一种高效、快速的解决方案,但是在实际应用中,开发者还是需要花费大量的精力去处理类似于事务这种业务服务工作,有没有一种为企业级应用提供更多服务支持的轻量级框架呢?答案是肯定的,它就是另一个轻量级框架 Spring。

开发目标:
- 在项目中加入 Spring。
- 使用 Spring 整合 Struts 2 和 Hibernate。

学习目标:
- 了解 Spring 的作用。
- 掌握如何在项目中加入 Spring。
- 理解 IoC 容器的概念和工作原理。
- 掌握 Bean 的基本配置。
- 掌握 Bean 的作用域。

6.1 任务简介

6.1.1 系统目前的缺陷

目前,项目使用到了 Struts 2 和 Hibernate 框架,两者的结合将开发者从烦琐的事务性操作中解放出来,从而把更多的精力放在业务上。然而对于事务、安全和分布式处理这些方面仍显不足,而且层与层之间的联系非常紧密,耦合度非常大。例如,目前使用 Struts 2 的 Action 去访问 Service 层可能需要使用到 new 去创建一个 Service 的实例,才能调用其中的方法,如下面的代码所示:

```
//导包
public class AgencyAction extends ActionSupport {
private IAgencyService agencyService=new AgencyServiceImpl();
    //get、set
```

```
        ...
    }

//AgencyServiceImpl 代码
public class AgencyServiceImpl implements IAgencyService {
    private IAgencyDAO dao=new AgencyDAOImpl();
    //get、set
    @Override
    public void updateAgency(Agency agency) {}
        ...
}
```

显然，如果之后要换掉 AgencyServiceImpl 类，还需要修改 AgencyAction 的代码，所以它们的耦合度很大。另外，在 Hibernate 中处理事务时仍然需要编写大量代码，如下所示：

```
@Override
public void save(Agency agency) {
    Session session=sessionFactory.getCurrentSession();    //获取 Session
    Transaction trans=session.beginTransaction();          //开启事务
    session.save(agency);                                  //保存对象
    trans.commit();                                        //提交事务
}
@Override
public void delete(Agency agency) {
    Session session=sessionFactory.getCurrentSession();
    Transaction trans=session.beginTransaction();
    session.delete(agency);
    trans.commit();
}
```

这里仅仅是单个连接的事务，在实际应用中可能有多个参与者，需要使用到 JTA 事务，这样又面临一大堆的配置和代码。所以此时需要一种既能降低层与层之间的耦合度，又能够提供事务处理支持的服务框架，从而使得应用更加轻便和易于使用。

6.1.2 Spring 的解决方案

Spring 提供了一个简易的开发方式，这种开发方式将避免那些可能致使底层代码变得繁杂混乱的大量的属性文件和帮助类。其关键特性如下：

➢ 强大的基于 JavaBean 的采用控制反转（Inversion of Control，IoC）原则的配置管理，使得应用程序的组建更加快捷简易。
➢ 一个可用于从 Applet 到 Java EE 等不同运行环境的核心 Bean 工厂。
➢ 数据库事务的一般化抽象层，允许声明式（declarative）事务管理器，简化事务的划分使之与底层无关。

> 内建的针对JTA和单个JDBC数据源的一般化策略，使Spring的事务支持不要求Java EE环境，这与一般的JTA或者EJB CMT相反。
> 以资源容器、DAO实现和事务策略等形式与Hibernate、JDO和iBATIS SQL Maps集成。利用众多的翻转控制方便特性来提供全面支持，解决了许多典型的Hibernate集成问题。所有这些全部遵从Spring通用事务处理和通用数据访问对象异常等级规范。
> 提供诸如事务管理等服务的面向切面编程框架。
> 灵活的基于核心Spring功能的MVC网页应用程序框架。开发者通过策略接口将拥有对该框架的高度控制，因而该框架将适应于多种呈现（View）技术，例如JSP、FreeMarker、Velocity、Tiles、iText以及POI。值得注意的是，Spring中间层可以轻易地结合于任何基于MVC框架的网页层，例如Struts、WebWork或Tapestry。
> JDBC抽象层提供了有针对性的异常等级（不再从SQL异常中提取原始代码），简化了错误处理，大大减少了程序员的编码量。再次利用JDBC时，无须再写出另一个finally模块。并且面向JDBC的异常与Spring通用数据访问对象（Data Access Object）异常等级相一致。

本章的主要任务是理解Spring的基本概念，并在系统中加入Spring框架的同时整合Struts 2和Hibernate框架。

6.2 技术要点

6.2.1 Spring 概述

Spring是2003年兴起的一个轻量级的Java开发框架，它是为了简化企业应用开发的复杂性而由Rod Johnson创建的。框架的主要优势之一就是其灵活的分层架构，同时为J2EE应用程序开发提供集成的框架。Spring使用基本的JavaBean来完成以前只可能由EJB完成的事情。然而，Spring的用途不仅限于服务器端的开发，任何Java应用都可以从Spring的简单、可测试和松耦合等特征中受益。简单来说，Spring是一个轻量级的控制反转（IoC）和面向切面（AOP）的容器框架。Spring具有如下特点：

> 轻量：Spring的开销是非常小的，而且是非侵入式的，也就是说基于Spring开发的系统中的对象一般不依赖于Spring。
> 控制反转：Spring提倡使用控制反转（IoC）来实现松耦合。当需要某个类的对象时，被动地从Spring的容器中得到，而不是通过new来实例化对象。
> 面向切面：将业务逻辑从系统服务（如事务和日志）中分离出来，系统对象只需要做它们该做的事，即业务逻辑，而不需要关心其他的问题。
> 容器：Spring是一个容器，它包含并管理系统对象的生命周期和配置。
> 框架：Spring可以使用简单的组件配置组合出复杂的应用。在Spring中，系统对象是通过XML文件配置组合起来的。并且Spring提供了很多基础功能（事务处

理、持久层集成等),让开发者专注于业务逻辑的开发。

Spring 致力于 J2EE 应用各层的解决方案,而不是仅仅专注于某一层的方案。可以说 Spring 是企业应用开发的"一站式"选择,并贯穿表现层、业务层及持久层。然而,Spring 并不想取代那些已有的框架,而是与它们无缝地整合。

6.2.2 Spring 框架结构

Spring 框架由 7 个模块组成,如图 6-1 所示。从整体上看,这 7 个模块提供了企业级开发应用系统所需要的一切,但是不一定所有模块都必须使用,开发者可以自由选择需要的模块。

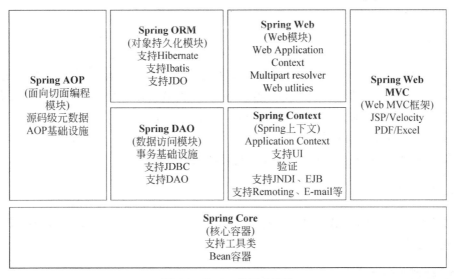

图 6-1 Spring 的核心模块

- 核心容器:Spring 核心容器为 Spring 框架提供了基本功能。其主要组件是采用工厂模式实现的 BeanFactory。它使用控制反转(IoC)模式将应用程序的配置和依赖性规范从实际的应用程序代码中独立出来。
- Spring 上下文:如果说 BeanFactory 是使 Spring 成为容器的原因,那么 Spring 上下文就是使 Spring 成为框架的原因。它是一个配置文件,向 Spring 框架提供上下文信息。Spring 上下文提供了很多企业级服务,例如 JNDI 访问、电子邮件等。
- Spring AOP:Spring 通过配置管理特性,直接将面向切面的编程功能集成到了 Spring 框架中。所以,开发者可以很容易地通过 Spring AOP 将声明性事务管理集成到应用程序中,而不用依赖 EJB 组件。
- Spring DAO:Spring DAO 模块提供了 JDBC 的抽象层,简化了数据库厂商的异常错误(不再从 SQLException 继承大批代码),大幅度减少了代码的编写,并提供了对声明式事务和编程式事务的支持。
- Spring ORM:Spring ORM 模块提供了对现有的 ORM 框架的支持,其中包括 JDO、Hibernate 和 iBatis SQL Map。Spring 没有开发新的 ORM 工具,但是它对

Hibernate 提供了完美的整合功能,同时也支持其他 ORM 工具。
- Spring Web 模块：Spring Web 模块建立在 Spring 上下文模块的基础之上,它为基于 Web 的应用程序提供了上下文。它对现有的 Web 框架如 JSF\Tapestry、Struts 等提供了集成,同时还简化了处理多部分请求以及将请求参数绑定到域对象的工作。
- Spring Web MVC 框架：Spring 提供了一个全功能的构建 Web 应用程序的 MVC 框架。它拥有 Spring 框架的所有特性,能够适应多种视图技术,其中包括 JSP、Velocity、Tiles 等。

6.2.3 IoC 的基本概念

IoC 的英文全称是 Inversion of Control,即控制反转,它使程序组件或类之间尽量形成一种松散耦合的结构。它的基本概念是不创建对象,但是描述创建它们的方式。

在没有使用 Spring 的时候,开发者在使用类的实例之前需要先创建该对象的实例,但是 IoC 将创建实例的任务交给 IoC 容器,因此开发者应用代码时只需要直接使用,而不需要自己去实例化对象,这就是 IoC。Martin Fowler 曾专门写了一篇文章讨论控制反转,并提出了一个更为准确的概念,叫依赖注入(Dependency Injection,DI)。

依赖注入有 3 种实现类型,Spring 支持后面两种。

1. 接口注入

这种方式必须实现规定的接口,这使代码和容器的 API 绑定在了一起,不是理想的依赖注入方式。

2. 构造函数注入

构造函数注入是基于构造方法为属性赋值的方式,容器通过调用类的构造方法为其注入所需的对象。示例如下：

```
public class AgencyAction extends ActionSupport {
    private IAgencyService service;
    public AgencyAction(IAgencyService service) {
        super();
        this.service=service;
    }
}
```

3. Setter 注入

Setter 注入基于 JavaBean 的 Setter 方法为属性赋值,在实际开发中,这种方式是最常用的。示例如下：

```
public class AgencyAction extends ActionSupport {
```

```
    private IAgencyService service;
    public IAgencyService getService() {
        return service;
    }
    public void setService(IAgencyService service) {
        this.service=service;
    }
}
```

6.3 开发：在项目中加入 Spring

6.3.1 任务分析

本节开发的主要任务是在项目中加入 Spring 并整合 Struts 2 和 Hibernate 框架。完成此工作需要经历如下步骤。

1. 在系统中加入 Spring

（1）加入 Spring 的 jar 包，如图 6-2 所示。

以上的 jar 包是 Spring 的基础开发包，是本项目必须导入的。由于在前面章节中已经添加了所有本系统需要的 jar 包，所以此处忽略该步骤。

（2）加入 applicationContext.xml 配置。

applicationContext.xml 是 Spring 最主要的配置文件，用于配置 Spring 管理的所有 Bean 以及 Bean 之间的关系，这个配置文件位于 config 包中，和其他配置文件放在相同的地方，以便于管理，如图 6-3 所示。

图 6-2　Spring 需要使用的 jar 包

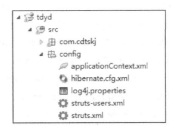

图 6-3　配置文件

2. 整合 Struts 2

Spring 整合 Struts 2 需要解决的主要问题在于：Action 对象的实例化工作需要使用 Spring 来完成，并且 Spring 需要把 Action 所依赖的业务对象注入到实例化的 Action 对象中。在完成整合后，可以使用 Spring 的配置文件 applicationContext.xml 来描述依赖关系，并在 Struts 2 的配置文件 struts.xml 中使用 Spring 创建的 Bean（Spring 管理的

Action 对象)来替代之前由 Struts 2 实例化的 Action。

在整合时需要借助于 Spring 插件(Struts 2-spring-plugin-XXX.jar),所以整合前需要加入该插件。

3. 整合 Hibernate

Spring 整合 Hibernate 需要达到如下目的:
- 使用 Spring 的 IoC 功能管理 SessionFactory 对象。
- 使用 Spring 管理 Session 对象。
- 使用 Spring 的功能实现声明式的事务管理。

在本节中 Spring 整合 Hibernate 需要解决的主要问题在于由 Spring 负责 SessionFactory 对象的创建。

6.3.2 开发步骤

6.3.2.1 初始配置

在如图 6-4 所示的位置新建 applicationContext.xml,该文件是 Spring 常用的主配置文件,在 Spring 中,所有的 Java 对象都可以通过<bean></bean>标签来配置,所以在 Spring 的配置文件中,我们常常会看到许多的<bean></bean>标签。

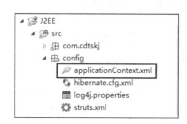

图 6-4 Spring 的配置文件 applicationContext.xml

在 applicationContext.xml 中加入配置,初始时,内容一般可如下:

```
<?xml version="1.0" encoding="UTF-8"?>
<beans xmlns="http://www.springframework.org/schema/beans"
    xmlns:xsi="http://www.w3.org/2001/XMLSchema-instance"
    xmlns:aop="http://www.springframework.org/schema/aop"
    xmlns:context="http://www.springframework.org/schema/context"
    xmlns:tx="http://www.springframework.org/schema/tx"
    xsi:schemaLocation="http://www.springframework.org/schema/beans
    http://www.springframework.org/schema/beans/spring-beans-3.2.xsd
    http://www.springframework.org/schema/aop
    http://www.springframework.org/schema/aop/spring-aop-3.2.xsd
    http://www.springframework.org/schema/context
    http://www.springframework.org/schema/context/spring-context-3.2.xsd
    http://www.springframework.org/schema/tx
    http://www.springframework.org/schema/tx/spring-tx-3.2.xsd">
</beans>
```

然后在 web.xml 中加入 Spring 的监听器:

```
<listener>
    <listener-class>org.springframework.web.context.ContextLoaderListener
```

```xml
        </listener-class>
    </listener>
    <context-param>
        <param-name>contextConfigLocation</param-name>
        <param-value>classpath:config/applicationContext*.xml</param-value>
    </context-param>
```

如上是加入 Spring 最基本的配置，在实际的开发中，可能会将一个配置文件分成几个，所以这里加入了 contextConfigLocation 这个 context 参数。可以将多个配置文件名写在一起并以逗号","分隔，或者使用通配符"*"，如上代码中表示所有 config 包内以 applicationContext 为前缀的 XML 配置文件都会一同被载入。而如果不在 web.xml 中配置此参数，默认的查找路径是/WEB-INF/applicationContext.xml，并且在 WEB-INF 目录下创建的 XML 文件名称必须是 applicationContext.xml。

在完成以上配置之后，启动项目，即可在控制台看到加载 Spring 的相关信息，如图 6-5 所示。

```
一月 12, 2015 5:28:01 下午 org.springframework.beans.factory.xml.XmlBeanDefinitionReader loadBeanDefinitions
INFO: Loading XML bean definitions from file [E:\WorkPlace\J2EE\.metadata\.me_tcat7\webapps\j2ee\WEB-INF\classes\config\applicat
一月 12, 2015 5:28:02 下午 org.springframework.beans.factory.support.DefaultListableBeanFactory registerBeanDefinition
INFO: Overriding bean definition for bean 'baseDao': replacing [Generic bean: class [com.cdtskj.xt.base.BaseDAOImpl]; scope=; ab
一月 12, 2015 5:28:02 下午 org.springframework.beans.factory.support.DefaultListableBeanFactory registerBeanDefinition
INFO: Overriding bean definition for bean 'loginAction': replacing [Generic bean: class [com.cdtskj.xt.login.action.LoginAction]
一月 12, 2015 5:28:02 下午 org.springframework.beans.factory.support.DefaultListableBeanFactory registerBeanDefinition
INFO: Overriding bean definition for bean 'sysUserService': replacing [Generic bean: class [com.cdtskj.xt.user.service.impl.SysU
一月 12, 2015 5:28:02 下午 org.springframework.beans.factory.support.DefaultListableBeanFactory registerBeanDefinition
INFO: Overriding bean definition for bean 'sysUserDao': replacing [Generic bean: class [com.cdtskj.xt.user.dao.impl.SysUserDAOImp
一月 12, 2015 5:28:02 下午 org.springframework.beans.factory.support.DefaultListableBeanFactory preInstantiateSingletons
INFO: Pre-instantiating singletons in org.springframework.beans.factory.support.DefaultListableBeanFactory@232fecab: defining be
```

图 6-5　控制台信息

6.3.2.2　整合 Struts 2

Struts 2 整合 Spring 需要解决的主要问题在于创建 Action 对象的时候要使用 Spring，并且把 Action 依赖的业务对象（由 Spring 来管理）注入到创建的 Action 对象中来。接下来尝试一下将两者整合起来。

（1）添加 struts2-spring 整合的插件包：struts2-spring-plugin-2.3.4.1.jar。

（2）在 Spring 配置文件中定义和管理 Struts 2 的 Action 类，以下是加入 LoginAction 的 Bean 配置代码：

```xml
<bean id="loginAction" class="com.cdtskj.xt.login.action.LoginAction" scope="prototype"></bean>
```

（3）在 Struts 2 的配置文件中直接使用 Spring 中定义的 Bean 的 id 来作为 class。

整合前：

```xml
<package name="login-package" namespace="/login" extends="struts-default">
    <action name="login" class="com.cdtskj.xt.login.action.LoginAction">
        <result name="success" type="redirect">/main.jsp</result>
        <result name="login" type="redirect">/index.jsp</result>
```

```
        </action>
    </package>
```

整合后：

```
<package name="login-package" namespace="/login" extends="struts-default">
    <action name="login" class="loginAction">
        <result name="success" type="redirect">/main.jsp</result>
        <result name="login" type="redirect">/index.jsp</result>
    </action>
</package>
```

所有的 Action 都需要在 Spring 的配置文件中加入 Bean 配置，交由 Spring 管理。在作了如上配置之后，Action 的产生就不再由 Struts 2 处理，而由 Spring 处理。

在整合 Struts 2 的时候需要注意的是，在 Struts 2 的 Spring 整合插件中修改了以下 3 个常量参数的值，在使用过程中如果不是必要的情况就不要再去修改这些参数的值了，避免使系统无法正常工作。

- struts.objectFactory
- struts.objectFactory.spring.autoWire
- struts.objectFactory.spring.useClassCache

通过 Struts 2 的插件简化了 Struts 2 与 Spring 整合的难度，并且在实现两者整合时不需要对 Struts 2 开发的代码进行任何改动，对于配置文件的改动也是非常小的。

6.3.2.3 整合 Hibernate

在之前的章节中已提到，Spring 可以完美地整合 Hibernate 框架，接下来就将这两个框架整合起来。在整合之后，系统将不再需要 hibernate.cfg.xml，所有的底层配置都集成到 Spring 配置中。

由于 Hibernate 的 SessionFactory 在整个应用中只需初始化一次，因此可以方便地使用 Spring 的 IoC 容器来进行创建和管理。

为了进行 SessionFactory 的创建，Spring 专门提供了一个用于创建 SessionFactory 实例的工厂类 org.springframework.orm.hibernate4.LocalSessionFactoryBean。

LocalSessionFactoryBean 支持两种方式创建 SessionFactory 的实例。一种是直接使用 Hibernate 的配置文件，另一种是将所有的 Hibernate 的配置参数都整合到 Spring 的配置文件中。

在之前使用 Hibernate 时，使用配置文件 hibernate.cfg.xml 来配置 Hibernate 的参数，其中包含连接数据库的参数、Hibernate 的运行参数、映射文件列表等。在使用 LocalSessionFactoryBean 时可以直接指定 hibernate.cfg.xml 的路径做初始化。配置代码如下：

```
<bean id="sessionFactory" class="org.springframework.orm.hibernate4.LocalSessionFactoryBean">
    <!--指定hibernate配置文件的路径-->
```

```xml
        <property name="configLocation">
            <value>classpath:config/hibernate.cfg.xml</value>
        </property>
    </bean>
```

在上面的配置中,LocalSessionFactoryBean 会到指定的类路径中寻找 hibernate. cfg.xml 文件来作为 SessionFactory 的初始化配置文件。

6.3.2.4 配置用户登录、旅行社管理和线路管理的 Bean

在前面的讲解中已介绍了,IoC 容器的最重要的功能之一就是可以对 Bean 的实例进行管理,维护 Bean 之间的关系,同时也提到了依赖注入的 3 种方式,Spring 支持其中的构造方法注入和 Setter 方法注入。在本系统中使用 Setter 方法注入对象。下面是使用 Setter 注入的方式为 LoginAction 注入 sysUserService 对象的步骤:

(1) 在 Spring 的配置中需要对实例化的 Bean 对象进行配置。代码如下:

```xml
< bean id="loginAction" class="com.cdtskj.xt.login.action.LoginAction" scope="prototype">
    <!--向 loginAction 中的 sysUserService 对象注入一个实例,ref 指引用其他 Bean -->
    <property name="sysUserService" ref="sysUserService"></property>
</bean>
< bean id=" sysUserService" class =" com. cdtskj. xt. user. service. impl. SysUserServiceImpl">
    <!--向 sysUserService 中的 dao 对象注入一个实例,ref 指引用其他 Bean -->
    <property name="dao" ref="sysUserDao"></property>
</bean>
<!--parent 指定该 Bean 继承于某个 Bean -->
< bean id="sysUserDao" class="com.cdtskj.xt.user.dao.impl.SysUserDAOImpl" parent="baseDao"></bean>
```

在上面的代码中,声明了 3 个 Bean,分别对应表示层、业务层和持久化层,在没有加入 Spring 以前,每一层调用其他层的方式都是调用者使用 new 或者使用工厂类来实例化被调用者;而在加入了 Spring 之后,只要在 Spring 的配置中配置 Bean,并使用 <property>加入该 Bean 需要注入的对象即可。<property>中的 ref 属性是引用的意思,

Id 为 loginAction 的 Bean 就是 Spring 为 Struts 2 生产的 Action 对象,由于 Struts 2 的 Action 不是线程安全的类,所以每次都需要实例化一个新的 Action,scope = "prototype"的作用就是如此,关于该参数之后会有详细讲解。

(2) 为 LoginAction 的 sysUserService 属性添加 Setter 和 Getter 方法(Getter 方法虽然在依赖注入时没有作用,但基于 JavaBean 的规范,建议加上 Getter 方法)。

```java
public class LoginAction extends ActionSupport{
    private ISysUserService sysUserService;
    public ISysUserService getSysUserService() {
```

```java
        return sysUserService;
    }
    public void setSysUserService(ISysUserService sysUserService) {
        this.sysUserService=sysUserService;
    }
    ...
}


public class SysUserServiceImpl implements ISysUserService {
    private ISysUserDAO dao;
    public ISysUserDAO getDao() {
        return dao;
    }
    public void setDao(ISysUserDAO dao) {
        this.dao=dao;
    }
    ...
}
```

通过上面的配置，各层的耦合就解开了，但是至此还遗漏了一个 Bean 没有配置，那就是 baseDao。baseDao 是之前编写的通用泛型 DAO，它是持久层查询需要使用的类，在类中需要注入 sessionFactory，以便获取到 Session 执行 Hibernate 查询操作。配置如下：

```xml
<!--统一的通用持久化 DAO 方法 -->
<bean id="baseDao" class="com.cdtskj.xt.base.BaseDAOImpl">
    <property name="sessionFactory" ref="sessionFactory" />
</bean>
```

实现类中也需要设置 Setter 和 Getter 方法，如下：

```java
public class BaseDAOImpl<T> implements IBaseDAO<T>{
    private SessionFactory sessionFactory ;
    public SessionFactory getSessionFactory() {
        return sessionFactory;
    }
    public void setSessionFactory(SessionFactory sessionFactory) {
        this.sessionFactory=sessionFactory;
    }
    ...
}
```

旅行社管理和线路管理模块同样使用上面的方法配置，这里不再赘述，请大家自行修改。

6.3.3 相关知识与拓展

1. Spring 的配置

在刚开始加入 Spring 的时候,需要配置两个地方:

1) web.xml

在实际项目中 Spring 的配置文件 applicationcontext.xml 是通过 Spring 提供的加载机制自动加载到容器中去的。在 Web 项目中,配置文件需要加载到 Web 容器中进行解析。目前,spring 提供了两种加载器,供 Web 容器加载 Spring 的配置:一种是 ContextLoaderListener,另一种是 ContextLoaderServlet。这两种加载器在功能上完全相同,只是一种是基于 Servlet 2.3 版本中新引入的 Listener 接口实现,而另一种是基于 Servlet 接口实现。在前面的开发中使用的是第一种方式,下面是另一种加载器在 web.xml 中的时机配置:

```xml
<!--配置 Spring 加载器 -->
<servlet>
        <servlet-name>context</servlet-name>
        <servlet-class>org.springframework.web.context.ContextLoaderServlet
        </servlet-class>
        <load-on-startup>1</load-on-startup>
</servlet>
```

需要注意的是,这种基于 Servlet 的配置方式在 Spring 3.0 之后已经无法使用了,所以建议使用 ContextLoaderListener 的方式引入 Spring。

2) applicationContext.xml

applicationContext.xml 是 Spring 的主配置文件,可以在该配置文件中配置数据源、Bean、事务、缓存等。如下代码是团队预订系统最终的 Spring 配置:

```xml
<?xml version="1.0" encoding="UTF-8"?>
<beans xmlns="http://www.springframework.org/schema/beans"
    xmlns:xsi="http://www.w3.org/2001/XMLSchema-instance" xmlns:aop="http://
    www.springframework.org/schema/aop"
    xmlns:context="http://www.springframework.org/schema/context" xmlns:tx=
    "http://www.springframework.org/schema/tx"
    xsi:schemaLocation="http://www.springframework.org/schema/beans http://
    www.springframework.org/schema/beans/spring-beans-3.2.xsd
        http://www.springframework.org/schema/aop http://www.springframework.
        org/schema/aop/spring-aop-3.2.xsd
        http://www.springframework.org/schema/context http://www.springframework.
        org/schema/context/spring-context-3.2.xsd
        http://www.springframework.org/schema/tx http://www.springframework.org/
        schema/tx/spring-tx-3.2.xsd">
```

```xml
<context:component-scan base-package="com.cdtskj.*"/>
<!--配置数据源-->
<bean id="dataSource" class="org.apache.commons.dbcp.BasicDataSource"
    destroy-method="close">
    <property name="driverClassName" value="com.mysql.jdbc.Driver" />
    <property name="url" value="jdbc:mysql://localhost:3306/tdyd?characterEncoding=utf8" />
    <property name="username" value="root" />
    <property name="password" value="123456" />
</bean>

<bean id="sessionFactory"
    class="org.springframework.orm.hibernate4.LocalSessionFactoryBean">
    <property name="dataSource" ref="dataSource" />
    <property name="hibernateProperties">
        <props>
            <prop key="hibernate.dialect">org.hibernate.dialect.MySQLDialect
            </prop>
            <prop key="hibernate.show_sql">true</prop>
            <prop key="hibernate.hbm2ddl.auto">none</prop>
            <prop key="format_sql">true</prop>
            <prop key="default_schema">ssh</prop>
            <prop key="hibernate.cache.provider_class">
                org.hibernate.cache.EhCacheProvider</prop>
            <prop key="hibernate.cache.use_query_cache">false</prop>
            <prop key="hibernate.cache.region.factory_class">
                org.hibernate.cache.ehcache.EhCacheRegionFactory</prop>
            <prop key="hibernate.cache.provider_configuration_file_resource_path">/config/ehcache-hibernate.xml</prop>
            <prop key="hibernate.query.substitutions">true 1, false 0</prop>
            <prop key="hibernate.jdbc.batch_size">20</prop>
        </props>
    </property>
    <property name="mappingLocations">
        <list>
            <value>classpath:com/cdtskj/*/*/pojo/*.hbm.xml</value>
        </list>
    </property>
</bean>

<!--配置事务管理器-->
<bean id="transactionManager"
    class="org.springframework.orm.hibernate4.HibernateTransactionManager">
    <property name="sessionFactory" ref="sessionFactory" />
</bean>
```

```xml
<!--事务的传播特性 -->
<tx:advice id="txadvice" transaction-manager="transactionManager">
    <tx:attributes>
        <tx:method name="login" propagation="REQUIRED" />
        <tx:method name="apply*" propagation="REQUIRED" />
        <tx:method name="examine*" propagation="REQUIRED" />
        <tx:method name="add*" propagation="REQUIRED" />
        <tx:method name="modify*" propagation="REQUIRED" />
        <tx:method name="save*" propagation="REQUIRED" />
        <tx:method name="delete*" propagation="REQUIRED" />
        <tx:method name="update*" propagation="REQUIRED" />
        <tx:method name="before*" propagation="REQUIRED" />
        <!--hibernate4必须配置为开启事务,否则getCurrentSession()获取不到-->

        <tx:method name="*" propagation="REQUIRED" read-only="true" />
    </tx:attributes>
</tx:advice>

<!--哪些类哪些方法使用事务 -->
<aop:config>
    <!--只对业务逻辑层实施事务 -->
    <aop:pointcut id="ManagerMethod"
        expression="execution(* com.cdtskj.tdyd.*.service..*(..))
            or execution(* com.cdtskj.xt.*.service..*(...))" />
    <aop:advisor pointcut-ref="ManagerMethod" advice-ref="txadvice" />
</aop:config>

<!--统一的通用持久化DAO方法 -->
<bean id="baseDao" class="com.cdtskj.xt.base.BaseDAOImpl">
    <property name="sessionFactory" ref="sessionFactory"></property>
</bean>

<!--aop增强 -->
<bean id="myadviser" class="com.cdtskj.util.LogAdvice" >
    <property name="logService" ref="logService"></property>
</bean>

<aop:config>
<!--定义切面 -->
    <aop:aspect ref="myadviser" >
    <!--切点 -->
        <aop:pointcut expression=" execution ( * com.cdtskj.xt.user.
        service..*(..))
            or execution(* com.cdtskj.tdyd.*.service..*(..))
                or execution ( * com.cdtskj.xt.role.service..*(..))" id=
                "ServicePointCut"/>
```

```xml
<!--通知 -->
    <aop:before method="before" pointcut-ref="ServicePointCut" />
    <aop:after-throwing method="afterThrowing" throwing="ex" pointcut-ref="ServicePointCut" />
    </aop:aspect>
</aop:config>
<import resource="classpath:config/applicationContext-cx.xml"/>
</beans>
```

上面的配置中，有些配置还未作介绍，将会在后面的章节对这些配置进行详细的讲解。此时只需要了解该配置文件中的<bean>元素的简单配置即可。

在 Spring 的 Bean 配置中总的来说其实就只有一个标签<bean></bean>，这个标签包含了几乎所有的配置，Bean 的继承、抽象等都是基于此标签的，所以，掌握 Bean 的配置方法是非常重要的。最基础的 Bean 配置如下：

`<bean id="bean_test" class="cn.qtone.test.HelloWorld"></bean>`

<bean>标签的可用属性如表 6-1 所示。

表 6-1　<bean>标签的属性

属性名	默认值	属性的含义和作用
id	无	Bean 的唯一标识名。它必须是合法的 XML ID，在整个 XML 文档中唯一
name	无	用于为 id 创建一个或多个别名。它可以是任意的字母符合。多个别名之间用逗号或空格分开
class	无	用来定义类的全限定名（包名＋类名）。只有子类 Bean 不用定义该属性
abstract	false	用来定义 Bean 是否为抽象 Bean。它表示这个 Bean 将不会被实例化，一般用于父类 Bean，因为父类 Bean 主要是供子类 Bean 继承使用
parent	无	用来定义 Bean 的父类
singleton	true	定义 Bean 是否是 singleton（单例）。如果设为 true，则在 BeanFactory 作用范围内，只维护此 Bean 的一个实例。如果设为 false，Bean 将是 prototype（原型）状态，BeanFactory 将为每次 Bean 请求创建一个新的 Bean 实例
lazy-init	default	用来定义这个 Bean 是否实现懒初始化。如果为 true，它将在 BeanFactory 启动时初始化所有的 Singleton Bean。反之，如果为 false，它只在 Bean 请求时才开始创建 Singleton Bean
autowire	default	定义 Bean 的自动装载方式。 no：不使用自动装配功能。 byName：通过 Bean 的属性名实现自动装配。 byType：通过 Bean 的类型实现自动装配。 constructor：类似于 byType，但它用于构造函数的参数的自动组装。 autodetect：通过 Bean 类的反省机制（introspection）来决定使用 constructor 还是使用 byType
autowire-candidate	default	设置 Bean 是否可以被自动装配。如果为 false，容器在查找自动装配对象时，将不会考虑该 Bean，即它不会被考虑作为其他 Bean 自动装配的候选者，但是该 Bean 本身还是可以使用自动装配来注入其他 Bean 的

续表

属性名	默认值	属性的含义和作用
depends-on	无	这个 Bean 在初始化时依赖的对象,这个对象会在这个 Bean 初始化之前创建
init-method	无	用来定义 Bean 的初始化方法,它会在 Bean 组装之后调用。它必须是一个无参数的方法
destroy-method	无	用来定义 Bean 的销毁方法,它在 BeanFactory 关闭时调用。同样,它也必须是一个无参数的方法。它只能应用于 Singleton Bean
factory-method	无	定义创建该 Bean 对象的工厂方法。它用于下面的 factory-bean,表示这个 Bean 是通过工厂方法创建的。此时,class 属性失效
factory-bean	无	定义创建该 Bean 对象的工厂类。如果使用了 factory-bean,则 class 属性失效
primary	false	当自动装配出现多个 Bean 候选者时,如果设置为 true,该 Bean 将作为首选者装配,否则就会发生异常

2. 整合 Struts 2

Struts 2 和 Spring 的整合,关键点在于 Struts 2 中的 Action 如何纳入 Spring 容器的管理中成为一个 Bean。整合的内容如下所示。

在 struts.xml 文件中:

```xml
<package name="login-package" namespace="/login" extends="struts-default">
    <action name="login" class="loginAction">
        <result name="success" type="redirect">/main.jsp</result>
        <result name="login" type="redirect">/index.jsp</result>
    </action>
</package>
```

在 applicationContext.xml 文件中:

```xml
<bean id="loginAction" class="com.cdtskj.xt.login.action.LoginAction" scope="prototype"></bean>
```

struts.xml 文件中 Action 配置的 class 属性需要对应 Spring 配置文件中 Bean 的 id 名,当 Struts 2 将请求转发给指定的 Action 时,它就直接指定 Spring 容器中 Action 实例的 id,而无须 Struts 2 自己实例化。

需要注意的是,由 Spring 负责创建 Action 对象的时候一般要加上 scope 属性,比如: scope= "prototype",因为 Spring 默认生成的 Bean 是单例的,而 Struts 2 负责生成的 Action 是多例的,每个 Action 值栈中都对应一个请求存放不同的局部变量,所以这里需要加上 scope 属性。

3. 整合 Hibernate

在整合 Hibernate 时,除了前面使用的直接加载 hibernate.cfg.xml,还有另一种方法，那就是直接在 Spring 的配置文件中配置 Hibernate。LocalSessionFactoryBean 提供了这种配置方法，将所有的初始化参数都配置在 Spring 的配置文件中。配置代码如下：

```xml
<!--配置数据源-->
<bean id="dataSource" class="org.apache.commons.dbcp.BasicDataSource"
    destroy-method="close">
    <property name="driverClassName" value="com.mysql.jdbc.Driver" />
    <property name="url" value="jdbc:mysql://localhost:3306/tdyd?characterEncoding=utf8" />
    <property name="username" value="root" />
    <property name="password" value="123456" />
</bean>
<!--配置sessionFactory-->
<bean id="sessionFactory"
    class="org.springframework.orm.hibernate4.LocalSessionFactoryBean">
    <property name="dataSource" ref="dataSource" />
    <property name="hibernateProperties">
        <props>
            <prop key="hibernate.dialect">org.hibernate.dialect.MySQLDialect
            </prop>
            <prop key="hibernate.show_sql">true</prop>
            <prop key="hibernate.hbm2ddl.auto">none</prop>
            <prop key="format_sql">true</prop>
            <prop key="default_schema">ssh</prop>
            <prop key="hibernate.cache.provider_class">org.hibernate.cache.
            EhCacheProvider</prop>
            <prop key="hibernate.cache.use_query_cache">false</prop>
            <prop key="hibernate.cache.region.factory_class">
                org.hibernate.cache.ehcache.EhCacheRegionFactory
            </prop>
            <prop key="hibernate.cache.provider_configuration_file_resource_
            path">
                /config/ehcache-hibernate.xml
            </prop>
            <prop key="hibernate.query.substitutions">true 1, false 0</prop>
            <prop key="hibernate.jdbc.batch_size">20</prop>
        </props>
    </property>
        <property name="mappingLocations">
            <list>
                <value>classpath:com/cdtskj/*/*/pojo/*.hbm.xml</value>
            </list>
        </property>
</bean>
```

在上面的配置文件中，包含了所有 Hibernate 的配置信息，其中包括数据库连接的数据源、配置参数和映射文件的匹配路径。

除此之外，还需要在 web.xml 中开启 OpenSessionInViewFilter，它的主要功能是用来把一个 Hibernate Session 和一次完整的请求过程对应的线程相绑定。Open Session In View 在请求把 Session 绑定到当前线程期间一直保持 Hibernate Session 在 open 状态，使 Session 在请求的整个期间都可以使用，也就是所谓的"一次请求，一个事务"。具体配置如下面的代码所示：

```
<filter>
    <filter-name>OpenSessionInView</filter-name>
    <filter-class>org.springframework.orm.hibernate4.support.OpenSession
    InViewFilter</filter-class>
    <init-param>
        <param-name>singleSession</param-name>
        <param-value>true</param-value>
    </init-param>
</filter>
<filter-mapping>
    <filter-name>OpenSessionInView</filter-name>
    <url-pattern>/*</url-pattern>
</filter-mapping>
```

在两种配置方法中，需要配置的参数基本上是一样的，只不过配置的位置和设置方法存在着一定的差别，在实际开发中可依据个人的习惯使用其中任意一种。建议使用直接在 Spring 配置文件中配置的方式整合 Hibernate。

4. Bean 的命名

在上两节，Spring 的配置文件中有许多 Bean 的配置，可以看到，每一个 Bean 都配置有一个 id 属性，这个 id 属性就是该 Bean 在容器中的唯一标识。在配置 Bean 与 Bean 之间的依赖关系和获得这个 Bean 的实例时都会使用到这个 id 属性。

需要注意的是，Bean 的标识符必须要在整个 IoC 容器中保证唯一性，所以在同一个容器中不能有重复的 id 值。在为 Bean 命名时，最好使用标准的 Java 命名规范，比如 Java 类的属性名，使用驼峰命名法，且首字母小写，如 agencyAction、sysUserService 等。

在进行 Bean 的定义时，通过 id 属性最多可以为 Bean 指定一个名称，为了适应某些特殊的需求，还可以为 Bean 定义一系列的别名。别名的定义方式有如下两种：

（1）使用<bean>元素的 name 属性定义

使用 name 属性可一次定义多个别名，别名之间使用空格、逗号或者分号隔开即可。例如：

```
<bean id="beanName" name="beanName1,beanName2,beanName3" class="…">
</bean>
```

（2）使用<alias>元素为已存在的Bean定义别名。

使用<alias>元素一次只能定义一个别名，其name属性表示已存在的Bean的标识，alias属性为新定义的别名。例如：

```
<alias name="beanName" alias="beanName4" />
```

对于同一个Bean而言，所有的别名都有相同的作用。别名和id所定义的标识符一样，在同一个容器中不能重复。

5．依赖注入

前面介绍了什么是依赖注入，并且介绍了Spring支持的依赖注入方式有两种，一种是使用Setter方法注入，之前开发时已使用到此方法；另一种是使用构造函数注入。下面详细讲解如何使用构造函数注入。

我们知道，在类实例化的时候，它的构造方法将被调用，并且只能调用一次，所以构造函数常被用于类的初始化操作。在Spring配置文件的<bean>元素下有一个<constructor-arg>元素，通过该元素可以向Bean的构造函数传递参数。

下面是使用构造函数注入的方式为AgencyAction注入agencyService的步骤：

（1）在Spring的配置中需要实例化的Bean对象，通过<constructor-arg>元素为需要注入的属性赋值。代码如下：

```
<bean id="agencyAction" class="com.cdtskj.tdyd.agency.action.AgencyAction" scope="prototype">
    <!--引用Bean设置名为agencyService的属性 -->
    <constructor-arg name="agencyService" ref="agencyService"></constructor-arg>
</bean>
<bean id="agencyService" class="com.cdtskj.tdyd.agency.service.impl.AgencyServiceImpl">
    <constructor-arg name="agencyDao" ref="agencyDao"></constructor-arg>
</bean>
<bean id="agencyDao" class="com.cdtskj.tdyd.agency.dao.impl.AgencyDAOImpl" parent="baseDao">
</bean>
```

（2）为AgencyAction添加构造方法，方法传入agencyService参数。代码如下：

```
public class AgencyAction extends ActionSupport {
    private IAgencyService agencyService;
    public AgencyAction(IAgencyService agencyService) {
        this.agencyService=agencyService;
    }
    ...
}
```

在这里容器通过<constructor-arg>元素完成了对只有一个参数的构造方法传参，

如果构造方法是需要传递多个参数的，此时只需要增加相应的＜constructor-arg＞即可。下面是＜constructor-arg＞的几种用法：

① 根据索引赋值，索引都是以 0 开头的：

```
<bean id="sysUser" class="com.j2ee.xt.SysUser">
    <constructor-arg index="0" value="12" />
    <constructor-arg index="1" value="王浩" />
    <constructor-arg index="2" ref="role"/>
    <constructor-arg index="3" value="男" />
</bean>
```

② 根据所属类型传值。

这种方法基本上不适用，因为在同一个类中可以有多个相同基本类型的变量，很容易传递错误的数据，导致数据混乱，所以建议不要使用这种方法。

```
<constructor-arg type="java.lang.String" value="王浩"
<constructor-arg type="java.lang.Double" value="12" />
<constructor-arg type="www.csdn.spring01.constructor.Dept" ref="role"/>
<constructor-arg type="java.lang.String" value="男" />
```

③ 根据参数的名字传值。

推荐使用的方法，它是根据名字来传值的，所以只要参数名正确，该值就可以获取到。

```
<constructor-arg name="name" value="王浩" />
<constructor-arg name="id" value="12" />
<constructor-arg name="role" ref="role"/>
<constructor-arg name="sex" value="男" />
```

④ 直接传值。

直接给参数赋值，这种方法是根据参数顺序排列的，所以参数一旦调换位置，就会出现错误，这是一种比较原始的方法，不推荐使用。

```
<constructor-arg value="12" />
<constructor-arg value="王浩" />
<constructor-arg ref="role"/>
<constructor-arg value="男" />
```

> 关于 Spring 构造函数注入 Bean 的方法可查看配套电子资源实例代码，位置是 CODE\Spring\Spring_instance1\src\cn\itcast\spring\e_di\DITest.java。

6. 自动装配

所谓自动装配，就是不显式地指定一个 Bean 装配到其他 Bean 的 Property 中，而由 Spring 通过检查 BeanFactory 中的内容自动查找其依赖的 Bean，它是用来引入 Bean 的。那么如何使用自动装配呢？下面是使用自动装配来装配 sysUser 的两种方式。

（1）在 applicationContext.xml 的声明里配置一个属性：default-autowire="byName"（通过名字自动装配），如下代码所示：

```xml
<?xml version="1.0" encoding="UTF-8"?>
<beans xmlns="http://www.springframework.org/schema/beans"
    xmlns:xsi="http://www.w3.org/2001/XMLSchema-instance"
    xsi:schemaLocation="http://www.springframework.org/schema/beans
    http://www.springframework.org/schema/beans/spring-beans-2.0.xsd"
    default-autowire="byName"><!--设置按名称自动装配-->
<bean id="sysUser" class="com.j2ee.xt.SysUser"/>
    ……
<beans>
```

（2）直接在 Bean 的配置上设置自动装配，如下面的代码所示。

```xml
<bean id="sysUser" class="com.j2ee.xt.SysUser" autowire="byName"/>
```

如果使用第一种方式，所有在该配置文件中的 Bean 均是使用相同的自动装配方式。而如果使用第二种方式，每一个 Bean 都可以自由选择自动装配方式。Spring 支持如表 6-2 所示的 5 种自动装配模式。

表 6-2 Spring 支持的自动装配方式

属 性	解 释
no	默认情况下，不自动装配，通过 ref 属性手动设定
byName	根据属性名自动装配。此选项将检查容器并根据名字查找与属性完全一致的 Bean，并将其与属性自动装配
byType	如果容器中存在一个与指定属性类型相同的 Bean，那么将与该属性自动装配。如果存在多个该类型的 Bean，那么将会抛出异常，并指出不能使用 byType 方式进行自动装配。若没有找到相匹配的 Bean，则什么事都不发生，属性也不会被设置。如果不希望这样，那么可以通过设置 dependency-check="objects"让 Spring 抛出异常
constructor	根据构造函数参数的数据类型，进行 byType 模式的自动装配，如果在容器中没有找到与构造器参数类型一致的 Bean，那么将会抛出异常
autodetect	如果发现有默认的构造函数，使用 constructor 模式，否则使用 byType 模式，在 Spring 3 中已经没有该模式了，而是 default

在使用自动装配时需要注意以下几点：

（1）如果直接使用 property 和 constructor-arg 注入依赖的话，那么将总是覆盖自动装配。而且 Spring 目前也不支持简单类型的自动装配，这里所说的简单类型包括基本类型、String、Class 以及简单类型的数组。

（2）当使用 byName 自动装配时，存在错误装配 JavaBean 的可能。如果配置文件中定义了与需要自动装配的 JavaBean 的名称相同而类型不同的 JavaBean，那么它有可能会错误地注入不同类型的 JavaBean。

（3）使用 byType 也会出现无法自动装配的情况。例如，在配置文件中再次添加一个 JavaBean 类的实现对象，byType 自动装配类型会因为无法自动识别装配哪个

JavaBean 而抛出异常。

下面分析一下自动装配的优缺点。

自动装配具有以下优点：

（1）自动装配能显著减少配置的数量。

（2）自动装配可以使配置与 Java 代码同步更新。例如，如果需要给一个 Java 类增加一个依赖，那么该依赖将被自动实现而不需要修改配置。因此强烈推荐在开发过程中采用自动装配，而在系统趋于稳定的时候改为显式装配的方式。

自动装配具有以下缺点：

（1）尽管自动装配比显式装配更神奇，但 Spring 会尽量避免在装配不明确的时候进行猜测，因为装配不明确可能出现难以预料的结果，而且 Spring 所管理的对象之间的关联关系也不再能清晰地进行文档化。

（2）对于那些根据 Spring 配置文件生成文档的工具来说，自动装配将会使这些工具没法生成依赖信息。

在团队预订系统中并没有使用自动装配。虽然自动装配让开发变得更快速，但是同时却要花更大的力气维护，因为它增加了配置文件的复杂性，开发者甚至不知道哪一个 Bean 会被自动注入到另一个 Bean 中。

7. Bean 的作用域

在 Spring 中，Bean 就是由 Spring 容器初始化、装配和管理的对象，没有什么特别的地方，它与其他类没有什么区别。比如，一个班级的班主任就是 Spring 容器，他负责管理班级内部的一切事情，而学生就是 Spring 中的 Bean，他们是受班主任管理的，而学生的家长不在班主任的管理范围之内，所以家长这类 Bean 不是 Spring 管理的 Bean。

Spring 容器最重要的任务就是创建并管理这些 JavaBean 的生命周期。下面来了解 Bean 是如何在容器中的不同作用域下工作的。

在前面设置 Bean 的时候有如下一段代码：

```
<bean id="loginAction" class="com.cdtskj.xt.login.action.LoginAction" scope=
"prototype">
    <!--向 loginAction 中的 sysUserService 对象注入一个实例,ref 指引用其他 Bean -->
    <property name="sysUserService" ref="sysUserService"></property>
</bean>
```

在上面的代码中，Bean 的配置上有一个 scope 属性，该属性就是用于配置该 Bean 的作用域的。在 Spring 2.0 之前，Bean 只有两种作用域，即 singleton（单例）和 non-singleton（也称 prototype）。在 Spring 2.0 以后，又增加了 session、request、global session 三种专用于 Web 应用程序上下文的 Bean。

1) singleton 和 prototype 作用域

当一个 Bean 的作用域设置为 singleton，那么 Spring IoC 容器中只会存在一个共享的 Bean 实例，并且所有对 Bean 的请求，只要 id 与该 Bean 定义相匹配，则只会返回 Bean 的同一实例。也就是说当一个 Bean 被标识为 singleton 时候，Spring 的 IoC 容器中只会存在一个该 Bean,所有针对该 Bean 的请求和引用都将返回这个唯一的对象实例。

下面是设置 Bean 为 singleton 的两种方式：

(1) 在 bean 的配置上添加 scope="singleton"属性：

```
< bean id =" agencyService" class =" com. cdtskj. tdyd. agency. service. impl.
AgencyServiceImpl"
scope="singleton"></bean>
```

(2) 什么都不写：

```
< bean id =" agencyService" class =" com. cdtskj. tdyd. agency. service. impl.
AgencyServiceImpl" ></bean>
```

当 Bean 使用 prototype 作为作用域时,所有对该 Bean 的请求都会创建一个新的实例,但是在 prototype 作用域中,当 Bean 被容器创建完成并将实例对象返回给请求方之后,容器就将它的生命周期的管理工作交给请求方负责,随后就对该 prototype 实例不闻不问了。所以对有会话状态的 Bean 应该使用 prototype 作用域,无状态的 Bean 应该使用 singleton 作用域。在实际应用中,使用 prototype 作为作用域的 Bean 多数为 Struts 2 的 Action,因为每一次请求之中都是有会话状态的,不同请求方的会话状态是不应该相同的。

设置 prototype 只需要在 Bean 的配置上加上属性 scope="prototype"即可。

2) Web 应用程序上下文的 Bean

request、session、global session 在使用前,首先应该在 web. xml 中增加下述 ContextListener:

```
<web-app>
    <listener>
        <listener-class>
            org.springframework.web.context.request.RequestContextListener
        </listener-class>
    </listener>
</web-app>
```

(1) request：表示该 Bean 针对每一次 HTTP 请求都会产生一个新的 Bean,同时该 Bean 仅在当前 HTTP request 内有效。

(2) session：表示仅在当前会话中有效。

(3) global session：类似于标准的 HTTP Session 作用域,不过它仅仅在基于 Portlet 的 Web 应用中才有意义。Portlet 规范定义了全局 Session 的概念,它被所有构成某个 Portlet Web 应用的各种不同的 Portlet 所共享。在 global session 作用域中定义的 Bean 被限定于全局 Portlet Session 的生命周期范围内。如果在 Web 中使用 global session 作用域来标识 Bean,那么 Web 会自动当成 Session 类型来使用。

> 关于 Spring Bean 的作用域可查看配套电子资源实例代码,位置是 CODE\Spring \Spring_instance1\src\cn\itcast\spring\c_scope\ScopeTest. java。

6.4 小 结

(1) Spring 是一个开源的 IoC 和 AOP 框架,通过使用 Spring 能够简化开发。
(2) Spring 共有七大模块。
(3) Spring 的核心是 IoC,IoC 的核心是容器,容器的核心是 Java 的反射机制。
(4) IoC 被称作控制反转,它还有个名称是依赖注入。
(5) Bean 的装配有两种方式:Setter 注入和构造函数注入。
(6) 除了手动装配外还可以使用自动装配。
(7) 在 Spring 2.0 之前有两种作用域,在 Spring 2.0 之后有 5 种作用域。

6.5 课 外 实 训

1. 实训目的

(1) 加深对 Spring 的理解。
(2) 掌握如何在项目中加入 Spring。
(3) 掌握 Spring 与 Struts 2 和 Hibernate 的整合方法。
(4) 掌握 Bean 的基本配置。

2. 实训描述

本章主要学习了 Spring 与 Hibernate 和 Struts 2 的整合。本次实训中,将在英语学习平台中加入 Spring,并完成试卷维护模块的开发。

试卷维护模块主要管理系统中现有的试卷,可添加试卷或调整每一张试卷的属性,比如可设置试卷的总分、试卷包含的题型、每种题型的试题个数和分值以及考试时间等属性。

任务一:
请在 EnglishLearn 中加入 Spring。

任务二:

图 6-6 试卷管理模块

请完成试卷管理模块的开发。模块如图 6-6 所示。
试卷维护主页面如图 6-7 所示。
单击"添加"按钮,打开的页面如图 6-8 所示。
选中一条数据,单击"修改",打开的页面如图 6-9 所示。

3. 实训要求

(1) 整合 Struts 2 和 Hibernate 时请注意正确的配置方式。
(2) 请使用 Setter 方法完成对象注入。
(3) 配置 Action 的 Bean 时需要确保每一个请求均生成一个新的 Action 对象。

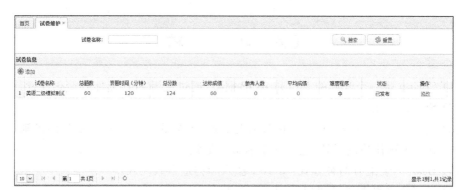

图 6-7 试卷维护页面

图 6-8 添加试卷页面

图 6-9 修改试卷页面

第 7 章

日志管理

在之前的章节中我们已经初步了解到利用 Spring 可以遵循完美的面向对象设计,编写出松耦合的代码,但是有时候核心业务与辅助性业务交织在一起,使代码变得杂乱且难以维护,比如日志记录和事务处理等。本章应用 Spring AOP 的思想和原理将主动变为被动,让这些业务模块被动地实现它们的功能。

开发目标:
- 开发操作日志模块。
- 使用 AOP 记录操作日志。

学习目标:
- 了解什么是面向切面编程(AOP)。
- 了解 AOP 的原理。
- 掌握如何实现 AOP。

7.1 任务简介

日志记录是应用程序运行中必不可少的一部分。具有良好格式和完备信息的日志记录可以在程序出现问题时帮助开发人员迅速地定位错误的根源。这样的处理和分析的能力对于实际系统的维护尤其重要。当运行系统中包含的组件过多时,日志对于错误的诊断就显得格外重要。从功能上来说,日志的功能非常简单,只需要能够记录一段文本即可。

本章的主要任务是开发日志管理模块,并使用 AOP 技术将日志记录业务切入到需要记录日志的地方。下面是完成之后的功能演示:

(1) 单击"日志管理",查询出所有系统记录的日志,如图 7-1 所示。
(2) 选择一条数据,单击"删除"按钮,即可删除对应的记录,如图 7-2 所示。
(3) 在搜索栏输入查询条件,单击"查询"按钮,即可查询出相应的记录,如图 7-3 所示。

图 7-1 日志管理主页

图 7-2 删除日志

图 7-3 查询日志

7.2 技术要点

7.2.1 AOP 概述

Spring AOP 是 Spring 继 IoC 之后的又一大特性,也是 Spring 框架的核心内容。AOP 是一种编程思想,即面向切面编程(Aspect Oriented Programming)。AOP 思想的提出使开发者可以从另一个角度来思考和解决问题,一定程度上弥补了面向对象编程的不足。所有符合 AOP 思想的技术都可以看做是 AOP 的实现。

通常情况下的编程都是自上而下的顺序式编程,是按照一定的流程顺序来实现业务功能的,如下面的代码所示:

```
public void doThing(){
    //处理日志
    Log.info("...");
    //业务处理
    Agency agency=new Agency();
    agency.setName("游一游旅行社");
    ...
    //处理日志
    Log.info("...");
    //处理事务
    trans=session.beginTransaction();
    session.save(agency);
    trans.commit();
    //处理日志
    Log.info("...");
    ...
}
```

在这样的代码中,核心业务和辅助性业务交织在一起,代码十分混乱且难以维护。当然也可以将这些辅助性功能抽象为一个独立的模块,其他需要这些辅助性功能的业务直接调用它的一个方法就可以了,但这个方法的调用同样会分布在许多地方。业务的复杂性显而易见,如图 7-4 所示。

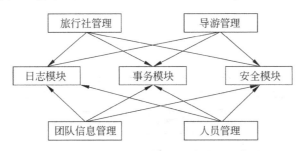

图 7-4 核心业务和辅助性业务交织示意图

其实我们一直把焦点放在业务模块主动去调用这些辅助性功能上,换个思维方式,利用 IoC 的思想,将主动变为被动,让这些业务被动地去实现这些辅助性功能,这样就只需要将所有的辅助性功能集中起来,然后告诉它们哪个业务需要使用它们即可。而 AOP 的核心思想正是将应用程序中的商业逻辑和对其提供支持的通用服务分离开来。

简单地说,AOP 的作用就是在顺序执行的程序中插入某些特殊的逻辑来实现功能,例如日志管理、事务管理和安全管理等功能,可以将它们当做是横切面切入到业务中,如图 7-5 所示。而这些业务组件并不知道它被哪些横切面所覆盖,但事实上这些横切面所代表的功能已经在为它们提供服务了,这样就实现了系统服务和功能模块的分离,完成了点对点的思维转向点到面的思维,也就是面向切面。

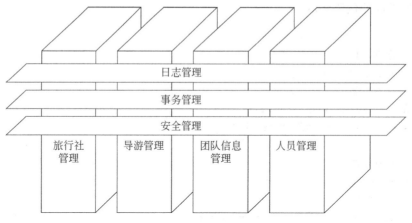

图 7-5　辅助性业务切入核心业务

7.2.2　AOP 术语与概念

在学习 Spring AOP 之前,首先学习一下它的一些术语,它们是构成 Spring AOP 的基本组成部分。

1. 切面(aspect)

切面是对象操作过程中的截面,如图 7-6 所示。由于这些截面切入了程序流程,所以在 Spring 中形象地称之为切面。实际上,切面是一段程序代码,这段代码将被植入到程序流程中。

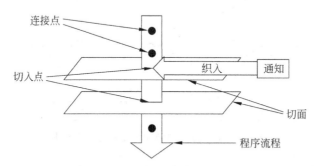

图 7-6　AOP 的基本组成部分

2. 连接点(join point)

连接点是应用程序执行过程中插入切面的地点,这个地点可以是方法调用,在 Spring 中,连接点就是指方法,因为在 Spring 中只支持方法类型的连接点。

3. 切入点（point cut）

切入点定义了通知应该应用在哪些连接点。通知可以应用到 AOP 框架支持的任何连接点，可以通过指定类名和方法名，或者匹配类名和方法名的正则表达式来指定切入点。

4. 通知（advice）

通知是指某个切入点被横切后执行的代码。也就是说它应该和某个切入点表达式相连，并在满足该切入点的连接点上运行。通知具有多种类型，其中包括 around、before 和 after 等类型。

5. 目标对象（target）

目标对象就是被通知的对象。由于 Spring AOP 是在运行时实现代理的，因此这个对象永远是一个被代理对象。AOP 会注意目标对象的变动，随时准备向目标注入切面。

6. 代理对象（proxy）

代理对象就是 AOP 框架所创建的对象，用来实现切面契约（aspect contract），包括通知方法执行等功能。它是将通知应用到目标对象后创建的对象。对于用户来说，目标对象和代理对象是一样的。

7. 织入（weaving）

织入是将切面应用到目标对象从而创建一个新的代理对象的过程。

8. 引入（introduction）

引入允许在运行时期动态地向已编译完成的类添加新方法和属性。

7.3 开发：系统操作日志

7.3.1 任务分析

在本章中，需要完成日志管理模块。该模块的主要功能包括日志信息的增加、删除和查询。其中前台仅有删除和查询日志信息的功能，而日志信息的增加完全由后台自动处理。用户在成功登录系统之后即可在 main.jsp 中单击本模块进入日志管理页面。模块的功能结构如图 7-7 所示。

本模块的后台层次结构如图 7-8 所示。

本模块的业务方法只涉及增加、删除和查询，并无修改功能。同时由于日志的增加是由系统自动完成的，所以 Action 中无须加入日志信息的增加方法，只需在业务逻辑层保留增加方法即可，后续将采用 Spring AOP 的方式进行日志的自动记录。在本模块地的开发中，需要经历如下步骤：

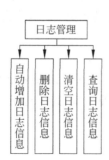
图 7-7 日志管理模块功能结构

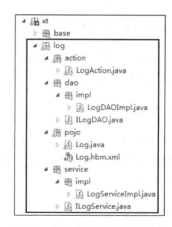
图 7-8 日志管理模块代码结构

（1）编写日志管理的业务层和持久层。
（2）编写通知。
（3）配置 AOP。
（4）编写日志管理的表现层和前台页面。

7.3.2 开发步骤

7.2 节介绍了 AOP 的原理和概念。AOP 框架的关键就是无论在什么情况下都能够创建连接点，定义切面在某些连接点织入。下面进入本章的开发环节，使用 AOP 功能完成系统操作日志的开发。

7.3.2.1 编写日志管理的业务层和持久层

1. 编写日志管理 DAO

持久层和之前章节的做法相同，直接继承 BaseDao 即可。接口代码如下：

```
public interface ILogDAO extends IBaseDAO<Log>{}
```

实现类代码如下：

```
public class LogDAOImpl extends BaseDAOImpl<Log> implements ILogDAO {}
```

2. 编写日志管理 Service

由于日志的内容是系统既定的，并不能由用户做修改，所以日志管理的业务方法只有增加、删除、清空和查询。接口代码如下：

```
public interface ILogService {
    /**
     * 查询集合(带分页)
```

```
     * @param hql
     * @param param
     * @param page 查询第几页
     * @param rows 每页显示几条记录
     * @return
     * @throws Exception
     */
    public Pagination queryPaginationlog(Log log, Integer page, Integer rows)
    throws Exception;
    /**
     * 增加日志
     * @param role
     */
    public void addLog(Log log);
    /**
     * 删除日志
     * @param log
     */
    public void deleteLog(Log log);
    /**
     * 清空日志
     */
    public void deleteAllLog();
}
```

实现类代码如下：

```
public class LogServiceImpl implements ILogService {
    private ILogDAO logDao;
    public ILogDAO getLogDao() {
        return logDao;
    }
    public void setLogDao(ILogDAO logDao) {
        this.logDao=logDao;
    }
    @Override
    public Pagination queryPaginationlog(Log log, Integer page, Integer rows)
    throws Exception {
        String hql="from Log where 1=1 ";
        //设置查询条件
        if(!"".equals(log.getDescribes())&&null!=log.getDescribes()){
            hql+=" and describes   like '%"+log.getDescribes()+"%'";
        }
        if(!"".equals(log.getOperatorname())&&null!=log.getOperatorname()){
            hql+=" and operatorname   like '%"+log.getOperatorname()+"%'";
```

```
            }
            Pagination pagination = this.logDao.find(hql, new Object[]{}, page,
            rows);
            return pagination;
        }
        @Override
        public void addLog(Log log) {
            this.logDao.save(log);
        }
        @Override
        public void deleteLog(Log log) {
            this.logDao.delete(log);
        }
        @Override
        public void deleteAllLog() {
            //执行删除的 HQL 语句
            this.dao.executeHql("delete Log ");
        }
    }
```

需要注意的是,层与层之间的调用需要使用第 6 章所讲的依赖注入,降低各层之间的耦合,在这里使用的是 Setter 注入,在大多数实际应用中,开发者都会使用这种方式进行依赖注入。

3. 在 Spring 中配置日志管理的 Bean

```
<!--系统日志-->
    <bean id="logDao" class="com.cdtskj.xt.log.dao.impl.LogDAOImpl" parent=
    "baseDao" />
    <bean id="logService" class="com.cdtskj.xt.log.service.impl.LogServiceImpl">
        <property name="logDao" ref="logDao" />
    </bean>
<!--action 需要设置 scope="prototype" -->
    <bean id="logAction" class="com.cdtskj.xt.log.action.LoginAction" scope=
    "prototype">
        <property name="logService" ref="logService" />
    </bean>
```

在配置的时候请注意,Struts 2 的 Action 的 Bean 需要设置作用域为 prototype,这是与 Struts 2 的机制有关的。需要记住的是,有状态的 Bean 需要设置作用域为 prototype,没有状态的 Bean 可以直接设置为 singleton 或者不做设置(默认设置就是 singleton)。

7.3.2.2 编写通知

所谓通知就是包含了切面逻辑的 JavaBean。因此当创建一个通知对象时,其实是在编写实现辅助性功能的代码,而且 Spring 的连接点模型是建立在方法拦截上的,这意味着编写的 Spring 通知可以在方法调用周围的各个地方织入,因此就产生了多种通知类型,比如前置通知、后置通知、环绕通知、异常通知和返回后通知。

在项目中使用了 AspectJ,它是 Spring 2.0 之后增加的新特性,Spring 使用了 AspectJ 提供的一个库来做切入点解析和匹配的工作,但 AOP 在运行时仍旧是纯粹的 Spring AOP,并不依赖于 AspectJ 的编译器或织入器。使用 AspectJ 需要在应用程序中引入 AspectJ 库,即 aspectjweaver.jar 和 aspectjrt.jar,在开始搭建环境时,我们已经加入了这两个 jar 包。项目的日志模块使用到了前置通知和异常通知,如下面的代码所示。

```java
public class LogAdvice {
    private static final Logger LOG=Logger.getLogger(LogAdvice.class);
    private ILogService logService;
    public ILogService getLogService() {
        return logService;
    }
    public void setLogService(ILogService logService) {
        this.logService=logService;
    }
    /**
     * 前置通知
     * @param parm
     */
    public void before(JoinPoint joinPoint) {
        String arg="";
        //取出所有接收到的参数
        Object[] args=joinPoint.getArgs();
        if (args.length >0) {
            for (int i=0; i <args.length; i++) {              //遍历参数名和参数值
                arg=arg+"参数"+(i+1)+":"+args[i]+"\n";
            }
        } else {
            arg=arg+"无参数";
        }
        HttpServletRequest request=ServletActionContext.getRequest();
        //从 session 中取出登录的 uer 对象
        SysUser user= (SysUser)request.getSession().getAttribute("user");
        String methodName=joinPoint.getSignature().getName();
        //如果方法前缀符合规则,则记录日志
        if(Pattern.matches("(add|update|delete|login|apply|examine)[\\S]*",
        methodName)){
            if(null!=user){                                   //如果用户已登录,则记录操作内容
                logService.addLog(new Log(joinPoint.getTarget().getClass()+"."
                    + joinPoint.getSignature().getName(),new Date(),user.
                    getLoginname()));
```

```java
            }else{                        //如果用户没有登录,则记录用户是在登录系统
                logService.addLog(new Log("登录系统",new Date(),request.
                    getParameter("user.loginname")));
            }
        }
        //log4j 记录日志
        LOG.info("前置通知-方法执行:"+joinPoint.getTarget().getClass()+"."
            +joinPoint.getSignature().getName()+"() \n"+arg);
    }
    /**
     * 环绕通知
     * 未使用的方法
     * @throws Throwable
     */
    public Object  arround(ProceedingJoinPoint joinPoint) throws Throwable {
        //获取调用方法的名称
        String methodName=joinPoint.getSignature().getName();
        //获取进入的类名
        String className=joinPoint.getSignature().getDeclaringTypeName();
        className=className.substring(className.lastIndexOf(".")+1).trim();
        if(className.equals("LogServiceImpl")){
                            //如果进入的是日志模块的请求,则不用写日志
            return joinPoint.proceed();
        }
        logService.addLog(new Log("", new Date(), "admin"));
        return null;
    }
    /**
     *异常通知
     *
     * @param ex
     */
    public void afterThrowing(Throwable ex) {
        LOG.info("发生异常,原因: "+ex.getMessage());
        ex.printStackTrace();
    }
}
```

7.3.2.3 配置 AOP

接下来就是实现将 7.3.2.2 节编写的通知配置到切面中,然后将其应用到目标对象,配置代码如下所示。

配置 LogAdvice 的 Bean 代码如下:

```xml
<bean id="myadviser" class="com.cdtskj.util.LogAdvice" >
    <property name="logService" ref="logService"></property>
</bean>
```

配置 AOP 切面代码如下：

```xml
<aop:config>
    <!--定义切面 -->
    <aop:aspect id="myaspect " ref="myadviser" >
    <!--切入点 -->
        <aop:pointcut expression=" (execution ( * com.cdtskj. * . * .service... *
        (...)) ||
            execution( * com.cdtskj.tdyd. * .service... * (...))) and
            !execution( *  com. cdtskj. xt. log. service... * (...))" id=" Service
            PointCut"/>
    <!--通知 -->
        <aop:before method="before" pointcut-ref="ServicePointCut" />
        <aop:after-throwing method="afterThrowing" throwing="ex" pointcut-ref
        ="ServicePointCut" />
    </aop:aspect>
</aop:config>
```

在 Spring 的配置文件中，所有的切面和通知都必须定义在＜aop:config＞元素内部。在一个配置文件中可以包含多个＜aop:config＞元素，在该元素内部包含切面、切入点和通知的定义。

Spring AOP 通常都是和 Spring IoC 一起使用的，因此 Spring AOP 在实现上更侧重于实现和 Spring IoC 容器的整合，这也就是 Spring AOP 和其他 AOP 实现的一个显著的区别。

7.3.2.4　编写日志管理的表现层和前台页面

在 AOP 配置完成之后，接下来的任务就是将数据库中的日志表信息展示出来。之前已经讲到，表现层是由 Struts 2 来处理的，所以需要编写日志模块的 Action，需要实现的方法只有分页查询日志记录 queryPagination()和删除日志记录 deleteLog()。代码如下：

```java
public class LogAction extends ActionSupport {
    private ILogService logService;
    private Integer page;
    private Integer rp;
    private Log log;
    /*get、set


    /**
     * 分页查询日志
```

```
 * @throws Exception
 */
public void queryPagination() throws Exception{
    HttpServletRequest request=ServletActionContext.getRequest();
    //查询日志数据
    Log templog=new Log();
    //获取请求中的参数,设置查询条件
    String operatorname=request.getParameter("operatorname")==null?"":
        URLDecoder.decode(request.getParameter("operatorname"),"utf-8");
    String describes=request.getParameter("describes")==null?"":
        URLDecoder.decode(request.getParameter("describes"),"utf-8");
    templog.setOperatorname(operatorname);
    templog.setDescribes(describes);
    //通过条件执行查询
    Pagination pagination = this.logService.queryPaginationlog(templog,
      page, rp);
    JSONObject json=new JSONObject();
    json=JSONObject.fromObject(pagination);
    ResponseWriteOut.write(ServletActionContext.getResponse(), json.
      toString());
}
/**
 * 删除日志
 * @throws Exception
 */
public void deleteLog() throws Exception{
    JSONObject result=new JSONObject();
    boolean flag=true;
    try {
            this.logService.deleteLog(log);
    } catch (Exception e) {
            e.printStackTrace();
            flag=false;
    }
    result.accumulate("result", flag);
    ResponseWriteOut.write(ServletActionContext.getResponse(), result.
      toString());
}
```

前台页面代码如下:

```
<%@page contentType="text/html; charset=utf-8"%>
<%@taglib prefix="c" uri="http://java.sun.com/jsp/jstl/core" %>
<%
String path=request.getContextPath();
```

```jsp
String basePath = request.getScheme()+"://"+request.getServerName()+":"+
request.getServerPort()+path+"/";
%>

<!DOCTYPE html>
<html>
<head>
<title>日志管理</title>
<!--<meta http-equiv="pragma" content="no-cache"/>
<meta http-equiv="cache-control" content="no-cache"/>
<meta http-equiv="expires" content="0"/>-->
<meta http-equiv="Content-Type" content="text/html; charset=utf-8" />
<script type="text/javascript" src="<%=basePath %>common/js/menu_control.js">
</script>
<script type="text/javascript" src="<%=basePath %>common/js/library/tsui.js">
</script>
<script type="text/javascript" src="<%=basePath %>common/get_dic_name.js">
</script>
<script type="text/javascript">
    TSUI.Common.loadComponent(TSUI.Common.jQuery.flexigrid);
    TSUI.Common.loadComponent(TSUI.Common.jQuery.easyui);
    TSUI.Common.loadComponent(TSUI.Common.jQuery.validate);
    TSUI.Common.loadComponent(TSUI.Common.jQuery.form);
    TSUI.Common.loadComponent(TSUI.Common.jQuery.json);
    TSUI.Common.loadComponent(TSUI.Common.WebUI);
</script>
<script type="text/javascript">
var BASE_URL='<%=basePath%>';
var roles="";
$(document).ready(function(){
    loadfleigrid();
});
function query(){
    //将参数编码,主要是为了处理中文在使用 GET 传输 URL 请求时乱码的问题
    var operatorname=encodeURIComponent(encodeURIComponent($("#queryoperatorname").
    val()));
    var describes=encodeURIComponent(encodeURIComponent($("#querydescribe").
    val()));
    var url=BASE_URL+"log/queryPagination.action?operatorname="+
        operatorname+"&describes="+describes;
    $('#flex1').flexOptions({url: url}).flexReload();      //刷新 Flexigrid
    $(".easyui-layout").layout('collapse','east');
}
function collapseEast(){
```

```javascript
        $(".easyui-layout").layout('collapse','east');
    }
    function loadfleigrid(){                                    //渲染 Flexigrid
        var queryStr='<label>';
        queryStr +='操作人:<input name="cxsupply_name" id="queryoperatorname
                " class="tsui" type="text" style="width:80px" />';
        queryStr +='描述:<input name="cxsupply_code" id="querydescribe" type=
                "text" class="tsui" style="width:80px"/>';
        queryStr+='</label>';
        queryStr +='<label class="shuru"><input name="" type="button" onclick=
                "query()" value="查询" /></label>';
        $("#flex1").flexigrid({                                 //加载 Flexigrid 表格
            url: BASE_URL+'log/queryPagination.action',
            dataType: 'json',
            type:"post",
            onError:error,
            menu_control:false,
            colModel: [                                         //显示的列
                {display: 'ID', name: 'id',hide: true, toggle:false},
                {display: '操作人', name: 'operatorname',hide: false,width: 100,
                 toggle:true, align: 'left'},
                {display: '时间', name: 'date',hide: false,width: 200, toggle:true,
                 align: 'left',onProcess:formatterDate},
                {display: '备注', name: 'remark', width: 200, sortable: true, align:
                 'left'},
                {display: '描述', name: 'describes', width: 1750, sortable: true,
                 align: 'left'}
            ],
            buttons: [
                {separator: true},
                {displayname:'删除',name: 'Delete', bclass: 'delete', onPress:
                 operation},
                {separator: true},
                {displayname:'清空日志',name: 'Clear', bclass: 'delete', onPress:
                 operation},
                {separator: true}
            ],
            usepager: true,
            title: queryStr,
            useRp: true,
            rp: 15,
            keyname:'idDang',
            showcheckbox: false,
            pagestat:'从{from}到{to}条,共{total}条',
```

```
            procmsg:'数据正在加载,请等待...',
            showTableToggleBtn: true,
            width: 'auto',
            height: $(window).height() -1
        });
    }
    function operation(com,grid){
        var obj=$('.trSelected',grid);
        if(com=='Delete'){                              //如果选择的是删除
            if(obj.length==0){
                top.msgShow('系统提示','请至少选择一条记录!','warn');
                return false;
            }else{
                $.messager.confirm('系统提示','您确定要删除此条记录吗?删除后不可
                恢复!',function(flag){
                    if(flag){
                        $.ajax({
                            type: 'post',
                            url: BASE_URL+'log/deleteLog.action',
                             data: {'log.id':$('.trSelected td:nth-child(1)',
                             grid).text()},
                            dataType: 'json',
                            success: function(data) {
                                if(data.result==true){
                                    $("#flex1").flexReload();
                                    top.msgShow('系统提示','删除成功!','info');
                                }else{
                                    top.msgShow('系统提示','删除失败!','error');
                                }
                            }
                        });
                    }
                });
                
            }
        }else if(com=='Clear'){                         //如果选择的是清空
            $.messager.confirm('系统提示','确定要清空所有的系统日志?\t删除后不可恢复!请
                谨慎操作!',function(flag){
                if(flag){
                    $.ajax({
                        type: 'post',
                        url: BASE_URL+'log/deleteAllLog.action',
                        dataType: 'json',
                        success: function(data) {
```

```
                    if(data.result==true){
                        $("#flex1").flexReload();
                        top.msgShow('系统提示','清空日志成功!','info');
                    }else{
                        top.msgShow('系统提示','清空日志失败!','error');
                    }
                }
            });
        }
    });
}
</script>
</head>
<body style="overflow:hidden;margin:0 0 0 0" class="easyui-layout">
<div data-options="region:'center',border:false,split:true" style="overflow:hidden;">
<table id="flex1" style="display:none;"></table>
</div>
</body>
</html>
```

为了帮助大家理清该页面的编写思路,下面详细解析该页面的编写步骤。

(1) 新建 log.jsp。

```
<%@page contentType="text/html; charset=utf-8"%>
<%
String path=request.getContextPath();
String basePath = request.getScheme()+"://"+request.getServerName()+":"+request.getServerPort()+path+"/";
%>
<!DOCTYPE html>
<html>
<head>
<title>日志管理</title>
<meta http-equiv="Content-Type" content="text/html; charset=utf-8" />
</head>
<body>
</body>
</html>
```

(2) 为 body 设置布局,并在布局中部添加 table 标签作为 Flexigrid 的载体元素。

```
<body style="overflow:hidden;margin:0 0 0 0" class="easyui-layout">
    <div data-options="region:'center',border:false,split:true" style="overflow:hidden;">
```

```
        <table id="flex1" style="display:none;"></table>
    </div>
</body>
```

(3) 引入需要使用到的 JavaScript 库和 CSS。

```
<script type="text/javascript" src="<%=basePath %>common/js/menu_control.js">
</script>
<script type="text/javascript" src="<%=basePath %>common/js/library/tsui.js">
</script>
<script type="text/javascript" src="<%=basePath %>common/get_dic_name.js">
</script>
<script type="text/javascript">
    TSUI.Common.loadComponent(TSUI.Common.jQuery.flexigrid);
                                                        //加载 Flexigrid 相关组件
    TSUI.Common.loadComponent(TSUI.Common.jQuery.easyui);   //加载 EasyUI 相关组件
    TSUI.Common.loadComponent(TSUI.Common.jQuery.validate); //加载验证的相关组件
    TSUI.Common.loadComponent(TSUI.Common.jQuery.form);     //加载表单的相关组件
    TSUI.Common.loadComponent(TSUI.Common.jQuery.json);     //加载 Json 的相关组件
    TSUI.Common.loadComponent(TSUI.Common.WebUI);           //加载前端样式的相关组件
</script>
```

(4) 编写 JavaScript，包含 Flexigrid 组件的渲染方法以及 Flexigrid 上的操作按钮需要执行的 JavaScript 方法和条件查询的方法。

```
<script type="text/javascript">
function loadfleigrid(){//渲染 Flexigrid}
function query(){//查询方法}
function operation(com,grid){//button 单击执行的方法}
function error(data){//加载出错的方法}
function formatterDate(value){//格式化日期的方法}
</script>
```

(5) 在页面加载完成时渲染 Flexigrid。

```
$(document).ready(function () {
    loadfleigrid();
});
```

7.3.2.5 测试

打开登录页面，输入用户名和密码，登录系统，打开日志管理，查看数据，由于在之前的代码中，对用户登录做了日志记录，用户成功登录时，系统向数据库的日志表插入了一条日志记录，注意查看在登录成功后对应的数据是否已成功插入并展示，如图 7-9 所示。

图 7-9 新插入的记录

7.3.3 相关知识与拓展

1．通知

通过前面的开发可以看出，通知其实就是包含了切面逻辑的 JavaBean。它的作用是定义 AOP 需要操作的具体内容，从本模块开发的角度看，也就是在编写日志信息如何记录的代码。在该模块的开发中仅使用到了前置通知和异常通知。Spring AOP 通知的 5 种类型如表 7-1 所示。

表 7-1　Spring 通知的 5 种类型

通知类型	说　　明
前置通知 （before advice）	在某连接点之前执行的通知，但这个通知不能阻止连接点前的执行。ApplicationContext 中在＜aop:aspect＞里面使用＜aop:before＞元素进行声明。例如，TestAspect 中的 doBefore 方法
后置通知 （after advice）	当某连接点退出的时候执行的通知（不论是正常返回还是异常退出）。ApplicationContext 中在＜aop:aspect＞里面使用＜aop:after＞元素进行声明。例如，TestAspect 中的 doAfter 方法，所以 AOPTest 中调用 BServiceImpl.barB 抛出异常时，doAfter 方法仍然执行
返回后通知 （after return advice）	在某连接点正常完成后执行的通知，不包括抛出异常的情况。ApplicationContext 中在＜aop:aspect＞里面使用＜after-returning＞元素进行声明
环绕通知 （around advice）	包围一个连接点的通知，类似 Web 中 Servlet 规范中的 Filter 的 doFilter 方法。可以在方法的调用前后完成自定义的行为，也可以选择不执行。ApplicationContext 中在＜aop:aspect＞里面使用＜aop:around＞元素进行声明。例如，TestAspect 中的 doAround 方法
抛出异常后通知 （after throwing advice）	在方法抛出异常退出时执行的通知。ApplicationContext 中在＜aop:aspect＞里面使用＜aop:after-throwing＞元素进行声明。例如，TestAspect 中的 doThrowing 方法

在使用通知时,应尽量选用简单的通知类型来实现所需要的功能。例如,只需要在方法前执行的处理就应该使用前置通知而不是环绕通知。

2. 配置 AOP

配置 AOP 的方式有两种,一种是使用 Spring 的 XML 配置文件,另一种是使用注解的方式进行配置。下面根据前面开发时的配置详细了解如何使用 XML 进行配置,配置步骤如下。

1)配置通知的 Bean

```
<bean id="myadviser" class="com.cdtskj.util.LogAdvice" >
    <property name="logService" ref="logService"></property>
</bean>
```

2)声明一个切面

切面是通过<aop:aspect>来声明的,该元素必须放在<aop:config>元素内部,其定义方式和常规的 Bean 类似。该元素的 id 属性和 Bean 的 id 属性一样,是为了唯一标识该切面。ref 属性定义该切面关联的 Bean,也就是通知,如下面的代码所示。

```
<aop:config>
    <!--定义切面 -->
    <aop:aspect id="myaspect " ref="myadviser" >
    </aop:aspect>
</aop:config>
```

3)声明一个切入点

切入点是通过<aop:pointcut>元素来进行声明的。切入点既可以在切面中声明,也可以在<aop:config>中声明,但两者的作用域不同。前者声明的切入点只能在包含它的切面中使用,而后者则可以在<aop:config>中定义的所有切面上使用。

在项目中日志模块的切入点配置如下所示:

```
<aop:pointcut expression="(execution(* com.cdtskj.*.*.service..*(...)) ||
    execution(* com.cdtskj.tdyd.*.service..*(...))) and !
    execution(* com.cdtskj.xt.log.service..*(...))" id="ServicePointCut"/>
```

在<aop:pointcut>元素中,id 属性是切入点的唯一标识,expression 定义的则是切入点的表达式,该表达式的作用是定义切入点与连接点的匹配规则,也就是说 Spring 会利用切入点表达式来判断所定义的切入点与当前执行时的连接点是否匹配。

Spring AOP 提供了多种切入点指定者来定义切入点规则,它所支持的切入规则如下所示。

(1) execution:用来匹配连接点的执行方法,这是 Spring 中最常用的切入点定义方法,下面是几个简单的例子。

execution(public * *(...)):匹配任意公共方法。

execution(* add*(..)):匹配任何以 add 开头的方法。

execution(*com.cdtskj.xt.service.LogService.*(..))：匹配 LogService 对象中的任意方法。

execution(*com.cdtskj.xt.service.*.*(..))：匹配 service 包中的任意方法。

execution(*com.cdtskj.xt.service..*.*(..))：匹配 service 包及其子包中的任意方法。

（2）within：通过类型来匹配连接点的执行方法。

within(com.cdtskj.xt.service.*.*(..))：匹配 service 包中的任意方法。

within(com.cdtskj.xt.service..*.*(..))：匹配 service 包及其子包中的任意方法。

（3）this：用于匹配特定类型的连接点，但它是在代理对象的范围内进行匹配，举例如下。

this(com.cdtskj.xt.service.LogService)：实现了 LogService 接口的代理对象的任意方法。

（4）target：用于匹配特定类型的连接点，但它是在目标对象的范围内进行匹配，举例如下。

target(com.cdtskj.xt.service.LogService)：实现了 LogService 接口的目标对象的任意方法。

（5）args(java.io.Serializable)：所有只接受一个参数，且在运行时传入的参数实现了 Serializable 接口的方法。

以上是 Spring 所支持的基于配置的切入点指定者。当通过单一切入点指定者定义的切入点表达式并不能满足要求时，可以使用逻辑运算符来将单一的切入点表达式连接起来，以满足复杂系统的要求。

Spring AOP 所支持的逻辑运算包括 &&（与）、||（或）和!（非），由于在 XML 配置文件中 & 符号属于特殊字符，因此在实际配置时建议使用另一种写法 and、or 和 not 来替换 &&、|| 和!。而切入点表达式的运算和普通的编程语言没有任何区别。

4）将通知织入到切面

在开发中，我们将前置通知和异常通知织入到了名为 myaspect 的切面中，关键代码如下所示：

```
<aop:config>
    <!--切面 -->
    <aop:aspect id="myaspect " ref="myadviser" >
        <!--切入点 -->
        <aop:pointcut/>
        <!--通知 -->
        <aop:before method="before" pointcut-ref="ServicePointCut" />
        <aop:after-throwing method="afterThrowing" throwing="ex" pointcut-ref=
        "ServicePointCut" />
    </aop:aspect>
</aop:config>
```

Spring 中基于配置文件的 AOP 提供了 5 种通知类型的支持。这 5 种通知类型对应 5 种不同类型的元素，对应关系如表 7-2 所示。

表 7-2 通知对应的配置元素

通 知 类 型	对 应 元 素
前置通知(before advice)	\<aop：before\>
后置通知(after advice)	\<aop：after\>
返回后通知(after return advice)	\<aop：after-returning\>
环绕通知(around advice)	\<aop：around\>
抛出异常后通知(after throwing advice)	\<aop：after-throwing\>

这些通知元素存在着相同的属性,如下所示。
➢ pointcut：切入点表达式。
➢ pointcut-ref：执行通知时需要满足的切入点。
➢ method：在该切面所执行的方法。
➢ args-names：制定传递给通知的参数。

另外,返回后通知有一个特殊的属性 returning,它用来指定主体方法的返回值传递到通知方法时的参数名,所以在通知中需要声明一个名称与该属性值相同的参数。

类似的还有抛出异常后通知,它也有一个特殊的属性 throwing,用来定义传递到通知方法中的异常参数。

以上是基于配置的 Spring AOP 配置的方法,下面将介绍另一种配置方法——使用注解完成 AOP 的配置。

3. 注解配置 AOP

使用注解的方式配置 AOP 时,在 Spring 的配置文件中只需要加入如下配置即可:

```
<aop:aspectj-autoproxy proxy-target-class="true" />
```

在使用此配置之后,只需在编写通知时加入注解即可完成配置,其配置内容和使用 XML 的方式相同,代码如下所示:

```
@Aspect
public class LogAdvice {
    //前置通知
    @Before("(execution(* com.cdtskj.xt.*.service..*(..)) || execution
            (* com.cdtskj.tdyd.*.service..*(..))) and !execution(* com.
            cdtskj.xt.log.service..*(..))")
    public void before(JoinPoint joinPoint){}


    //异常通知
    @AfterThrowing(pointcut="(execution(* com.cdtskj.xt.*.service..*(..)) ||
        execution(* com.cdtskj.tdyd.*.service..*(..))) and !
        execution(* com.cdtskj.xt.log.service..*(..))",throwing="ex")
    public void afterThrowing(Throwable ex){}
}
```

4. 通知的执行顺序

我们知道,通知是在连接点周围执行的,分为前置、后置、环绕等类型,但如果遇到一些特殊需求,需要在同一个连接点上执行多个通知时,它们的执行顺序又是怎样确定的呢?

Spring AOP 是使用 AspectJ 的优先级规则来确定通知执行顺序的。总共分为两种情况,一种是同一切面中确定通知执行顺序,另一种是不同切面中确定通知执行顺序。

1)同一切面中通知执行顺序

对于定义在同一切面的不同类型的通知,其执行顺序如图 7-10 所示。

如果在同一切面定义了相同类型的通知,那么在保证如图 7-10 所示要求的前提下,其相同类型的通知按声明时的顺序执行。

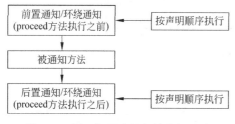

图 7-10 同一切面中通知的执行顺序

例如,对于下面的代码,其执行顺序为:before 执行→before2 执行→around 的 Proceed()之前执行→after 执行→around 的 Proceed()之后执行。

```xml
<!--定义切面-->
<aop:aspect ref="myadviser2" >
    <!--切点-->
    <aop:pointcut expression="execution(* com.cdtskj.xt.user.service..*(..))" id="ServicePointCut2"/>
    <!--通知-->
    <aop:after method="after" pointcut-ref="ServicePointCut2" />
    <aop:before method="before" pointcut-ref="ServicePointCut2" />
    <aop:around method="around" pointcut-ref="ServicePointCut2" />
    <aop:before method="before2" pointcut-ref="ServicePointCut2" />
    <aop:after-throwing method="afterThrowing" throwing="ex" pointcut-ref="ServicePointCut2" />
</aop:aspect>
```

2)不同切面中的通知执行顺序

当定义在不同切面的相同类型的通知需要在同一个连接点执行时,如果没有指定切面的执行顺序,这两个通知的执行顺序将是未知的。如果必须让它们顺序执行,可以通过指定切面的优先级来控制通知的执行顺序。

指定切面的优先级一共有 3 种方法:

(1) 使用@Order 注解:

```java
@Order(1)
public class TestAdvice {
    public Object around(ProceedingJoinPoint pjp) throws Throwable{}
    public void before(JoinPoint joinPoint) {}
    public void before2(JoinPoint joinPoint) {}
    public void after(JoinPoint joinPoint) {}
```

}

（2）使用 XML 配置：

```
<aop:aspect ref="myadviser2" order="1">
...
</aop:aspect>
```

（3）实现 org.springframework.core.Ordered 接口：

```
public class TestAdvice implements Ordered{
    private int order=1;
    public int getOrder() {                                //必须添加 get 方法
        return order;
    }
    ...
}
```

第三种继承接口的方法比前两种更为复杂，不推荐使用。通过上面的配置，当多个切面需要在同一连接点执行时，order 值较小的切面拥有较高的优先级。通知的执行顺序如图 7-11 所示。

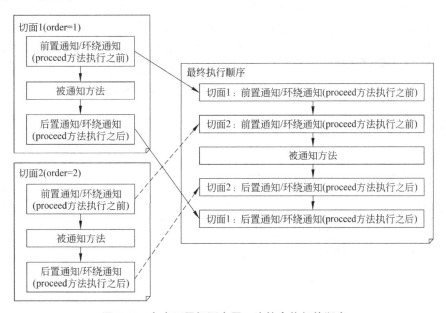

图 7-11　多个不同切面在同一连接点执行的顺序

7.4　小　　结

本章主要介绍了 Spring 中的另一个核心技术 AOP，它提出了另一种编程思想，即面向切面编程。

（1）AOP技术站在程序运行的角度来看待程序的结构，将服务模块化，以切面的方式服务于其他功能模块。

（2）AOP中有7个常用的术语，包括切面、连接点、切入点、通知、目标对象、代理对象和织入。

7.5 课外实训

1. 实训目的

（1）熟练掌握实现AOP的方法。
（2）深入理解AOP的原理。

2. 实训描述

在本章中介绍了AOP。本次实训需要完成专项测试模块的开发，并使用AOP的特性结合log4j将系统的所有业务层方法的执行过程记录下来。

图7-12 专项测试管理模块

专项测试管理模块主要是设置针对各大题型的专项训练的属性。需要维护的内容有各个专项训练的题目数、总分数、答题时间以及题目的分值设置。在学生进行专项训练时，可根据参数设置随机选择符合专项设置的题目给学生进行答题，实现随机出题。

该模块包含两个菜单，如图7-12所示。

任务一：

开发专项分值维护功能，主页面如图7-13所示。

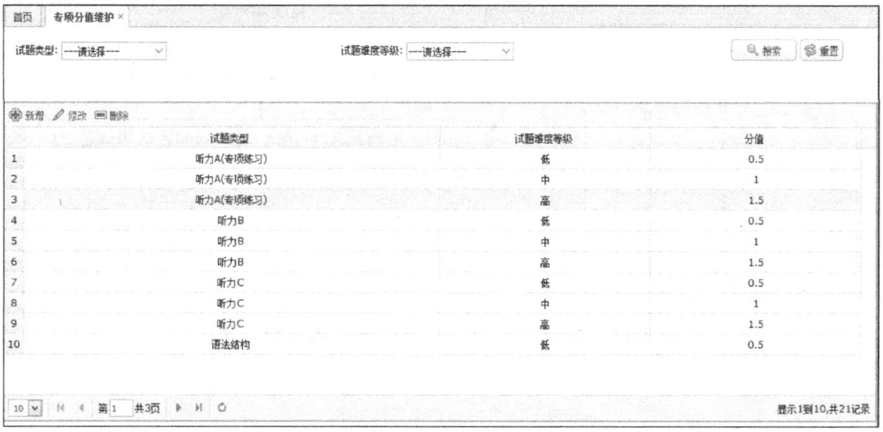

图7-13 专项分值维护页面

任务二：

开发专项维护功能，主页面如图7-14所示。

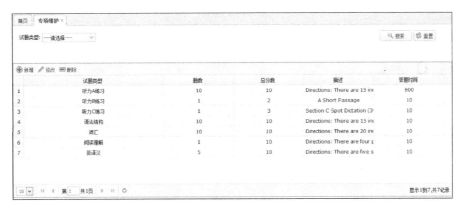

图 7-14 专项维护页面

3. 实训要求

(1) 编写通知时,请对业务层方法做日志记录。
(2) 请覆盖所有业务层方法。
(3) 使用 log4j 记录到文件即可,无须录入数据库。

第 8 章

用户管理和导游管理

前面已经在项目中加入了三大框架,并且已经基本配置完成。本章要使用 Spring 来管理事务,同时完成用户管理模块和导游管理模块的开发。

开发目标:
➢ 使用 Spring 管理事务。
➢ 开发用户管理模块。
➢ 开发导游管理模块。

学习目标:
➢ 了解为什么要使用 Spring 来管理事务。
➢ 深入理解 Spring AOP。
➢ 学会使用 zTree。

8.1 任务简介

本章的任务主要是完成用户管理和导游管理,两个模块的基础功能和之前的模块类似。在用户管理模块中添加和修改用户的时候需要关联选择用户对应的旅行社(如果该用户是旅行社用户的话),如图 8-1 所示。

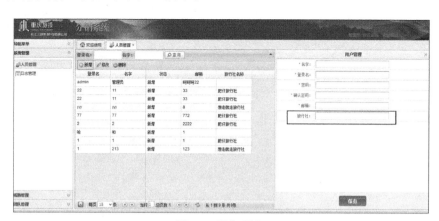

图 8-1 添加用户

在填写信息之后选中"旅行社"文本框,系统将会弹出选择窗口供用户选择旅行社,如图 8-2 所示。

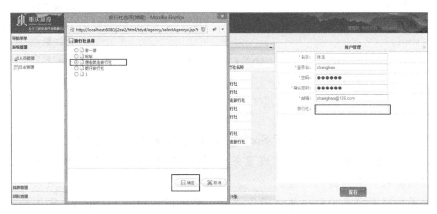

图 8-2　选择用户所属旅行社

在添加和修改导游的时候需要注意,导游的信息只能由各个旅行社管理,也就是说,导游管理功能只对属于某旅行社的用户开放。在这个条件下,各个旅行社是不能看到其他旅行社的导游信息的,只能看到属于本旅行社的导游。添加导游时需要在后台将该导游划归到自己的旅行社下。前台新增导游功能如图 8-3 所示。

图 8-3　新增用户

8.2　技术要点

在前面的章节中学习过 Hibernate,知道它是如何对事务进行管理和操作的。每个需要处理事务的业务中都能看到管理事务的代码,这样主要业务与辅助业务交叉在一起,代码比较混乱,如下面的代码所示。

```
public Pagination queryPaginationAgency(Agency agency,
        Integer page, Integer rows) {
    Transaction trans=HibernateUtil.beginTransaction();    //开启事务
```

```
    String hql=" from Agency where name like ? and code like ? ";
    String[] param=new String[]{"%"+agency.getName()+"%","%"+agency.getCode()
    +"%"};                                                    //组装条件
    List<Agency> agencies=this.dao.queryPaginationAgency(hql, param, page,
    rows);                                                    //查询数据
    Long total=this.dao.count(hql, param);                    //查询总数
    trans.commit();                                           //提交事务
    return new Pagination(total, page, agencies);
}
```

在第 6 章和第 7 章我们学到了 Spring AOP，了解到可以使用 AOP 完成日志功能的模块化，那么使用 AOP 的方式来实现事务处理也是很自然的事，并且 Spring 已经提供了事务管理机制来对事务进行管理。

与普通数据库事务中针对某个操作所使用的事务管理不同，Spring 框架所提供的事务管理功能是针对 Java 类中的方法的，这样就使得开发者不必进行具体的事务管理。

在前面的开发中，每次对数据库的操作都要进行数据库事务处理，但这种方式相当繁杂，当需要开发的业务模块越来越多时，主要业务与辅助业务也会越来越混乱。而使用 Spring 的事务管理可以解决上面的问题，具体的好处如下：

> 为不同的事务 API 提供一致的编程模型，如 JTA、JDBC、Hibernate、JPA 和 JDO。
> 支持声明式事务管理。
> 提供比大多数事务 API 更简单、更易于使用的编程式事务管理 API。
> 整合 Spring 的各种数据访问抽象。

下面进入开发，并使用 Spring 管理事务。

8.3 开发：用户管理

8.3.1 任务分析

本节任务是完成用户管理模块，在第 4 章开发旅行社管理模块时，已经完成了用户管理的部分功能。下面是用户管理模块需要完成的功能。

（1）编写 POJO 和映射文件(已完成)。

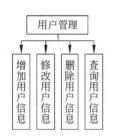

图 8-4 用户管理模块功能结构

（2）编写 DAO 持久层(已完成)。
（3）编写业务逻辑层(待完成)。
（4）编写表示层(待完成)。
（5）编写页面(待完成)。

可以看出，目前剩余的任务为编写业务逻辑层的增、删、改、查方法，编写 Action 以及前台页面。

用户管理模块的功能结构如图 8-4 所示。

需要注意的是，在编写业务逻辑层时，不再手动地使用 Hibernate 的事务管理，而是使用 Spring 的事务管理。Spring

的事务管理有两种,一种是编程式事务,另一种是声明式事务,在本项目中需要使用的是声明式事务,由于声明式事务对应用代码的影响很小,所以在实际开发中,大多数开发者都会使用这种方式。

8.3.2 开发步骤

8.3.2.1 配置 Spring 事务管理

在 Spring 的主配置文件 applicationContext.xml 中添加以下内容。

1. 配置事务管理器

```xml
<!--配置事务管理器 -->
    <bean id="transactionManager"
    class="org.springframework.orm.hibernate4.HibernateTransactionManager">
    <property name="sessionFactory" ref="sessionFactory" />
</bean>
```

由于本系统使用 Hibernate 访问数据库,所以这里选用的是与之配套的 org.springframework.orm.hibernate4.HibernateTransactionManager 对象作为事务管理对象。配置的方式如上面的代码所示,只需要将 sessionFactory 通过 Setter 注入的方式传递给 HibernateTransactionManager 就可以了。

不同的数据访问方式使用的配置管理对象是不同的,但配置方法是类似的。所以在开发中,需要根据自己的实际情况选择合适的 TransactionManager,并进行正确的初始化。

2. 配置事务的传播特性

```xml
<!--事务的传播特性 -->
<tx:advice id="txadvice" transaction-manager="transactionManager">
    <tx:attributes>
        <tx:method name="login" propagation="REQUIRED" />
        <tx:method name="add*" propagation="REQUIRED" />
        <tx:method name="modify*" propagation="REQUIRED" />
        <tx:method name="save*" propagation="REQUIRED" />
        <tx:method name="delete*" propagation="REQUIRED" />
        <tx:method name="update*" propagation="REQUIRED" />
        <tx:method name="before*" propagation="REQUIRED" />
        <!--hibernate4必须配置为开启事务,否则getCurrentSession()获取不到-->
        <tx:method name="*" propagation="REQUIRED" read-only="true" />
    </tx:attributes>
</tx:advice>
```

<tx:attribute>标签所配置的是作为事务的方法的命名类型。例如<tx:method name="save*" propagation="REQUIRED"/>,其中*为通配符,代表以 save 开头的

所有方法，即表示符合此命名规则的方法作为一个事务。propagation="REQUIRED" 代表支持当前事务，如果当前没有事务，就新建一个事务，这是最常见的选择。

3. 配置参与事务的类和方法

```xml
<!--配置事务 -->
<aop:config>
    <!--只对业务逻辑层实施事务 -->
    <aop:pointcut id="ManagerMethod"
        expression="execution(* com.cdtskj.tdyd.*.service..*(..)) or
            execution(* com.cdtskj.xt.*.service..*(..))" />
    <!--配置通知切入点 -->
    <aop:advisor pointcut-ref="ManagerMethod" advice-ref="txadvice" />
</aop:config>
```

在第 7 章的学习之后，上面的代码已经很容易理解了。这里主要是使用 AOP 切面配置哪些类的哪些方法需要参加事务。Advisor 是一种特殊的切面，代表 Spring 中的切面，可以将它当做一个切面。Advisor 与切面的不同之处是：Advisor 只能持有一个切入点和一个通知，而切面可以有多个切入点和多个通知。

8.3.2.2 编写业务逻辑层

在之前的用户登录中，已经写好了用户管理的业务逻辑层 ISysUserService 和 SysUserServiceImpl，为了将其纳入 Spring 的事务管理，需要将 SysUserServiceImpl 中使用 Hibernate 管理的事务去除，修改后的业务逻辑层代码如下所示：

```java
public class SysUserServiceImpl implements ISysUserService {
    private ISysUserDAO dao;
    private IAgencyDAO agencyDAO;
    /* get、set
    @Override
    public  List<SysUser>login(SysUser user) {            //用户登录的方法
        return this.dao.find("from SysUser where loginname=? and password=?",
            new Object[]{user.getLoginname(),user.getPassword()});
    }
    @Override
    public void updateSysUser(SysUser user,String roleids) {   //修改用户信息
        SysUser target=this.dao.get(SysUser.class, user.getId());
        String oldpsw=target.getPassword();
        BeanUtils.copyProperties(user, target);        //复制所有属性到另一个对象
        if(user.getPassword()==null||"".equals(user.getPassword())){
            target.setPassword(oldpsw);
        }
        this.dao.update(target);
    }
```

```java
    @Override
    public void deleteSysUser(SysUser user) {              //删除用户
        this.dao.delete(this.dao.get(SysUser.class, user.getId()));
    }
    @Override
    public void addSysUser(SysUser user,String idss) {     //添加用户
        this.dao.save(user);
    }
    @Override
    public List<SysUser>queryPaginationWithOutParm(Integer page,Integer rows) {
                                                           //分页查询用户
        return this.dao.find("from SysUser", new String[]{}, page, rows);
    }
    @Override
    public SysUser querySysUserById(Integer id) {          //根据 id 查询用户
        return this.dao.get(SysUser.class, id);
    }
    @Override
    public Long querySysUserCount(SysUser user) {          //根据条件查询用户数量
        return this.dao.count("from SysUser where loginname like ? and name
            like?",new String[]{"%"+user.getLoginname()+"%","%"+user.getName()
            +"%"});
    }
    @Override
    public Pagination queryPaginationSysUser(SysUser user,
            Integer page, Integer rows) {                  //分页条件查询 yoghurt 数据
            Object[] param=null;
            String sql="from SysUser s where s.loginname like ? and s.name like ? ";
            param=new Object[]{"%"+user.getLoginname()+"%","%"+user.getName()
            +"%"};
        List<SysUser>userrows=this.dao.find(sql, param, page, rows);
        Long total=this.dao.count(sql, param);
        return new Pagination(total, page, userrows);
    }
}
```

从上面的代码可以看到,在使用 Spring 的事务管理之后,在处理业务逻辑时不用关注事务的开关和提交,只需要把注意力集中在业务逻辑的处理上即可。

8.3.2.3 编写表现层和页面

在之前讲解用户登录时,已经编写好了用户管理的 DAO 持久层,所以这里无须再重复编写代码。在本节,需要编写 Action 和 JSP 页面。

1. 编写 UserAction.action

```java
public class UserAction extends ActionSupport {
    private SysUser user;
    private Integer page;
    private Integer rp;
    private ISysUserService userService;
    public ISysUserService getUserService() {
        return userService;
    }
    public void setUserService(ISysUserService userService) {
        this.userService=userService;
    }
    /**
     * 用户修改密码
     * @throws Exception
     */
    public void updatePassword() throws Exception{
        HttpServletRequest request=ServletActionContext.getRequest();
        JSONObject result=new JSONObject();
        //从session中获取登录的用户信息
        SysUser tempUser= (SysUser) request.getSession().getAttribute("user");
        boolean canUpdatePassword=false;
        if(""!=user.getPassword()
            &&user.getPassword()!=null
                &&tempUser.getPassword().equals(user.getPassword())){
                                                //判断用户是否修改自己的密码
            canUpdatePassword=true;
            try {
                this.userService.updateSysUser(user,null);    //执行修改
            } catch (Exception e) {
                canUpdatePassword=false;
            }
        }
        result.accumulate("update", canUpdatePassword);
        ResponseWriteOut.write (ServletActionContext.getResponse (), result.
            toString());
    }
    /**
     * 添加用户
     * @throws Exception
     */
    public void addSysUser() throws Exception{
        HttpServletRequest request=ServletActionContext.getRequest();
```

```java
        Integer agencyid=request.getParameter("agencyid")==null?null:
            Integer.parseInt(request.getParameter("agencyid"));
        if(null!=agencyid){                              //设置用户所属旅行社
            Agency agency=new Agency();
            agency.setId(agencyid);
            user.setAgency(agency);
        }
        JSONObject result=new JSONObject();
        boolean flag=true;
        try {
                this.userService.addSysUser(user);       //执行用户添加
        } catch (Exception e) {
                e.printStackTrace();
                flag=false;
        }
        result.accumulate("result", flag);
        ResponseWriteOut.write(ServletActionContext.getResponse(), result.
        toString());
    }
    /**
     * 修改用户
     * @throws Exception
     */
    public void updateSysUser() throws Exception{
        HttpServletRequest request=ServletActionContext.getRequest();
        JSONObject result=new JSONObject();
        Integer agencyid=request.getParameter("agencyid")==null||
            "".equals(request.getParameter("agencyid"))?null:
            Integer.parseInt(request.getParameter("agencyid"));
        if(null!=agencyid){                              //设置用户所属旅行社
            Agency agency=new Agency();
            agency.setId(agencyid);
            user.setAgency(agency);
        }
        boolean flag=true;
        try {
                this.userService.updateSysUser(user);    //执行用户更新
        } catch (Exception e) {
                e.printStackTrace();
                flag=false;
        }
        result.accumulate("result", flag);
        ResponseWriteOut.write(ServletActionContext.getResponse(), result.
        toString());
```

```java
    }
    /**
     * 删除用户
     * @throws Exception
     */
    public void deleteSysUser() throws Exception{
        JSONObject result=new JSONObject();
        boolean flag=true;
        try {
                this.userService.deleteSysUser(user);        //执行用户删除
        } catch (Exception e) {
                e.printStackTrace();
                flag=false;
        }
        result.accumulate("result", flag);
        ResponseWriteOut.write(ServletActionContext.getResponse(), result.
        toString());
    }
/**
 * 按条件查询分页用户数据
 * @throws Exception
 */
public void queryPagination() throws Exception{
        HttpServletRequest request=ServletActionContext.getRequest();
        //封装查询用户数据的条件
        SysUser tempUser=new SysUser();
        String name=request.getParameter("name")==null?"":
            URLDecoder.decode(request.getParameter("name"),"utf-8");
        String loginname=request.getParameter("loginname")==null?"":
            URLDecoder.decode(request.getParameter("loginname"),"utf-8");
        tempUser.setName(name);
        tempUser.setLoginname(loginname);
        Pagination pagination= this.userService.queryPaginationSysUser(tempUser,
        page, rp);
        //多层级属性就需要使用此方法。如果想直接过滤某字段,只需将该字段置空即可
        JsonConfig config=new JsonConfig();
        config.registerJsonBeanProcessor(SysUser.class, new JsonBeanProcessor(){
            public JSONObject processBean(Object bean, JsonConfig jsonConfig){
                                                        //过滤不需要的字段
                if(!(bean instanceof SysUser)){
                    return null;
                }
                SysUser user= (SysUser) bean;
                JSONObject result=new JSONObject();
```

```java
                    result.element("id", user.getId());
                    result.element("name", user.getName());
                    result.element("loginname", user.getLoginname());
                    result.element("email", user.getEmail());
                    result.element("zt", user.getZt());
                    if(null!=user.getAgency()){
                                    //用户下的旅行社属性只取旅行社id和旅行社名称
                        result.element("agency", user.getAgency().getName());
                        result.element("agencyid", user.getAgency().getId());
                    }
                    return result;
                }
            });
            JSON json=JSONSerializer.toJSON(pagination, config);
            ResponseWriteOut.write(ServletActionContext.getResponse(), json.toString());
        }

}
```

2. 编写页面 user.jsp

1) 编写页面

```javascript
...
function save(obj){
            ...
        var data={
                    user.password':password2,
                    'user.name':name,
                    'user.loginname':loginname,
                    'user.email':email,
                    'agencyid':$("#agencyid").val()         //取出选择的旅行社id
                };
        $.ajax({
            type: 'post',
            url: BASE_URL+'user/addSysUser.action',
            data: data,
            dataType: 'json',
            success: function(data) {
                if(data.result==true){
                    reload();                           //重新加载表格
                    top.msgShow('系统提示','添加成功!','info');
                    $(".easyui-layout").layout('collapse','east');
                                                        //收起东部弹出框
                }else{
```

```javascript
                                top.msgShow('系统提示','添加失败!','error');
                            }
                        }
                    });

                }
                if(obj.value=="修改"){
                    var data={
                                    'user.id':$("#userid").val(),
                                    'user.password':password2,
                                    'user.name':name,
                                    'user.loginname':loginname,
                                    'user.email':email,
                                    'agencyid':$("#agencyid").val()    //取出选择的旅行社 id
                            };
                    $.ajax({
                        type: 'post',
                        url: BASE_URL+'user/updateSysUser.action',
                        data: data,
                        dataType: 'json',
                        success: function(data) {
                            if(data.result==true){
                                reload();                              //重新加载表格
                                top.msgShow('系统提示','修改成功!','info');
                                $(".easyui-layout").layout('collapse','east');
                                                                        //收起东部弹出框
                            }else{
                                top.msgShow('系统提示','修改失败!','error');
                            }
                        }
                    });
                }
        }
        function collapseEast(){…}
        function isnull(obj){…}
        function loadflexigrid(){…}
        function formatterAgencyid(value){…}
        function operation(com,grid){…}
        function error(data){…}
        function formatterZT(value){…}
        function checkagency(){                                        //提交检查
            var result=null;
            var ownagencyids=$("#agencyid").val();
            if($("#save").val()=="保存"){                              //如果用户使用的是添加用户功能
```

```
        result=window.showModalDialog(BASE_URL+'html/tdyd/agency/selectAgencys.
            jsp?type=add&rt='+Math.random()+'&ids='+ownagencyids,'',
            'dialogHeight:600px;dialogWidth:500px');
                                                //传入操作类型和已选旅行社id
        }else if($("#save").val()=="修改"){  //如果用户使用的是修改用户功能
        result=window.showModalDialog(BASE_URL+'html/tdyd/agency/selectAgencys.
            jsp?type=update&rt='+Math.random()+'&ids='+ownagencyids,'',
            'dialogHeight:600px;dialogWidth:500px');    //传入操作类型和已选旅行社id
        }
        if(null!=result){                       //如果用户选择了旅行社,则设置相应的参数
            $("#agency").val(result[0].name);
            $("#agencyid").val(result[0].id);
        }else{                                  //否则设置相应参数为空
            $("#agency").val(null);
            $("#agencyid").val(null);
        }
    }
</script>
</head>
<body style="overflow:hidden;margin:0 0 0 0" class="easyui-layout">
<div style="width:480px;overflow:auto;" data-options="region:'east',border:
        false,split:true,
        title:'<div align=center>用户管理</div>'">
    <div class="abovepart">
    <form id="form1" action="" method="post">
    <input type="hidden" name="supply_id" id="supply_id"/>
    <table align="center" width="100%" border="0" cellspacing="1"
        cellpadding="0" class="wTableBox">
        ⋮
        <tr>
            <td align="right" class="bt1"><em class="red"> * </em>邮箱：
            </td>
            <td class="iptBox1"><input type="text" class="tsui" name=
            "email" id="email"/></td>
        </tr>
            <tr>
            <td align="right" class="bt1"><em class="red"></em>旅行社：
            </td>
            <td class="iptBox1">
            <input type="text" readonly="readonly" id="agency" onfocus=
            "checkagency()" />
            <input type="hidden"  id="agencyid" />
            </td>
        </tr>
```

```
            </table>
          </form>
        </div>
        ...
      </div>
</div>
<div data-options="region:'center',border:false,split:true" style="overflow:
hidden;">
<table id="flex1" style="display:none;"></table>
</div>
</body>
</html>
```

在上面的 JSP 编码中,基本的功能和之前的模块没有太大的区别,唯一不同的地方是在该页面增加了一个旅行社的字段参数需要用户处理,在用户选择后还需要通过 AJAX 将参数传递到后台进行处理。具体逻辑如下:

当用户单击"旅行社"文本框时,调用 checkagency() 方法打开一个模态对话框,访问 selectAgencys.jsp 页面,并传入已选择的旅行社 id,该页面的物理位置如图 8-5 所示。

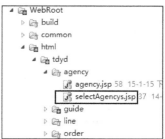

图 8-5　selectAgencys.jsp 的物理位置

该页面的 HTML 代码如下所示:

```
<%@page language="java" import="java.util.*" pageEncoding="UTF-8"%>
<%
String path=request.getContextPath();
String basePath = request.getScheme()+"://"+request.getServerName()+":"+
request.getServerPort()+path+"/";
String type=request.getParameter("type");
String idlist=request.getParameter("ids");   //取出已选旅行社的 id
%>
<!DOCTYPE html>
<html>
<title>旅行社选择(弹窗)</title>

<meta http-equiv="pragma" content="no-cache"/>
<meta http-equiv="cache-control" content="no-cache"/>
<meta http-equiv="expires" content="0"/>
<script type="text/javascript" src="<%=basePath%>common/js/library/tsui.js">
</script>
<script type="text/javascript">
    TSUI.Common.loadComponent(TSUI.Common.jQuery.ztree);
    TSUI.Common.loadComponent(TSUI.Common.jQuery.easyui);
    TSUI.Common.loadComponent(TSUI.Common.WebUI);
```

```
</script>
<script type="text/javascript">
var BASE_URL="<%=basePath%>";
var zTree;
var zNodes="";
var idlist='<%=idlist%>';
idlist=idlist.split(",");
var setting={
    check: {                                //设置选择框
        enable: true,                       //开启选择框
        chkStyle: "radio",                  //单选模式
        chkboxType:{"Y": "ps", "N": "s"}
    }
};
$(function(){
    $.ajax({                                //发送 AJAX 请求获取所有旅行社
        type: 'post',
        url: BASE_URL+'agency/querySuitableAgencys.action',
        dataType: 'json',
        success: function(data){
            zNodes=data;
            $.fn.zTree.init($("#dicTree"), setting,zNodes);
                                                        //使用 zTree 创建树节点
            zTree=$.fn.zTree.getZTreeObj("dicTree");
            var nodes=zTree.getNodes();
            for(var i=0;i<nodes.length;i++){
                for(var j=0;j<idlist.length;j++){
                                //遍历已选旅行社 id,如果匹配则将该旅行社勾选上
                    if(idlist[j]==nodes[i].id){
                        nodes[i].checked=true;
                        zTree.updateNode(nodes[i],false);   //注意:在更新了节点
                        //的 checked 属性之后,页面上不会及时刷新相应节点的勾选状态,需
                        //要利用这个语句手动刷新
                    }
                }
            }
        }
    });
    //获取选中模块
    $('#ok').click(function() {
        getChecked();
    });
    //关闭弹出窗口
    $('#cancle').click(function(){window.close();});
```

```
                //修改的时候默认勾选
    });
    function getChecked(){
        var node=zTree.getCheckedNodes();
        if(node!=null && node.length>0){
            var mods=new Array();
            for(var i=0;i<node.length;i++){
                mods[i]=node[i];
            }
            if(mods.length>1){
                alert("旅行社只能选择一个!");
                return false;
            }
            window.returnValue=mods;          //设置模态窗口返回值
            window.close();
        }else{
            window.returnValue=null;
            window.close();
        }
    }
</script>
</head>
<body style="overflow:hidden;">
<div>
    <div id="accordion" class="easyui-accordion" data-options="border:false"
        style="height:530px;overflow: auto;">
        <div id="tree" title="旅行社选择" data-options="iconCls:'icon-save',
        collapsible:false"
            style="height:500px;overflow: auto;">
                <ul id="dicTree" class="ztree"></ul>
        </div>
    </div>
</div>
<div style="text-align: right; height: 30px; line-height: 20px;">
    <a type="button" id="ok" class="easyui-linkbutton" data-options="iconCls:
    'icon-save'">确定</a>
    <a type="button" id="cancle" data-options="iconCls:'icon-cancel'" class=
    "easyui-linkbutton">取消</a>
</div>
</body>
</html>
```

在上面的页面中使用到了zTree,这是一个依靠jQuery实现的多功能"树插件",本项目中使用的版本为 3.5,最新版本为 3.5.17。关于 zTree 的具体使用方法请参阅官方网址 http://www.ztree.me/v3/main.php#_zTreeInfo。

下面是一段官方示例:

```
<!DOCTYPE html>
<HTML>
<HEAD>
    <TITLE> ZTREE DEMO </TITLE>
    <meta http-equiv="content-type" content="text/html; charset=UTF-8">
    <link rel="stylesheet" href="demoStyle/demo.css" type="text/css">
    <link rel="stylesheet" href="zTreeStyle/zTreeStyle.css" type="text/css">
    <script type="text/javascript" src="jquery-1.4.2.js"></script>
                                   //加载 jQuery 插件
    <script type="text/javascript" src="jquery.ztree.core-3.x.js"></script>
                                   //加载 zTree 插件
    <SCRIPT LANGUAGE="JavaScript">
    var zTreeObj;
    //zTree 的参数配置,深入使用请参考 API 文档(setting 配置详解)
    var setting={};
    //zTree 的数据属性,深入使用请参考 API 文档(zTreeNode 节点数据详解)
    var zNodes=[
    {name:"test1", open:true, children:[
        {name:"test1_1"}, {name:"test1_2"}]},
    {name:"test2", open:true, children:[
        {name:"test2_1"}, {name:"test2_2"}]}
    ];
    $(document).ready(function(){
        zTreeObj=$.fn.zTree.init($("#treeDemo"), setting, zNodes);
    });
    </SCRIPT>
</HEAD>
<BODY>
<div>
    <ul id="treeDemo" class="ztree"></ul>
</div>
</BODY>
</HTML>
```

以上官方示例中使用 zTree 的步骤如下:

(1) 加入 JavaScript 库文件。

(2) 编写 zTree 的容器,class 一定要是 ztree。

(3) 设置 ztree 属性,加载 zTree。

需要注意的是,在本项目中使用到的组件都已经完成了封装,所以在加载 JavaScript 库时请使用如下代码的方式加载,其他的步骤和官方示例相同。本项目加载方式如下:

```
TSUI.Common.loadComponent(TSUI.Common.jQuery.ztree);
```

2）在 Action 中增加 zTree 加载数据的后台处理方法

在 selectAgencys.jsp 中，加载 zTree 时需要发送请求到后台获取加载的数据。在该页面中，该请求地址为 agency/querySuitableAgencys.action，所以在后台也需要有相应的 Action 来处理该请求，返回需要的数据。之前已经建立了 Agency.action，所以只需要在该 Action 中增加此方法即可，增加的方法代码如下所示：

```
/**
 * 查询所有的旅行社信息
 * @throws Exception
 */
public void querySuitableAgencys() throws Exception{
    List<Agency>agencys=this.agencyService.querySuitableAgencys();
                                                                //查询出所有旅行社
    for (int i=0; i <agencys.size(); i++) //清空旅行社下的集合
        agencys.get(i).setGuides(null);
        agencys.get(i).setOrders(null);
        agencys.get(i).setUsers(null);
    }
    ResponseWriteOut.write(ServletActionContext.getResponse(), JSONArray.
        fromObject(agencys).toString());
}
```

上面的方法中之所以要清空旅行社下的集合，是因 Hibernate 的延迟加载所致。在转换集合到 Json 字符串时，由于 Hibernate 的延迟加载存在，Agency 对象中的集合就会去加载数据，而且该集合下的对象还在继续往下加载，出现死循环。之后会详细讲解这一点。

8.3.3 相关知识与拓展

1. Spring 的事务管理

在前面已提到过，Spring 的事务管理有两种，一种是编程式事务，另一种是声明式事务。通常建议采用声明式事务管理。下面来看一下两种事务的不同使用方式。

1）编程式事务

Spring 提供两种方式的编程式事务管理，分别是使用 TransactionTemplate 和直接使用 PlatformTransactionManager。

(1) TransactionTempale 采用和其他 Spring 模板一样的方法，如 JdbcTemplate 和 HibernateTemplate。它使用回调方法，把应用程序从处理取得和释放资源的工作中解脱出来。如同其他模板，TransactionTemplate 是线程安全的。代码片段如下：

```
Object result=tt.execute(new TransactionCallback(){
    public Object doTransaction(TransactionStatus status){
        updateOperation();
```

```
            return resultOfUpdateOperation();
    }
});
```

使用 TransactionCallback( )可以返回一个值,如果使用 TransactionCallback-WithoutResult 则没有返回值,下面是一段示例:

```
//编程式事务管理代码
public void updateUser(final UserInfo userData) {
        transactionTemplate
     .setPropagationBehavior(TransactionDefinition.PROPAGATION_REQUIRED);
        transactionTemplate.execute(new TransactionCallbackWithoutResult() {
            protected void doInTransactionWithoutResult ( TransactionStatus
            status) {
                try {
                        entityDao.merge(userData);
                } catch (Exception e) {
                        e.printStackTrace();
                        status.setRollbackOnly();
                }
            }
        });
}
```

(2) PlatformTransactionManager 可以简单地通过一个 Bean 引用向 Bean 传递一个 PlatformTransaction 对象。然后,使用 TransactionDefinition 和 TransactionStatus 对象就可以发起、回滚和提交事务。代码示例如下:

```
//new 一个事务
DefaultTransactionDefinition def=new DefaultTransactionDefinition();
//初始化事务,通过参数定义事务的传播类型;
def.setPropagationBehavior(TransactionDefinition.PROPAGATION_REQUIRED);
//获得事务状态
TransactionStatus status=transactionManager.getTransaction(def);
try{
    ...
    //提交事务;
    transactionManager.commit(status);
}catch(…){
    //回滚事务;
    transactionManager.rollback(status);
}
```

使用编程式事务会增加代码与 Spring 的事务框架和 API 间的耦合,如果开发的程序比较小,只有很少的表,而且使用到事务的地方也很少的话,可以考虑使用这种编程式事务;如果项目较大,模块较多的话,建议使用声明式事务,这样可以完全做到事务与代码分离。

2)声明式事务

Spring 的声明式事务一共有如下 5 种配置方式。

(1) 每个 Bean 都有一个代理。

```xml
<!--定义事务管理器(声明式的事务) -->
<bean id="transactionManager" class="org.springframework.orm.hibernate4.HibernateTransactionManager">
    <property name="sessionFactory" ref="sessionFactory" />
</bean>
<!--配置 DAO -->
<bean id="userDaoTarget" class="com.bluesky.spring.dao.UserDaoImpl">
    <property name="sessionFactory" ref="sessionFactory" />
</bean>
<bean id="userDao" class="org.springframework.transaction.interceptor.TransactionProxyFactoryBean">
    <!--配置事务管理器 -->
    <property name="transactionManager" ref="transactionManager" />
    <property name="target" ref="userDaoTarget" />
    <property name="proxyInterfaces" value="com.bluesky.spring.dao.GeneratorDao" />
    <!--配置事务属性 -->
    <property name="transactionAttributes">
        <props>
            <prop key="*">PROPAGATION_REQUIRED</prop>
        </props>
    </property>
</bean>
```

(2) 所有 Bean 共享一个代理基类。

```xml
<!--定义事务管理器(声明式的事务) -->
<bean id="transactionManager" class="org.springframework.orm.hibernate4.HibernateTransactionManager">
    <property name="sessionFactory" ref="sessionFactory" />
</bean>
<bean id="transactionBase" class="org.springframework.transaction.interceptor.TransactionProxyFactoryBean" lazy-init="true" abstract="true">
    <!--配置事务管理器 -->
    <property name="transactionManager" ref="transactionManager" />
    <!--配置事务属性 -->
    <property name="transactionAttributes">
        <props>
            <prop key="*">PROPAGATION_REQUIRED</prop>
        </props>
```

```xml
        </property>
</bean>
<!--配置DAO-->
<bean id="userDaoTarget" class="com.bluesky.spring.dao.UserDaoImpl">
    <property name="sessionFactory" ref="sessionFactory" />
</bean>
<bean id="userDao" parent="transactionBase">
    <property name="target" ref="userDaoTarget" />
</bean>
```

（3）使用拦截器。

```xml
<!--定义事务管理器(声明式的事务)-->
<bean id="transactionManager" class="org.springframework.orm.hibernate4.HibernateTransactionManager">
    <property name="sessionFactory" ref="sessionFactory" />
</bean>
<bean id="transactionInterceptor" class="org.springframework.transaction.interceptor.TransactionInterceptor">
    <property name="transactionManager" ref="transactionManager" />
    <!--配置事务属性-->
    <property name="transactionAttributes">
        <props>
            <prop key="*">PROPAGATION_REQUIRED</prop>
        </props>
    </property>
</bean>
<bean class="org.springframework.aop.framework.autoproxy.BeanNameAutoProxyCreator">
    <property name="beanNames">
        <list>
            <value>*Dao</value>
        </list>
    </property>
    <property name="interceptorNames">
        <list>
            <value>transactionInterceptor</value>
        </list>
    </property>
</bean>
<!--配置DAO-->
<bean id="userDao" class="com.bluesky.spring.dao.UserDaoImpl">
    <property name="sessionFactory" ref="sessionFactory" />
</bean>
```

(4) 使用 tx 标签配置的拦截器。

```xml
<!--定义事务管理器(声明式的事务)-->
<bean id="transactionManager" class="org.springframework.orm.hibernate4.HibernateTransactionManager">
    <property name="sessionFactory" ref="sessionFactory" />
</bean>
<tx:advice id="txAdvice" transaction-manager="transactionManager">
    <tx:attributes>
        <tx:method name="*" propagation="REQUIRED" />
    </tx:attributes>
</tx:advice>
<aop:config>
    <aop:pointcut id="interceptorPointCuts" expression="execution(* com.bluesky.spring.dao.*.*(..))" />
    <aop:advisor advice-ref="txAdvice" pointcut-ref="interceptorPointCuts" />
</aop:config>
```

(5) 使用注解。

```xml
...
<context:annotation-config />
<context:component-scan base-package="com.bluesky" />
<tx:annotation-driven transaction-manager="transactionManager" />
<!--定义事务管理器(声明式的事务)-->
<bean id="transactionManager" class="org.springframework.orm.hibernate4.HibernateTransactionManager">
    <property name="sessionFactory" ref="sessionFactory" />
</bean>
```

此时在 DAO 上需加上 @Transactional 注解，如下：

```java
@Transactional
@Component("userDao")
public class UserDaoImpl extends HibernateDaoSupport implements UserDao {
    public List<User> listUsers() {
        return this.getSession().createQuery("from User").list();
    }
    ...
}
```

> 关于 Spring 事务可查看配套电子资源实例，位置是 CODE\Spring\Spring_instance3_transaction。

2. 事务的传播特性

在系统的 Spring 配置文件中配置事务的传播特性有如下一段代码：

```xml
<!--事务的传播特性 -->
    <tx:advice id="txadvice" transaction-manager="transactionManager">
        <tx:attributes>
            <tx:method name="login" propagation="REQUIRED" />
            <tx:method name="add*" propagation="REQUIRED" />
            ...
        </tx:attributes>
    </tx:advice>
```

其中的＜tx:method name＝"add*" propagation＝"REQUIRED" /＞标签的作用是确定应该给哪个方法增加事务行为。它最重要的部分是传播行为，propagation 属性有以下几个选项可供使用：

- PROPAGATION_REQUIRED：支持当前事务，如果当前没有事务，就新建一个事务。这是最常见的选择。
- PROPAGATION_SUPPORTS：支持当前事务，如果当前没有事务，就以非事务方式执行。
- PROPAGATION_MANDATORY：支持当前事务，如果当前没有事务，就抛出异常。
- PROPAGATION_REQUIRES_NEW：新建事务，如果当前存在事务，把当前事务挂起。
- PROPAGATION_NOT_SUPPORTED：以非事务方式执行操作，如果当前存在事务，就把当前事务挂起。
- PROPAGATION_NEVER：以非事务方式执行，如果当前存在事务，则抛出异常。

3. Spring 事务的隔离级别

Spring 事务有以下 5 个隔离级别：

- ISOLATION_DEFAULT：这是一个 PlatfromTransactionManager 默认的隔离级别，使用数据库默认的事务隔离级别。
- ISOLATION_READ_UNCOMMITTED：这是事务最低的隔离级别，它允许另外一个事务可以看到这个事务未提交的数据。这种隔离级别会产生脏读、不可重复读和幻像读。
- ISOLATION_READ_COMMITTED：保证一个事务修改的数据提交后才能被另外一个事务读取。另外一个事务不能读取该事务未提交的数据。
- ISOLATION_REPEATABLE_READ：这种事务隔离级别可以防止脏读和不可重复读，但是可能出现幻像读。它除了保证一个事务不能读取另一个事务未提交的数据外，还保证避免不可重复读的情况产生。
- ISOLATION_SERIALIZABLE：这是花费最高代价但是最可靠的事务隔离级别。事务被处理为顺序执行。

8.4 开发:导游管理

8.4.1 任务分析

导游即引导游览,让游客感受山水之美,并且在这个过程中给予游客食、宿、行等各方面帮助,并解决旅游途中可能出现问题的人。导游分为中文导游和外语导游,英文叫 tourguide 或 guide。在我国,导游人员必须通过全国导游人员资格考试以后才能够从业。现在的导游一般挂靠旅行社或集中于专门的导游服务管理机构。在本书的团队预订系统中,导游均挂靠在旅行社下,所以在本次开发中,需要注意导游和旅行社之间的关系维护。

在本章中,需要完成导游管理模块。该模块的功能包括导游信息的增、删、改、查。用户在成功登录系统之后即可在 main.jsp 中单击本模块进入管理页面。模块的功能结构如图 8-6 所示。

后台代码层次结构如图 8-7 所示。

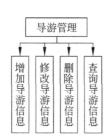

图 8-6 导游管理模块功能结构

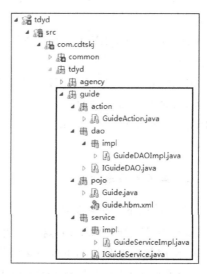

图 8-7 导游管理模块后台代码结构

在本节的开发中需要实现的功能有导游信息的展示、添加导游信息、修改导游信息、删除导游信息,查询导游信息。在本模块的开发中,需要经历如下步骤:

(1) 编写持久层。
(2) 编写业务逻辑层。
(3) 编写表示层。
(4) 编写 JSP 页面。

需要注意的是,本模块仅向旅行社用户开放,所以存在一定的权限问题。在这里主要是指允许用户管理的导游只能是隶属于该旅行社的导游,用户不能查看或管理其他旅行社的导游。

8.4.2 开发步骤

8.4.2.1 编写持久层和业务逻辑层

在第 5 章开发线路管理时，我们已经注意到，整个项目的持久层都是采用统一的通过继承泛型 DAO 的方式编写的，本模块也需要使用此方法，具体如何编写持久层 DAO，请参考 5.3.1 节。

下面编写业务逻辑层 IGuideService.java 和 GuideServiceImpl.java。

IGuideService.java 代码如下所示：

```java
public interface IGuideService {
    //更新导游信息
    public void updateGuide(Guide Guide);
    //删除导游
    public void deleteGuide(Guide Guide);
    //增加导游
    public void addGuide(Guide Guide);
    //通过 id 查询导游
    public Guide queryGuideById(Integer id);
    //查询集合(带分页)
    public Pagination queryPaginationGuide(Guide Guide, Integer page, Integer rows);
    //查询所有的导游
    public List<Guide> queryAllSuitableGuides(Integer agencyid);
}
```

GuideServiceImpl.java 代码如下：

```java
public class GuideServiceImpl implements IGuideService {
    private IGuideDAO dao;
    private IAgencyDAO agencyDAO;
    //get、set
    @Override
    public void updateGuide(Guide guide) {
        Guide guide2=this.dao.get(Guide.class, guide.getId());
        BeanUtils.copyProperties(guide, guide2);    //复制所有属性到另一个对象
        Agency agency = this.agencyDAO.get(Agency.class, guide.getAgency().getId());
        guide2.setAgency(agency);
        this.dao.update(guide2);
    }
    @Override
    public void deleteGuide(Guide guide) {
```

```java
            this.dao.delete(this.dao.get(Guide.class, guide.getId()));
    }
    @Override
    public void addGuide(Guide guide) {
        this.dao.save(guide);
    }
    @Override
    public Guide queryGuideById(Integer id) {
        return this.dao.get(Guide.class, id);
    }
    @Override
    public Pagination queryPaginationGuide(Guide guide,
            Integer page, Integer rows) {
        Object[] parm=null;
        String sql="";
        if(guide.getSex()==null||"".equals(guide.getSex())){
                                                //如果没有传入性别参数,则查询所有导游
            sql+=" from Guide";
            parm=new Object[]{};
        }else{
                if(null!=guide.getAgency()){
                    sql+=" from Guide where name like ? and sex=? and agency.id=? ";
                    parm=new Object[]{"%"+guide.getName()+"%",guide.getSex(),
                    guide.getAgency().getId()};
                }else{
                        sql+=" from Guide where name like ? and sex=? ";
                        parm=new Object[]{"%"+guide.getName()+"%",guide.getSex()};
                }
        }
        List<Guide>guides=this.dao.find(sql, parm,page, rows);
        Long total=this.dao.count(sql, parm);
        return new Pagination(total, page, guides);
    }
    @Override
    public List<Guide>queryAllSuitableGuides(Integer agencyid) {
        if(agencyid==null){
                return this.dao.find("from Guide");
        }else{
                return this.dao.find("from Guide where agency.id="+agencyid);
        }
    }
}
```

编写 Bean 配置,在 applicationContext.xml 中加入如下代码:

```xml
<!--导游管理 -->
<bean id="guideDAO" class="com.cdtskj.tdyd.guide.dao.impl.GuideDAOImpl" parent="baseDao" />
<bean id="guideService" class="com.cdtskj.tdyd.guide.service.impl.GuideServiceImpl">
        <property name="dao" ref="guideDAO" ></property>
        <property name="agencyDAO" ref="agencyDAO" ></property>
</bean>
<bean id="guideAction" class="com.cdtskj.tdyd.guide.action.GuideAction" scope="prototype">
            <property name="guideService" ref="guideService"></property>
</bean>
```

8.4.2.2 编写表现层和页面

表现层代码如下：

```java
public class GuideAction extends ActionSupport {
    private Guide guide;
    private Integer page;
    private Integer rp;
    //get、set
    //添加导游
    public void addGuide() throws Exception {
        HttpServletRequest request=ServletActionContext.getRequest();
         //获取旅行社 id
        Integer agencyid=request.getParameter("agencyid")==null?null:
            Integer.parseInt(request.getParameter("agencyid"));
        if(null!=request.getParameter("agencyid")){
            Agency agency=new Agency();    //创建旅行社对象
            agency.setId(agencyid);
            guide.setAgency(agency);        //将旅行社对象设置到导游对象中
        }
        JSONObject result=new JSONObject();
        boolean flag=true;
        try {
                this.guideService.addGuide(guide);    //执行导游添加
        } catch (Exception e) {
                e.printStackTrace();
                flag=false;
        }
        result.accumulate("result", flag)//返回响应
        ResponseWriteOut.write(ServletActionContext.getResponse(), result.toString());
    }
```

```java
//修改导游
public void updateGuide() throws Exception {
    HttpServletRequest request=ServletActionContext.getRequest();
    Integer agencyid=request.getParameter("agencyid")==null?null:
        Integer.parseInt(request.getParameter("agencyid"));
    if(null!=request.getParameter("agencyid")){
        Agency agency=new Agency();         //创建旅行社对象
        agency.setId(agencyid);
        guide.setAgency(agency);            //将旅行社对象设置到导游对象中
    }
    JSONObject result=new JSONObject();
    boolean flag=true;
    try {
            this.guideService.updateGuide(guide);     //执行导游修改
    } catch (Exception e) {
            e.printStackTrace();
            flag=false;
    }
    result.accumulate("result", flag);     //返回响应
     ResponseWriteOut.write(ServletActionContext.getResponse(), result.
        toString());
}
//删除导游
public void deleteGuide() throws Exception {
    JSONObject result=new JSONObject();
    boolean flag=true;
    try {
            this.guideService.deleteGuide(guide);     //删除导游
    } catch (Exception e) {
            e.printStackTrace();
            flag=false;
    }
    result.accumulate("result", flag);
     ResponseWriteOut.write(ServletActionContext.getResponse(), result.
        toString());
}
//按条件查询分页导游数据
public void queryPagination() throws Exception {
    HttpServletRequest request=ServletActionContext.getRequest();
    Guide tempGuide=new Guide();
    //获取参数
    String name=request.getParameter("name")==null ? "":
        URLDecoder.decode(request.getParameter("name"), "utf-8");
    Boolean sex=request.getParameter("sex")==null ? null:
```

```java
            Boolean.parseBoolean(request.getParameter("sex"));
        Integer agencyid=request.getParameter("agencyid")==null||"".equals
        (request.getParameter("agencyid"))?null:
            Integer.parseInt(request.getParameter("agencyid"));
        if(null!=agencyid){
            Agency agency=new Agency();
            agency.setId(agencyid);
            tempGuide.setAgency(agency);
        }
        tempGuide.setName(name);
        tempGuide.setSex(sex);
        Pagination pagination=this.guideService.queryPaginationGuide(tempGuide,
        page, rp);                           //查询
        ResponseWriteOut.write(ServletActionContext.getResponse(), JsonFilter.
        filterData(pagination));
    }
    //查询所有的导游信息
    public void queryAllSuitableGuides() throws Exception {
        HttpServletRequest request=ServletActionContext.getRequest();
        Integer agencyid=null;
        Agency agency=((SysUser)request.getSession().getAttribute("user")).
        getAgency();
        if(agency!=null){                //如果是旅行社用户,则只能选择本旅行社的导游
            agencyid=agency.getId();
        }else{
            agencyid=request.getParameter("agencyid")==null||"".equals
            (request.getParameter("agencyid"))?
            null:Integer.parseInt(request.getParameter("agencyid"));
        }
        List< Guide > guides = this. guideService. queryAllSuitableGuides
        (agencyid);
        for (int i=0; i<guides.size(); i++) {
            guides.get(i).setAgency(null);
            guides.get(i).setOrders(null);
        }
        JSONArray array=new JSONArray();
        array=array.fromObject(guides);   //将对象转换为JSON
        String result=array.toString();
            ResponseWriteOut.write(ServletActionContext.getResponse(), result.
            toString());
    }
}
```

配置struts.xml:

```xml
<!--导游管理-->
<package name="guide_package" namespace="/guide" extends="struts-default">
    <action name="*" method="{1}" class="guideAction"></action>
</package>
```

编写 Agency.jsp：

```jsp
<!DOCTYPE html>
<html>
<head>
<title>导游管理</title>
<meta http-equiv="Content-Type" content="text/html; charset=utf-8" />
… 导入库文件 …
<script type="text/javascript">
var BASE_URL='<%=basePath%>';
var roles="";
var agencys="";
$(document).ready(function () {         //加载页面时执行
    $.ajax({
        type: 'post',
        url: BASE_URL+'agency/querySuitableAgencys.action',
        dataType: 'json',
        success: function(data){
            agencys=data;
            $("#save").hide();              //隐藏保存按钮
            loadfleigrid();                  //刷新表格
            setTimeout('collapseEast()',500);   //延迟 0.5s 收缩东部弹出窗
        }
    });
    $(window).resize(function () {          //重写 resize 方法
        $("#flex1").flexResize($(window).width(),$(window).height()-1);
    });

});
function reload(){
    $("#flex1").flexReload();
    $("#form1").resetForm();
    $("#save").hide();
}
//把右边的添加块展示出来,并清空块上的 input 框
function add(){}
function edit(grid){}
function query(){}
function save(obj){}
function collapseEast(){
```

```
            $(".easyui-layout").layout('collapse','east');
}
function isnull(obj){}
function loadfleigrid(){//渲染 flexigrid}
function operation(com,grid){}
function formatterSex(value){}
function checkagency(){
    var result=null;
    var ownagencyids=$("#agencyid").val();
    if($("#save").val()=="保存"){
        result= window.showModalDialog(BASE_URL+'html/tdyd/agency/selectAgencys.
            jsp?type=add&rt='+ Math.random()+'&ids='+ownagencyids,'',
            'dialogHeight:600px;dialogWidth:500px');
    }else if($("#save").val()=="修改"){
        result= window.showModalDialog(BASE_URL+'html/tdyd/agency/selectAgencys.
            jsp?type=update&rt=+Math.random()+'&ids='+ownagencyids,'',
            'dialogHeight:600px;dialogWidth:500px');
    }
    if(null!=result){
        for(var i=0;i<result.length;i++){
            $("#agency").val(result[0].name);
            $("#agencyid").val(result[0].id);
        }
    }else{
        $("#agency").val("");
        $("#agencyid").val("");
    }
}
function error(data){}
</script>
</head>
<body style="overflow:hidden;margin:0 0 0 0" class="easyui-layout">
...
</body>
</html>
```

8.5 小　　结

（1）Spring 的事务管理是基于 AOP 实现的
（2）Spring 的事务分为编程式事务和声明式事务，推荐使用声明式事务
（3）zTree 是一个依靠 jQuery 实现的多功能树插件。

8.6 课外实训

1. 实训目的

掌握 Spring 管理事务的实现方法。

2. 实训描述

本次实训主要是开发单词管理模块。单词的学习形式使用闯关的模式,让学生在进行闯关游戏的同时背单词,增加了学习的趣味性。前台页面如图 8-8 所示。

图 8-8 背单词选择关卡

闯关时,首先随机抽选对应关卡的单词进行记忆,在学生记忆完成时开始测试,测试内容为根据中文翻译写出对应的单词,最后对背写单词的成绩进行评星,正确的单词个数越多星级越高。

图 8-9 单词管理模块

综合上述描述,需要开发单词维护、关卡维护和关卡规则维护功能。其中,单词维护主要设置各个关卡内有哪些单词,关卡维护主要设置有多少关卡以及每个关卡的单词数等属性,关卡规则主要设置关卡星级和正确率之间的关系。

单词管理模块共有 3 个菜单,如图 8-9 所示。

任务一:

开发关卡维护功能,主页面如图 8-10 所示。

任务二:

开发单词维护功能,主页面如图 8-11 所示。

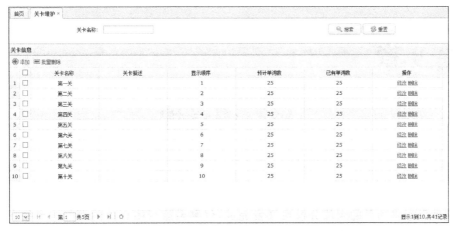

图 8-10 关卡维护

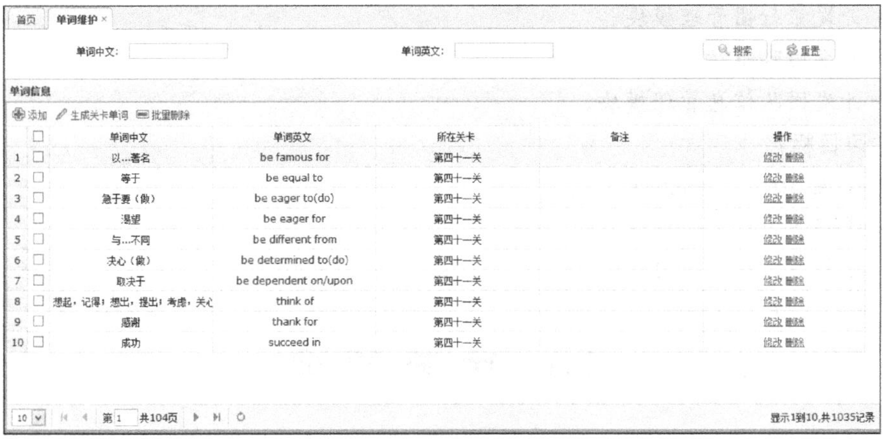

图 8-11 单词维护

任务三：

开发关卡规则维护功能，主页面如图 8-12 所示。

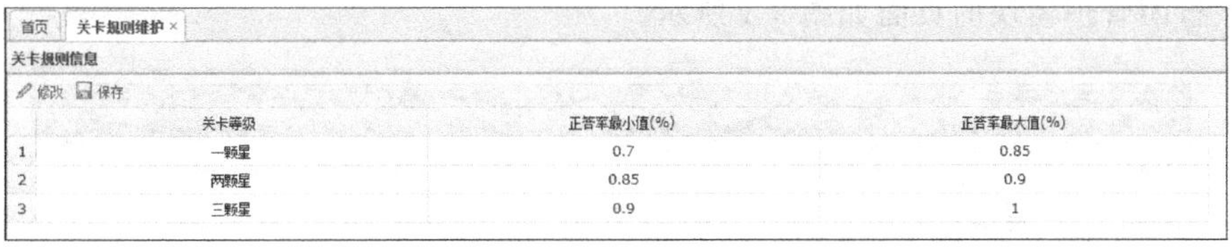

图 8-12 关卡规则维护

3．实训要求

使用 XML 配置的形式完成 Spring 的事务管理。

第 9 章 chapter 9

旅行团管理

前面已经将项目的大部分模块开发完成，仅剩余旅行团订单的发起与审核未完成，本章将完成剩余的所有模块，并学习一些之前还未讲到的知识点。

开发目标：

- 开发旅行团管理模块。
- 开发团队审核模块。
- 开发团队信息管理模块。

学习目标：

- 掌握 Struts 2 的上传下载。
- 掌握 Struts 2 的拦截器。
- 了解 Struts 2 的国际化。

9.1 任务简介

本章的任务是开发本系统的最后 3 个模块，分别是旅行团管理、团队审核和团队信息管理。虽然本章需要同时开发 3 个模块，但难度并不大，这是因为 3 个模块都是对同一个表执行操作，所以 3 个模块的后台代码可以共用，仅仅是不同的前台页面调用相同的 Action 执行不同的业务逻辑而已。下面是 3 个模块需要完成的主要功能。

旅行团管理模块的页面如图 9-1 所示。

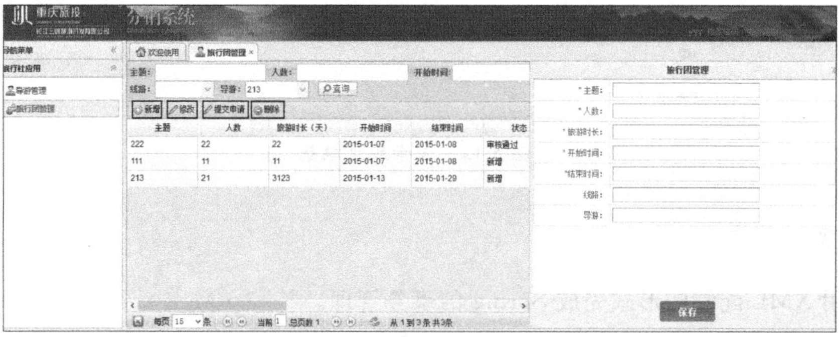

图 9-1 旅行团管理主页

在本模块中需要实现的功能有对旅行团信息的新增、修改、删除、查询、提交申请和审核资料的上传下载功能。

团队审核模块的页面如图 9-2 所示。

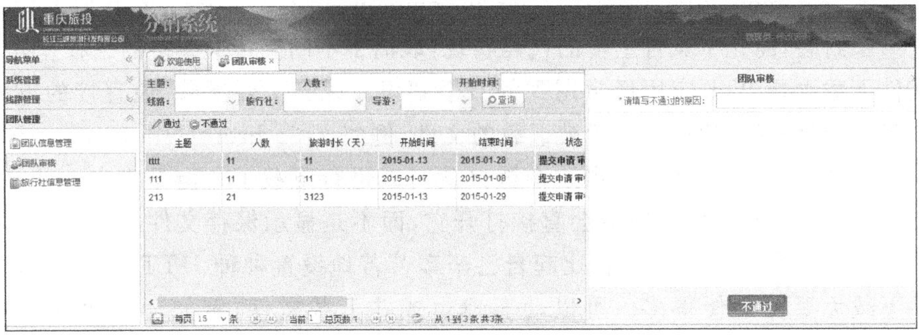

图 9-2　团队审核页面

本模块中需要实现的功能有：查询旅行团信息以及审核旅行团功能，并添加拦截器控制审核的权限。

团队信息管理模块的页面如图 9-3 所示。

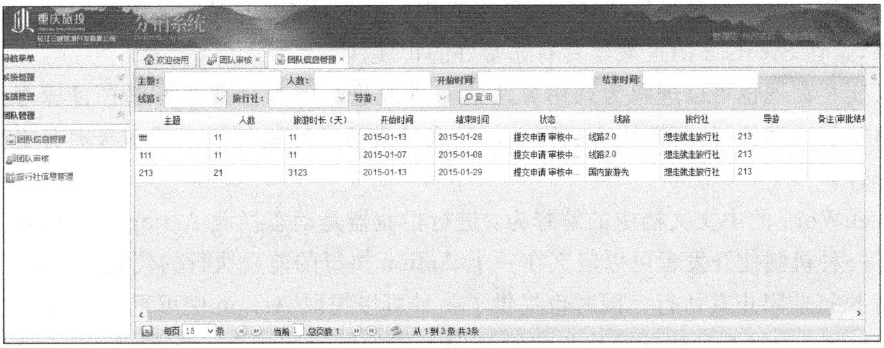

图 9-3　团队信息管理页面

本模块中需要实现的功能有查询旅行团信息并展示。由于本模块并无特殊的要求，所以在本章中不再对该模块的开发进行讲解。

9.2　技术引导

1．Struts 2 上传下载

文件上传是 Web 应用经常用到的一个知识。其原理是，通过为表单元素设置 enctype="multipart/form-data" 属性，让表单提交的数据以二进制编码的方式提交，在接收此请求的 Servlet 中用二进制流来获取内容，就可以取得上传文件的内容，从而实现文件的上传。

Struts 2 并未提供自己的请求解析器，也就是说 Struts 2 不会自己去处理 multipart/

form-data 的请求,它需要调用其他请求解析器,将 HTTP 请求中的表单域解析出来。但 Struts 2 在原有的上传解析器基础上做了进一步封装,简化了文件上传。Struts 2 默认使用的是 Jakarta 的 Common-FileUpload 框架来上传文件,因此,要在 Web 应用中增加两个 Jar 文件:commons-fileupload-1.2.jar 和 commons-io-1.3.1.jar。它在原上传框架上做了进一步封装,简化了文件上传的代码实现,取消了不同上传框架中的编程差异。

文件下载也是 Web 应用经常用到的一个知识。说起文件下载,最直接的方式恐怕是直接写一个超链接,让地址等于被下载的文件,例如:<a href="file1.zip">file1.zip</a>,之后用户在浏览器中单击这个链接就可以进行下载了。但是它有一些缺陷,例如,当地址是一个图片时,浏览器会直接打开它,而不是显示保存文件的对话框。Struts 2 对文件下载做了直接的支持,相比起自己辛辛苦苦地设置种种 HTTP 头来说,现在实现文件下载无疑要简便得多。可以动态地生成并下载文件,例如动态地下载生成的 Excel、PDF、验证码图片等。

2. Struts 2 拦截器

在访问 Struts 2 中某个 Action 之后或者之前会自动调用的类就是 Struts 2 中的拦截器,它的最大特点就是实现了 AOP(面向切面编程),它是可插拔式的,也就是说它可以在需要使用的时候通过配置 XML 文件来实现,而在不使用的时候又不会影响整个框架的效果,这让 Struts 2 的拦截器具有非常好的扩展性。

其实拦截器也可以理解为调用方法的一种改进。因为拦截器可以在目标对象执行以前由系统自动执行,而调用方法则必须显式地进行。这就使拦截器本身拥有更高层次的解耦性。

WebWork 的中文文档中的解释为:进行拦截器是动态拦截 Action 调用的对象。它提供了一种机制使开发者可以定义在一个 Action 执行的前后执行的代码,也可以在一个 Action 执行前阻止其执行。同时也提供了一种可以提取 Action 中可重用部分的方式。

Struts 2 中拦截器栈就是将拦截器按照一定的顺序连接在一起的链,当满足拦截的要求时,则会按照实现声明的顺序依次执行拦截器。

9.3 开发:旅行团管理

9.3.1 任务分析

在本节中,需要完成旅行团管理模块。该模块的主要功能有旅行团订单的增加、修改、删除、查询和旅行团出团申请。用户在成功登录系统之后即可在 main.jsp 中单击本模块进入管理页面。本模块的功能结构如图 9-4 所示。

本模块的后台层次结构如图 9-5 所示。

需要注意的是,本模块面向的用户是旅行社用户,只有旅行社用户才能进行旅行团的增加、修改、删除和提交出团申请的操作。所以这里有一个权限的问题,这和导游管理模块是一样的。该模块的流程图如图 9-6 所示。

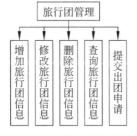

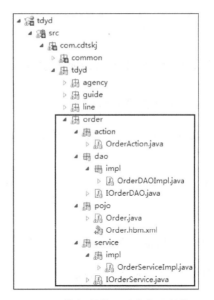

图 9-4　旅行团管理模块功能结构　　　　图 9-5　旅行团管理后台代码结构

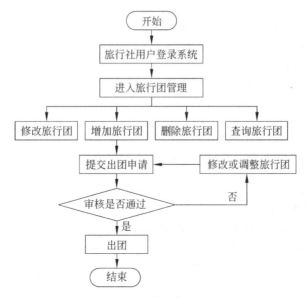

图 9-6　出团申请流程图

在旅行团提出申请时需要上传关于该旅行团的相关资料,用于管理员审核时使用,所以在本模块中涉及文件的上传下载。在实际开发中,经常遇到上传下载资料的需求,这是非常普遍的。在还没使用 Struts 2 之前,都是使用 Apache 下面的 commons 子项目的 FileUpload 组件来进行文件的上传,但是这样的代码非常繁琐且不灵活。而 Struts 2 为文件上传下载提供了更好、更便利的实现机制。在本节中将使用 Struts 2 进行审核资料的上传下载。

9.3.2 开发步骤

9.3.2.1 编写持久层和业务逻辑层

1. 编写日志管理 DAO

持久层和之前章节的做法相同,直接继承 BaseDao 即可。接口和实现类代码如下所示:

```java
public interface IOrderDAO extends IBaseDAO<Order>{}
public class OrderDAOImpl extends BaseDAOImpl<Order> implements IOrderDAO {}
```

2. 编写业务逻辑层

下面是 IOrderService 的代码:

```java
public interface IOrderService {
    //更新旅行团订单信息
    public void updateOrder(Order order);
    //删除旅行团订单
    public void deleteOrder(Order order);
    //增加旅行团订单
    public void addOrder(Order order);
    //通过 id 查询一个旅行团订单
    public Order queryOrderById(Integer id);
    //查询旅行团订单集合(带分页)
    public Pagination queryPaginationOrder(Order order, Integer page, Integer rows);
    //提交旅行团订单申请
    public void applyOrder(Order order);
    //审核旅行团订单
    public void examinePass(Order order);
    //给旅行团订单设置资料文件名
    public void updateOrderFilename(Order order);
}
```

IOrderService 的实现类 OrderServiceImpl 的代码如下:

```java
public class OrderServiceImpl implements IOrderService {
    private IOrderDAO dao;
    //get、set
    ...
    @Override
    public void applyOrder(Order order) {
        Order ordertemp=this.dao.get(Order.class, order.getId());
```

```
        ordertemp.setZt(order.getZt());
        this.dao.update(ordertemp);
    }
    @Override
    public void examinePass(Order order) {
        Order updateorder=this.dao.get(Order.class, order.getId());
        updateorder.setZt(order.getZt());
        updateorder.setRemark(order.getRemark());
        this.dao.update(updateorder);
    }
    @Override
    public void updateOrderFilename(Order order) {
        Order temp=this.dao.get(Order.class, order.getId());
        temp.setFilename(order.getFilename());
        temp.setRealfilename(order.getRealfilename());
        this.dao.update(temp);
    }
}
```

该业务逻辑层中除了包含普通的增、删、改、查方法以外,还增加了3个业务对应的 service 方法,分别是 applyOrder、examinePass 和 updateOrderFilename,它们分别对应旅行团管理的订单申请功能、旅行团订单的审核功能和订单资料上传功能。其中本模块会使用到的方法是 applyOrder 和 updateOrderFilename,examinePass 是团队审核时需要使用到的方法,在这里可以预先将其编写出来。

9.3.2.2 编写表现层和页面

下面编写 OrderAction 的代码,在该 Action 中包含订单的增、删、改、查以及订单申请的处理方法,具体如下所示:

```
public class OrderAction extends ActionSupport {
    private Order order;
    private Integer page;
    private Integer rp;
    private IOrderService orderService;
    //get、set 方法
    //增加旅行团订单
    public void addOrder() throws Exception { … }
    //修改旅行团订单
    public void updateOrder() throws Exception { … }
    //删除旅行团订单
    public void deleteOrder() throws Exception { … }
    //按条件查询分页旅行团订单数据
    public void queryPagination() throws Exception { … }
    //提交旅行团订单申请
```

```java
public void applyOrder() throws Exception{
    JSONObject result=new JSONObject();
    boolean flag=true;
    try {
            order.setZt("apply");
            this.orderService.applyOrder(order);
    } catch (Exception e) {
            e.printStackTrace();
            flag=false;
    }
    result.accumulate("result", flag);
        ResponseWriteOut. write (ServletActionContext. getResponse ( ), result.
        toString());
    }
}
```

在上面的代码中,对订单申请的处理内容就是将该订单的状态字段 zt 设置为 apply,即表示该订单现在属于等待审核的状态。具体的状态对应关系有 new(新增)、apply(提交申请及审核中)、pass(审核通过)、nopass(审核不通过)和未知状态。

在 Action 编写完成之后,还需要配置 Spring 的 Bean 和 struts.xml。

Bean 的配置如下:

```xml
<!--订单信息管理 -->
    <bean id="orderDAO" class="com.cdtskj.tdyd.order.dao.impl.OrderDAOImpl"
    parent="baseDao" />
    < bean id = " orderService " class = " com. cdtskj. tdyd. order. service. impl.
    OrderServiceImpl">
        <property name="dao" ref="orderDAO" ></property>
    </bean>
    <bean id="orderAction" class="com.cdtskj.tdyd.order.action.OrderAction"
    scope="prototype">
        <property name="orderService" ref="orderService"></property>
</bean>
```

struts.xml 的配置如下:

```xml
<!--订单信息管理 -->
    <package name="order_package" namespace="/order" extends="struts-default">
        <action name="*" method="{1}" class="orderAction">
        </action>
    </package>
```

完成了上面的配置之后,后台代码基本就完成了,下面编写旅行团管理的页面 Order.jsp,其代码如下所示:

⋮

```
<script type="text/javascript">
var BASE_URL='<%=basePath%>';
var lines="";                              //存放所有线路
var guides="";                             //存放所有导游
$(document).ready(function(){
    $.ajax({                               //初始化所有线路和导游信息
        type: 'post',
        url: BASE_URL+'line/queryAllLines.action?tree=n',
        dataType: 'json',
        success: function(linedata){
            lines=linedata;
            $.ajax({
                type: 'post',
                url: BASE_URL+'guide/queryAllSuitableGuides.action?agencyid='
                    +$("#agencyid"),
                dataType: 'json',
                success: function(guidedate){
                    guides=guidedate;
                    loadfleigrid();
                    $("#save").hide();
                    setTimeout('collapseEast()',500);
                }
            });
        }
    });
});
function reload(){}                        //重新加载 Flexigrid
function add(){}                           //打开添加订单窗口
function edit(id){}                        //打开修改订单窗口
function query(){}                         //查询
function save(obj){}                       //保存订单
function collapseEast(){}                  //收起东部弹出窗
function loadfleigrid(){}                  //渲染 Flexigrid
function formatterZT(value){}              //格式化订单状态的显示
function formatterupload(value){           //格式化上传资料链接
    return '<a href="'+BASE_URL+'html/tdyd/order/upload.jsp?id='+value+'">上
    传资料</a>';
}
function formatterFilename(value,id){
                    //格式化资料名称,如果已经上传了资料,则将其显示为下载链接
    if(null==value||undefined==value){
        return "";
    }else{
        return '< a href =" javascript: void (0)" id = " ' + id + ' " onclick =
```

```
                    "downloadfile(this)" >'+value+'</a>';
            }
        }
        function downloadfile(o){                  //下载文件
            $.ajax({                               //判断文件是否存在
                type: 'post',
                url: BASE_URL+'order/isExist.action',
                dataType: 'json',
                data:{'downfilename':o.id},
                success: function(data) {
                    if(data){                      //文件存在,发出下载请求
                        document.location=BASE_URL+'order/downloadfile.action?
                        downfilename='+o.id;
                    }else{
                        top.msgShow('系统提示','资料文件丢失!请与管理员联系','error');
                    }
                }
            });
        }
        function initGuideSpan(obj){}
        function operation(com,grid){}             //单击 buttons 执行的方法
        function error(data){}                     //加载出错的处理
        function checkLine(){}                     //弹窗选择线路
        function checkguide(){}                    //弹窗选择导游
        function formatterDate(value){}            //格式化日期为字符串
    </script>
</head>
<body style="overflow:hidden;margin:0 0 0 0" class="easyui-layout">
<div style="width:480px;overflow:auto;" data-options="region:'east',border:
false,split:true,title:'<div align=center>旅行团管理</</div>'">
    <div class="abovepart">
    <form id="form1" action="" method="post">
    <input type="hidden" name="supply_id" id="supply_id"/>
    <table align="center" width="100%" border="0" cellspacing="1" cellpadding="0"
class="wTableBox">
        …
        <tr>
            <td align="right" class="bt1">线路:</td>
            < td class ="iptBox1"> < input type ="text" class ="tsui" name=
                "linename" id="linename" onfocus="checkLine()" />
            <input type="hidden" class="tsui" name="lineid" id="lineid"/>
            </td>
        </tr>
        <tr>
```

```html
                <td align="right" class="bt1">导游:</td>
                 <td class ="iptBox1">< input type ="text" class ="tsui" name=
                        "guidename" id="guidename"onfocus="checkguide()" />
                    <input type="hidden" class="tsui" name="guideid" id="guideid"/>
                </td>
            </tr>
        </table>
    </form>
    </div>
</div>
...
<div data-options="region:'center',border:false,split:true" style="overflow:
hidden;">
    <table id="flex1" style="display:none;"></table>
</div>
</body>
</html>
```

由于代码过多,上面的代码中只是列出了一些需要实现的方法主体。需要注意的是,在添加旅行团订单时,需要设置该旅行团的旅游线路、带团的导游以及出团的旅行社(无须手动选择,后台自动处理)。

9.3.2.3 上传和下载审核资料

通过前面两节的代码编写,旅行团管理的功能已经完成了一大半,现在系统已经实现了旅行团订单的增、删、改、查和提交申请功能,在本小节,将通过 Struts 2 实现上传和下载审核资料功能。

1. 上传

1) 添加 jar 包

Struts 2 框架中的上传是基于 commons-fileupload-xxx.jar 和 commons-io-xxx.jar 来实现的,它将某些复杂的逻辑代码封装起来并将其简化,从而利于开发者的开发。所以在开发前需要将相应的 jar 包加入到项目之中,由于项目之前已经添加了如图 9-7 所示的两个 jar 包,所以这里无须再添加。

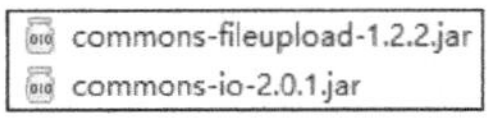

图 9-7 Struts 2 上传功能需要的 jar 包

2) 添加配置

在 struts.xml 中添加常量配置 Struts 2 上传的相关属性,代码如下所示:

```xml
<!--Struts 上传时使用的临时文件夹 -->
<constant name="struts.multipart.saveDir" value="temp/"></constant>
<!--Struts 上传文件大小,以字节为单位 -->
<constant name="struts.multipart.maxSize" value="20971520"></constant>
```

上面的代码中配置了两个常量,分别是上传文件使用的临时文件夹位置和上传文件的限制大小,需要注意的是,文件大小需要以字节为单位,例如代码中的值表示限制最大上传文件为 20MB。

3) 编写代码

在团队预订系统中只有旅行团管理模块需要使用上传功能,所以开发者将实际代码编写到 OrderAction 中,具体代码编写步骤如下。

(1) 在 OrderAction 中添加接收的参数和处理方法。

```java
private File upload;
private String uploadFileName;
private String uploadContentType;
//get、set 方法
//上传附件
public String uploadFile() throws Exception{
    if(upload!=null){
        Long d=new Date().getTime();
        //创建目标文件
        File destFile=new File(ServletActionContext.getServletContext()
            .getRealPath("/upload")+"/"
            +d+uploadFileName.substring(uploadFileName
                .lastIndexOf(".")==-1 ? 0: uploadFileName
                .lastIndexOf("."), uploadFileName.length()));
        //文件复制,使用 commons-io 包提供的工具类
        FileUtils.copyFile(upload, destFile);
        order.setFilename(uploadFileName);
        order.setRealfilename(d+uploadFileName.substring(uploadFileName
            .lastIndexOf(".")==-1 ? 0: uploadFileName
            .lastIndexOf("."), uploadFileName.length()));
        //更新旅行团订单对应的附件名称
        this.orderService.updateOrderFilename(order);
        return "uploadsuccess";
    }else{
        return "err";
    }
}
```

在上面的处理方法中,执行了 order 对象的数据保存。由于上传的文件名可能会存在重复的情况,所以在这里将文件名分为两个字段进行保存,分别是订单的 fileName 和 realFileName。正如字面意思,fileName 是上传文件原来的名字,而 realFileName 则是为其重新设定的名字,realFileName 才是真正保存在服务器上的文件名,这样做的好处是可以避免因文件名重复而发生的冲突,同时在用户查看订单的时候,为其展示原来的文件名即可。

(2) 编写 upload.jsp,代码如下所示:

```
<%@page language="java" contentType="text/html; charset=UTF-8"
```

```jsp
    pageEncoding="UTF-8"%>
<%@ taglib uri="/struts-tags" prefix="s"%>
<!DOCTYPE html PUBLIC "-//W3C//DTD HTML 4.01 Transitional//EN"
"http://www.w3.org/TR/html4/loose.dtd">
<html>
<head>
<meta http-equiv="Content-Type" content="text/html; charset=UTF-8">
<title>上传文件</title>
<script type="text/javascript">
function checkfile(){                        //检查是否已选择了上传文件
    var upload=document.getElementById("upload").value;
    if(null==upload||""==upload){
        alert("请选择你要上传的文件");
        return false;
    }
}
</script>
</head>
<body>
<h1>上传页面</h1>
<form method="post" enctype="multipart/form-data" action="${pageContext.
request.contextPath }/order/uploadFile.action">
    上传文件 <input type="file" name="upload" id="upload" />
    <input type="hidden" name="order.id" value="<%= request.getParameter
    ("id") %>" />
    <input type="submit" value="上传" onclick="return checkfile()" />
</form>
</body>
</html>
```

在上传页面中,定义了一个表单,提交方式为 post 方式,设置表单的 MIME 编码为 multipart/form-data。默认情况,这个编码格式是 application/x-www-form-urlencoded,不能用于文件上传,只有使用了 multipart/form-data,才能完整地传递文件数据。在表单中定义了一个文件选择器并命名为 upload。

在上面的页面中,需要注意的是,创建了一个隐藏的 input 标签用于存储旅行团订单的 id,这样在上传文件时后台就可以通过此 id 将订单与文件关联起来。

(3) 配置 Action。需要在 OrderAction 的配置中添加两个 result,代码如下所示:

```xml
<!--订单信息管理 -->
    <package name="order_package" namespace="/order" extends="struts-default">
        <action name="*" method="{1}" class="orderAction">
            <result name="uploadsuccess">/html/tdyd/order/order.jsp</result>
            <result name="input">/html/tdyd/order/upload.jsp</result>
        </action>
```

```
</package>
```

在上面的配置中,名为 uploadsuccess 的 result 指向旅行团管理的主页面,在上传操作执行成功之后,Action 将通过该配置跳转到旅行团管理的主页面;名为 input 的 result 指向上传页面,当上传文件时发生了任何错误,例如上传的文件超过了限制大小时,Action 将跳转到此页面。

2. 下载

1)添加配置

```
<result type="stream">
    <!--默认流名称 inputStream,此处使用自定义名称 -->
    <param name="inputName">DownloadFile</param>
    <!--根据文件名动态获得 MIME 类型 -->
    <!--在 Action 中需要提供 getContentType 方法 -->
    <param name="contentType">${contentType}</param>
    <!--解析下载附件名问题,attachment 表示浏览器需要打开下载框,不直接打开文件 -->
    <param name="contentDisposition">attachment;filename=${downfilename}
    </param>
</result>
```

在上面代码中需要注意的是,result 的类型一定要书写为 stream 类型。

2)编写代码

(1)在 Action 中添加 downfilename 属性,用以存取需要下载的文件名。

```
private String downfilename;
public String getDownfilename() throws Exception {
    String agent=ServletActionContext.getRequest().getHeader("user-agent");
    return encodeDownloadFilename(downfilename, agent);
                                    //根据不同浏览器进行附件名编码
}
public void setDownfilename(String downfilename) {
HttpServletRequest request=ServletActionContext.getRequest();
Order temp = this.orderService.queryOrderById(Integer.parseInt(request.getParameter("orderId")));
    this.downfilename=temp.getFilename();    //使用查询出的文件名
}
```

上面的代码通过前台传递下来的订单 id 查询出订单的文件名,并设置为属性,供后面下载中传递文件名时使用。在下载之前还应该对文件名进行编码,否则部分浏览器会出现文件名为中文时乱码的情况。代码如下:

```
//下载文件时,针对不同浏览器,进行附件名的编码
public String encodeDownloadFilename(String downloadfilename, String agent)
throws IOException {
```

```
        if (agent.contains("Firefox")) {           //火狐浏览器
            downloadfilename="=?UTF-8?B?"
                  + new BASE64Encoder().encode(downloadfilename.getBytes("utf-8"))
                  +"?=";
        } else {                                   //IE 及其他浏览器
            downloadfilename=URLEncoder.encode(downloadfilename, "utf-8");
        }
        return downloadfilename;
}
```

(2) 添加 Struts 2 的下载配置方法。

```
//提供下载文件流 StreamResult 中默认的 inputName="inputStream";
public InputStream getDownloadFile() throws IOException {
    //下载文件输入流
    HttpServletRequest request=ServletActionContext.getRequest();
    Order temp=this.orderService.queryOrderById(Integer.parseInt(request.getParameter("downfilename")));
    File file=new File(ServletActionContext.getServletContext()
          .getRealPath("/upload")+"/"+temp.getRealfilename());
    return new FileInputStream(file);       //返回文件输入流
}
//根据下载文件名动态获得 MIME 文件类型
public String getContentType() {
    //读取 tomcat/conf/web.xml
    return ServletActionContext.getServletContext().getMimeType(downfilename);
}
//下载文件的方法
public String downloadfile(){
    SysUser user=(SysUser) ServletActionContext.getRequest().getSession().
    getAttribute("user");
    if(user==null){
        return "login";
    }
    return SUCCESS;
}
```

上面共有 3 个方法，下面是 3 个方法的详细解释。

- downloadfile()：下载时调用的主要方法，直接返回 SUCCESS 即可，当然还可以在该方法中添加一些安全操作，例如只有用户成功登录的情况下才能进行文件的下载。
- getDownloadFile()：对应 result 里的 inputName 属性值，Struts 2 会自动调用该方法返回一个输入流，所以需要在该方法中将需要下载的文件转换为输入流返回。
- GetContentType()：该方法用于动态获得下载文件的 MIME 类型。

(3) 添加检查文件是否存在的 AJAX 判断方法如下：

```
//下载前判断文件是否存在
public void isExist() throws IOException {
    HttpServletRequest request=ServletActionContext.getRequest();
    HttpServletResponse response=ServletActionContext.getResponse();
    Order temp= this.orderService.queryOrderById(Integer.parseInt(request.
        getParameter("orderId")));
    File file= new File(ServletActionContext.getServletContext().getRealPath
        ("/upload")+"/"+temp.getRealfilename());
    PrintWriter out=response.getWriter();
    if (file.exists()) {
        out.write("true");
    } else {
        out.write("false");
    }
    out.flush();
    out.close();
}
```

上面的方法主要用于用户下载之前先判断文件是否存在，如果文件不存在，则返回错误，并终止之后的下载操作，反之才进行下载。

9.3.3 相关知识与拓展

1. 文件上传原理

表单元素的 enctype 属性指定的是表单数据的编码方式，该属性有 3 个值：
- application/x-www-form-urlencoded：这是默认的编码方式，它只处理表单域里的 value 属性值，采用这种编码方式的表单会将表单域的值处理成 URL 编码方式。
- multipart/form-data：这种编码方式的表单会以二进制流的方式处理表单数据，这种编码方式会把文件域指定文件的内容也封装到请求参数里。
- text/plain：这种方式主要适用于直接通过表单发送邮件的方式。

文件上传是 Web 应用经常用到的一个知识。其原理是，通过为表单元素设置 enctype="multipart/form-data" 属性，让表单提交的数据以二进制编码的方式提交，在接收此请求的 Servlet 中用二进制流来获取内容，取得上传文件的内容，从而实现文件的上传。

在 Java 领域中，有两个常用的文件上传项目：一个是 Apache 组织 Jakarta 的 Common-FileUpload 组件(http://commons.apache.org/fileupload/)，另一个是 Oreilly 组织的 COS 框架(http://www.servlets.com/cos/)。利用这两个框架都能很方便地实现文件的上传。

2. 单文件上传

Struts 2 并未提供自己的请求解析器，也就是说 Struts 2 不会自己去处理 multipart/form-data 的请求，它需要调用其他请求解析器，将 HTTP 请求中的表单域解析出来。但 Struts 2 在原有的上传解析器基础上做了封装，更进一步简化了文件上传操作。

Struts 2 默认使用的是 Jakarta 的 Common-FileUpload 框架来上传文件，因此，要在 Web 应用中增加两个 Jar 文件：commons-fileupload-1.2.jar 和 commons-io-1.3.1.jar。它在原上传框架上做了进一步封装，简化了文件上传的代码实现，取消了不同上传框架上的编程差异。

下面是使用 Struts 2 的文件上传所需要完成的步骤。

1) 创建带表单域的页面

```
<%@page language="java" contentType="text/html; charset=UTF-8"%>
<html>
<head>
    <title>Struts 2 File Upload</title>
</head>
<body>
    <form action="fileUpload.action" method="POST" enctype="multipart/form-data">
        文件标题：<input type="text" name="title" size="50"/><br/>
        选择文件：<input type="file" name="upload" size="50"/><br/>
      <input type="submit" value=" 上传 "/>
    </form>
</body>
</html>
```

此页面特殊之处只是把表单的 enctype 属性设置为 multipart/form-data。

2) 创建处理上传请求的 Action

```
/**
 *处理文件上传的 Action 类
 *@skyqiang
 *@version1.0
 */
public class FileUploadAction extends ActionSupport {
    private static final int BUFFER_SIZE=16 * 1024;
    //文件标题
    private String title;
    //上传文件域对象
    private File upload;
    //上传文件名
    private String uploadFileName;
```

```java
//上传文件类型
private String uploadContentType;
//保存文件的目录路径(通过依赖注入)
private String savePath;
//以下省略getter和setter
//自己封装的一个把源文件对象复制成目标文件的对象
private static void copy(File src, File dst) {
    InputStream in=null;
    OutputStream out=null;
    try {
            in=new BufferedInputStream(new FileInputStream(src), BUFFER_SIZE);
            out=new BufferedOutputStream(new FileOutputStream(dst),BUFFER_SIZE);
            byte[] buffer=newbyte[BUFFER_SIZE];
            int len=0;
            while ((len=in.read(buffer)) >0) {
                out.write(buffer, 0, len);
            }
    } catch (Exception e) {
            e.printStackTrace();
    } finally {
        if (null !=in) {
            try {
                    in.close();
            } catch (IOException e) {
                e.printStackTrace();
            }
        }
        if (null !=out) {
            try {
                    out.close();
            } catch (IOException e) {
                    e.printStackTrace();
            }
        }
    }
}
@Override
public String execute() throws Exception {
    //根据服务器的文件保存地址和原文件名创建目录文件全路径
    String dstPath=ServletActionContext.getServletContext()
                        .getRealPath(this.getSavePath())
                        +"\\"+this.getUploadFileName();
    System.out.println("上传文件的类型: "+this.getUploadContentType());
    File dstFile=new File(dstPath);
```

```
            copy(this.upload, dstFile);
            return SUCCESS;
      }
}
```

上面这个 Action 类中,提供了 title 和 upload 两个属性来分别对应页面的两个表单域属性,用来封装表单域的请求参数。

值得注意的是,此 Action 中还有两个属性:uploadFileName 和 uploadContentType,这两个属性分别用于封装上传文件的文件名、文件类型。这是 Struts 2 设计的独到之处:Struts 2 的 Action 类通过 File 类型属性直接封装了上传文件的文件内容,但这个 File 属性无法获取上传文件的文件名和文件类型,所以 Struts 2 就直接将文件域中包含的上传文件名和文件类型的信息封装到 uploadFileName 和 uploadContentType 属性中,也就是说 Struts 2 针对表单中名为 xxx 的文件域,在对应的 Action 类中使用 3 个属性来封装该文件域信息:

- 类型为 File 的 xxx 属性:用来封装页面文件域对应的文件内容。
- 类型为 String 的 xxxFileName 属性:用来封装该文件域对应的文件的文件名。
- 类型为 String 的 xxxContentType 属性:用来封装该文件域应用的文件的文件类型。

另外,在这个 Action 类中还有一个 savePath 属性,它的值是通过配置文件来动态设置的,这也是 Struts 2 设计中的一个依赖注入特性的使用。

3) 配置 Struts 2

```
<struts>
    <package name="fileUploadDemo" extends="struts-default">
        <action name="fileUpload" class="org.qiujy.web.struts2.FileUploadAction">
            <!--动态设置 Action 中的 savePath 属性的值 -->
            <param name="savePath">/upload</param>
            <result name="success">/showupload.jsp</result>
        </action>
    </package>
</struts>
```

在这个文件中,与以前普通的 Action 配置的唯一不同之处是:为 Action 配置了一个<param …/>元素,用来为该 Action 的 savePath 属性动态注入值。

4) 运行调试

运行前要在根目录下创建一个名为 upload 的文件夹,用来存放上传后的文件。

3. 多文件上传

Struts 2 也可以很方便地实现多文件上传,它的实现方式和单文件上传基本一致,唯一不同的地方是在 Action 中需要使用数组来接收文件。代码如下所示:

```java
/**
 *处理多文件上传的Action类
 *
 *@skqyiang * @version1.0
 */
public class MultiFileUploadAction extends ActionSupport {
    private static finalintBUFFER_SIZE=16 * 1024;
    //文件标题
    private String title;
    //用File数组来封装多个上传文件域对象
    private File[] upload;
    //用String数组来封装多个上传文件名
    private String[] uploadFileName;
    //用String数组来封装多个上传文件类型
    private String[] uploadContentType;
    //保存文件的目录路径(通过依赖注入)
    private String savePath;
    //以下省略所有属性的getter和setter
    ...
    @Override
    public String execute() throws Exception {
        File[] srcFiles=this.getUpload();
        //处理每个要上传的文件
        for (int i=0; i<srcFiles.length; i++) {
            //根据服务器的文件保存地址和原文件名创建目录文件全路径
            String dstPath=ServletActionContext.getServletContext()
                .getRealPath(this.getSavePath())
                +"\\"+this.getUploadFileName()[i];
            File dstFile=new File(dstPath);
            this.copy(srcFiles[i], dstFile);
        }
        return SUCCESS;
    }
}
```

通过上面的将接收参数变为数组的方法就可以实现Struts 2多文件上传了。

4. 文件下载

Struts 2的文件下载原理很简单,就是定义一个输入流,然后将文件写到输入流中就行,关键在于如何在配置文件中配置这个输入流。代码如下所示:

```xml
<result type="stream">
    <!--默认流名称为inputStream,此处使用自定义名称 -->
    <param name="inputName">DownloadFile</param>
```

```xml
<!--根据文件名动态获得 MIME 类型 -->
<!--在 Action 中需要提供 getContentType 方法 -->
<param name="contentType">${contentType}</param>
<!--解析下载附件名问题,attachment 表示浏览器需要打开下载框,不直接打开文件-->
<param name="contentDisposition">attachment;filename=${downfilename}
</param>
</result>
```

在上面的配置中需要注意以下几点。

1) result 的类型

之前定义一个 Action 时,在 result 中一般都不会填写 type 属性。这是因为它默认使用请求转发(dispatcher)的方式,除此之外一般还有 redirect(重定向)等值。此处使用的是文件下载,返回的是流,所以 type 一定要定义为 stream 类型,告诉 Action 这是文件下载的 result。

2) param 元素

它是用来设定文件下载时的参数,inputName 这个属性就是得到 Action 中的文件输入流,名字一定要和 Action 中返回文件输入流的方法名相同,

3) contentDisposition 属性

这个属性一般用来指定通过什么样的方式来处理下载的文件。如果值是 attachment,则会弹出一个下载框,让用户选择是否下载;如果不设定这个值,那么浏览器会首先查看自己能否打开下载的文件,如果可以打开的话,就会直接打开所下载的文件(这当然不是我们所需要的)。另外一个值就是 filename,它就是在下载文件时所提示的文件下载名字。

在配置完这些信息后,就能够实现文件的下载功能了。

> 关于 Struts 2 上传和下载可查看配套电子资源实例,位置是 CODE\Struts 2\struts2_instance3\src\cn\itcast\struts2\demo1 和 demo2。

9.4 开发:团队审核

9.4.1 任务分析

在本节中,需要完成团队审核模块的开发。该模块的主要功能有旅行团订单的查询和审核。用户在成功登录系统之后即可在 main.jsp 中单击本模块进入管理页面。模块的功能结构如图 9-8 所示。

需要注意的是,本模块面向的用户是管理员用户,只有管理员用户才能进行旅行团出团订单的审核操作。该模块的流程图如图 9-9 所示。

旅行团订单审核是一个比较敏感的操作,该操作仅能由管理员触发,所以在操作权限上需要做限制。在后台接收到审核旅行团的请求时,必须对发起请求的用户进行权限判定,如果不是管理员用户,后台将不允许执行审核操作。

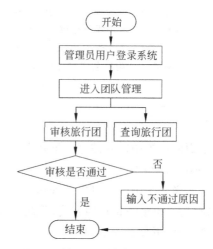

图 9-8　团队审核模块功能结构　　　图 9-9　管理员审核出团订单流程图

在流程中,旅行团审核通过时,需要将该旅行团的状态设置为审核通过;在审核不通过时,除了设置其状态为不通过,还需要添加不通过的原因,以便旅行社进行调整之后再次发起申请。

在这里需要使用拦截器,它是 Struts 2 的一个重要组成部分,在前面的开发中已经用到了很多拦截器的知识和概念。

9.4.2　开发步骤

9.4.2.1　编写表现层和页面

向 OrderAction 中添加如下所示的代码:

```
//按条件查询分页待审核订单数据
public void queryConfirmPagination() throws Exception {
    Order tempOrder=new Order();
    tempOrder.setZt("apply");
    //获取参数,设置参数
    ...
    //查询数据
    Pagination pagination=this.orderService.queryPaginationOrder(tempOrder,
    page, rp);
    ResponseWriteOut.write(ServletActionContext.getResponse(),JsonFilter.
    filterData(pagination));
}
//审核订单
public void examinePass() throws Exception{
    JSONObject result=new JSONObject();
    boolean flag=true;
    try {
```

```
            this.orderService.examinePass(order);
        } catch (Exception e) {
            e.printStackTrace();
            flag=false;
        }
        result.accumulate("result", flag);
        ResponseWriteOut.write(ServletActionContext.getResponse(), result.toString());
    }
```

根据业务需求,团队审核模块查询出的数据均为刚提交申请,还处于等待审核状态的旅行团订单,所以需要对查询数据进行过滤,只展示处于等待审核的订单。上面代码中的 queryConfirmPagination()中增加了一个查询参数,设定查询的订单状态为待审核。

ExaminePass()方法是用户审核时调用的方法,Action 负责将用户发送的数据传递到业务逻辑层,通过业务逻辑层的相应方法将用户审核后的订单状态(zt 属性)和备注(remark 属性)取出,更新该数据。

页面效果图如图 9-10 所示。

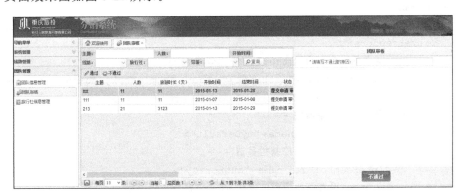

图 9-10　旅行团管理页面

9.4.2.2　编写权限拦截器

审核旅行团订单是只有管理员才能执行的操作,旅行社用户是没有权限来审核订单的,所以需要在执行 examinePass()方法时判断发送该请求的用户是否拥有合法权限能够执行该操作。要实现该功能,根据前面介绍的知识有以下两种方式:

(1)直接在 examinePass()方法中取出 session 中的 user 对象判断。这种方式的侵入性最大,需要在每个有相同权限控制的地方进行编码,灵活性较弱。

(2)使用 Spring AOP,编写环绕通知。这种方式很灵活,可以完成该工作。

下面使用另一种方式来实现该功能,那就是使用 Struts 2 的拦截器。

(1)新增包 com.cdtskj.common.interceptor,并在该包下编写拦截器 ConfirmInterceptor.java,代码如下所示:

```
//订单审核权限拦截器
public class ConfirmInterceptor extends MethodFilterInterceptor{
```

```java
@Override
protected String doIntercept ( ActionInvocation invocation ) throws Exception {
    HttpSession session=ServletActionContext.getRequest().getSession();
    SysUser user= (SysUser) session.getAttribute("user");     //取出用户信息
    if(user==null){
        return "login";
    }else if(user.getAgency()!=null){
        return "error";
    }else{
        return invocation.invoke();
    }
}
}
```

（2）在订单管理的 package 中配置拦截器。代码如下：

```xml
<!--订单信息管理 -->
<package name="order_package" namespace="/order" extends="struts-default">
    <interceptors>
        <!--定义了一个名为 authority 的拦截器 -->
        <interceptor name="authority" class="com.cdtskj.common.interceptor.ConfirmInterceptor" />
        <!--定义一个拦截器栈 -->
        <interceptor-stack name="myDefault">
            <!--加入审核权限控制拦截器 -->
            <interceptor-ref name="authority">
                <!--设置需要拦截的方法,多个方法间以逗号隔开 -->
                <param name="includeMethods">examinePass,queryConfirmPagination
                </param>
            </interceptor-ref>
            <!--加入默认拦截器 -->
            <interceptor-ref name="defaultStack"></interceptor-ref>
        </interceptor-stack>
    </interceptors>
    <action name="*" method="{1}" class="orderAction">
        <result name="uploadsuccess">/html/tdyd/order/order.jsp</result>
        <result name="input">/html/tdyd/order/upload.jsp</result>
        <result name="login">/index.jsp</result>
        <result name="error">/error.jsp</result>
        <result type="stream">
            <!--使用默认流,名称为 inputStream,设置两个头 -->
            <param name="inputName">DownloadFile</param>
            <!--应该根据文件名动态获得 MIME 类型 -->
            <!--在 Action 中需要提供 getContentType 方法 -->
```

```xml
            <param name="contentType">${contentType}</param>
            <!--解析下载附件名问题-->
            <param name=" contentDisposition " > attachment; filename =
            ${downfilename}</param>
        </result>
        <interceptor-ref name="myDefault"></interceptor-ref>
    </action>
</package>
```

使用拦截器之前，首先需要定义拦截器，通过<interceptor>元素可以定义拦截器。在上面的代码中，定义了一个名为 authority 的拦截器，和一个名为 myDefault 的拦截器栈。所谓拦截器栈就是将几个不同的拦截器按一定的顺序串联起来形成的拦截器链，它和拦截器没有什么区别。

通过<interceptor-ref>元素来使用拦截器。从上面的代码可以注意到，<action>元素中使用<interceptor-ref>元素加入了一个名为 myDefault 的拦截器栈，当系统接收到访问该 Action 的请求时会自动调用拦截器栈中的拦截器。拦截器的执行时机是在 Action 的方法执行之前和执行之后，这与 Spring AOP 的环绕通知非常相似，其实拦截就是 AOP 的一种实现策略。

大部分拦截器方法都是通过代理的方式来调用的。Struts 2 的拦截器实现相对简单。当请求到达 Struts 2 的 ServletDispatcher 时，Struts 2 会查找配置文件，并根据其配置实例化相应的拦截器对象，然后串成一个列表(list)，最后一个一个地调用列表中的拦截器。

9.4.3 相关知识与拓展

1. 拦截器的实现原理

事实上，之所以能够如此灵活地使用拦截器，完全归功于动态代理的使用。动态代理使代理对象根据客户的需求做出不同的处理。对于客户来说，只要知道一个代理对象就行了。那么在 Struts 2 中，拦截器是如何通过动态代理被调用的呢？当 Action 请求到来的时候，会由系统的代理生成一个 Action 的代理对象，由这个代理对象调用 Action 的 execute()或指定的方法，并在 struts.xml 中查找与该 Action 对应的拦截器。如果有对应的拦截器，就在 Action 的方法执行前(后)调用这些拦截器；如果没有对应的拦截器，则执行 Action 的方法。该过程的时序图如图 9-11 所示。

2. 拦截器的作用

可以这样说，Sturts 2 本身只是一个空的容器，而由于大量的拦截器使得 Struts 2 拥有非常强大的功能，比如防止表单重复提交、进行输入校验等。

可以从 struts2-core.jar 包下的 struts-default.xml 中看到 Struts 2 都实现了哪些拦截器。大家应该也都了解 struts-default.xml 这个文件是写 struts.xml 时需要继承的 XML 文件，其中就声明了大量的拦截器和拦截器栈。可以找到 defaultStack 这个拦截器

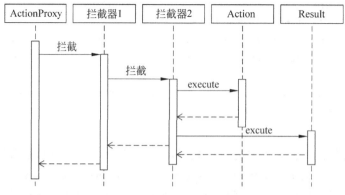

图 9-11 拦截器调用的时序图

栈,它就是 Struts 2 默认加载的拦截器栈,它提供了 Struts 2 的基本操作,比如得到参数并将参数赋值给对应的 Action 中的属性等。

需要注意的是,当手动为某个 Action 添加一个拦截器的时候,会让 defaultStack 自动无效,所以需要首先引用 defaultStack,然后再添加其他的拦截器。

3. 自定义拦截器

Struts 2 默认的拦截器可能无法满足一些实际业务,但是可以自定义拦截器。Struts 2 规定用户在使用自定义拦截器时必须实现 com.opensymphony.xwork2.interceptor.Interceptor 接口。该接口声明了 3 个方法,如下所示:

```
void init();
void destroy();
String intercept(ActionInvocation invocation) throws Exception;
```

其中,init 和 destroy 方法会在程序开始和结束时各执行一遍,不管是否使用了该拦截器,只要在 struts.xml 中声明了该拦截器,它们就会被执行。intercept 方法是拦截的 Action 的主体方法,每次拦截器生效时都会执行其中的逻辑。不过,Struts 中又提供了几个抽象类来简化这一步骤,如下面的代码所示:

```
public abstract class AbstractInterceptor implements Interceptor;
public abstract class MethodFilterInterceptor extends AbstractInterceptor;
```

其中 AbstractInterceptor 提供了 init()和 destroy()的空实现,使用时只需要覆盖 intercept()方法;而 MethodFilterInterceptor 则提供了 includeMethods 和 excludeMethods 两个属性,用来过滤执行该过滤器的 Action 的方法。可以通过 param 来加入或者排除需要过滤的方法。

一般来说,拦截器的写法都差不多,如下面的代码所示:

```
public class MyInterceptor implements Interceptor {
    public void destroy() {
        //TODO Auto-generated method stub
```

```
    }
    public void init() {
        //TODO Auto-generated method stub
    }
    public String intercept(ActionInvocation invocation) throws Exception {
        System.out.println("Action 执行前插入业务逻辑");
        //执行目标方法（调用下一个拦截器，或执行 Action）
        final String res=invocation.invoke();
        System.out.println("Action 执行后插入业务逻辑");
        return res;
    }
}
```

4. 配置拦截器

Struts 2 拦截器需要在 struts.xml 中声明，如下面的代码所示：

```
<struts>
    <package name="default" extends="struts-default">
    <!--定义拦截器 -->
        <interceptors>
            <interceptor name="MyInterceptor" class="interceptor.MyInterceptor">
            </interceptor>
            <!--定义拦截器栈 -->
            <interceptor-stack name="myInterceptorStack">
                <!--加入自定义的拦截器 -->
                <interceptor-ref name="MyInterceptor"/>
                <!--加入默认的拦截器 -->
                <interceptor-ref name="defaultStack"/>
            </interceptor-stack>
        </interceptors>
        <action name="loginAction" class="com.cdtskj.xt.login.loginAction">
            <result name="fail">/index.jsp </result>
            <result name="success">/success.jsp</result>
            <!--调用拦截器 -->
            <interceptor-ref name="myInterceptorStack"></interceptor-ref>
        </action>
    </package>
</struts>
```

> 关于 Struts 2 拦截器可查看配套电子资源实例，位置是 CODE\Struts 2\struts2_instance2_interceptor。

9.5 小　　结

本章完成了团队预订系统的最后 3 个模块的开发。在开发过程中使用到了 Struts 2 的上传和下载功能，同时引入了 Struts 2 的拦截器。

拦截器是 Struts 2 框架中的一个非常重要的核心对象，它可以动态增强 Action 对象的功能，在 Struts 2 框架中，很多重要的功能都是通过拦截器实现的。读者需要掌握拦截器的原理以及如何实现自定义的拦截器。

9.6 课外实训

1. 实训目的

学会使用 Struts 2 进行上传。

2. 实训描述

学生在学习英语时要背单词、学习语法、练习阅读等，在英语学习平台中，需要为学生提供一些学习指导，帮助学生学习英语。在本次实训中，需要开发学习指导模块，学生可通过前台的学习指导入口进入如图 9-12 所示的页面，单击双箭头可进入图 9-13 至图 9-15 所示的页面，打开详情时的页面如图 9-16 所示，并可发布对该指导的评论。

图 9-12　学习指导主页

图 9-13 语法辅导页面

图 9-14 学习策略页面

图 9-15 文化背景知识页面

图 9-16 详细指导页面

任务：

请完成资源管理模块。该模块共有一个菜单，如图 9-17 所示。

图 9-17 资源管理模块

学习指导维护主页面如图 9-18 所示。

单击"添加"，可以添加新的学习资源，如图 9-19 所示。

图 9-18　学习指导维护

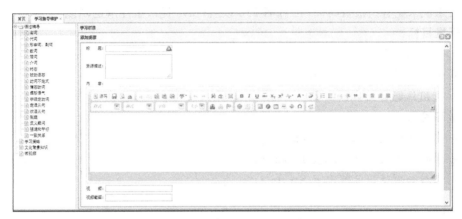

图 9-19　添加学习资源

3. 实训要求

（1）资源内容请使用富文本编辑器完成，这里使用的是 UEditor，请参考其官方主页，地址是 http://ueditor.baidu.com/website/。

（2）学习资源可以上传视频。

第 10 章 注解快速开发

至此我们已经完成了团队预订系统的开发。在开发中,介绍了 Struts 2、Hibernate 和 Spring。同时我们也发现,在这种开发模式中,会产生大量的 XML 配置文件,这对快速开发来说未免有些浪费时间,在 JDK 5.0 以后,Java 提供了注解的功能。

开发目标:
- 使用注解配置 Spring。
- 使用注解配置 Hibernate。
- 使用注解配置 Struts 2。

学习目标:
- 掌握如何使用注解配置 Spring。
- 掌握如何使用注解配置 Hibernate。
- 掌握如何使用注解配置 Struts 2。

10.1 任务简介

本章将使用注解对之前使用 XML 配置完成的项目进行整改,实现"零配置"。所谓"零配置",也就是项目之中不含任何配置文件,或者只有极少的配置文件。由于注解机制的出现,使得这种"零配置"的方式成为了可能。

在本章中,需要将 Spring 的 Bean 配置从配置文件中剔除,使得 Spring 的配置文件中仅配置 Spring 的一些运行参数;将 Hibernate 的配置文件彻底去除,所有的映射文件直接通过注解添加到实体类中;将 Struts 2 的配置添加到 Action 的注解之中,在 Struts 2 的配置文件中只配置一些基本运行参数。

10.2 技术引导

1. 什么是注解

注解早在 J2SE 1.5 推出时就被引入到 Java 中,它主要提供了一种机制,这种机制允许程序员在编写代码的同时可以直接编写元数据。

在引入注解之前,程序员们描述其代码的形式尚未标准化,不同的人做法各异:transient 关键字、注释、接口等。这显然不是一种规范的方式,随之而来的一种崭新的记录元数据的形式——注解被引入到 Java 中。

解释什么是注解的最佳方式就是**元数据**这个词:描述数据自身的数据。注解就是代码的元数据,它们包含了代码自身的信息。

注解可以用在包、类、方法、变量和参数上。被注解的代码并不会直接受注解的影响。注解只会向系统提供关于自己的信息以用于不同的需求。

注解会被编译至 class 文件中,而且会在运行时被处理程序提取出来用于业务逻辑。当然,创建在运行时不可用的注解也是可能的,甚至可以创建只在源文件中可用,在编译时不可用的注解。

2. 为什么要使用注解

在使用注解之前(甚至在使用之后),XML 被广泛地应用于描述元数据。不知从何时开始,一些应用开发人员和架构师发现 XML 的维护越来越糟糕了。他们希望使用一些和代码紧耦合的东西,而不是像 XML 那样和代码是松耦合的(在某些情况下甚至是完全分离的)代码描述。

如果在 Google 中搜索"XML vs. annotations",会看到许多关于这个问题的辩论。最有趣的是 XML 配置其实就是为了分离代码和配置而引入的。上述两种观点可能会让人很疑惑,两种观点似乎构成了一个循环,但各有利弊。假如开发者想为应用设置很多常量或参数,这种情况下,XML 是一个很好的选择,因为它不会同特定的代码相连。如果开发者想把某个方法声明为服务,那么使用注解会更好一些,因为这种情况下需要注解和方法紧密耦合起来,开发人员也必须认识到这点。下面是这两者的主要区别。

(1)注解定义了一种标准的描述元数据的方式。在这之前,开发人员通常使用他们自己的方式定义元数据。例如,使用标记 interfaces、注释、transient 关键字等。每个程序员按照自己的方式定义元数据,而没有采用注解这种标准的方式。

(2)注解可以充分利用 Java 的反射机制获取类结构信息,这些信息可以有效减少配置的工作。如使用 JPA 注解配置 ORM 映射时,就不需要指定 PO 的属性名、类型等信息,如果关系表字段和 PO 属性名、类型都一致,甚至无须编写任务属性映射信息,因为这些信息都可以通过 Java 反射机制获取。

(3)注解和 Java 代码位于一个文件中,而 XML 配置采用独立的配置文件。大多数配置信息在程序开发完成后都不会调整,如果配置信息和 Java 代码放在一起,有助于增强程序的内聚性。而采用独立的 XML 配置文件,程序员在编写一个功能时,往往需要在程序文件和配置文件之间不停切换,这种思维上的不连贯会降低开发效率。因此在很多情况下,注解配置比 XML 配置更受欢迎,有进一步流行的趋势。

3. 注解配置和 XML 配置的选择

从上面看来,是否有了这些注解,就可以完全摒除原来 XML 配置的方式呢?答案是否定的。

1) 注解配置不一定在先天上优于 XML 配置

从 Spring 的注解来看,如果 Bean 的依赖关系是固定的(如 Service 使用了哪几个 DAO 类),这种配置信息不会在部署时发生调整,那么注解配置就优于 XML 配置;反之,如果这种依赖关系会在部署时发生调整,XML 配置显然又优于注解配置,因为注解是对 Java 源代码的调整,需要重新改写源代码并重新编译才可以实施调整。如果 Bean 不是自己编写的类(如 JdbcTemplate、SessionFactoryBean 等),注解配置将无法实施,此时 XML 配置是唯一可用的方式。

2) 注解配置往往是类级别的

由于注解往往是编写在 Java 文件中的,所以会和类捆绑在一起,而 XML 配置则可以表现得更加灵活。比如相比于 @Transaction 事务注解,使用 XML 配置中的 aop/tx 命名空间的事务配置会更加灵活和简单。

所以在实现应用中,往往需要同时使用注解配置和 XML 配置,对于类级别且不会发生变动的配置可以优先考虑注解配置;而对于那些第三方类以及容易发生调整的配置则应优先考虑使用 XML 配置。Spring 会在具体实施 Bean 创建和 Bean 注入之前将这两种配置方式的元信息融合在一起。

目前,许多框架将 XML 和 Annotation 两种方式结合使用,平衡两者之间的利弊。比如团队预订系统使用到的 SSH 框架,它们引入了很多注解类,现在已经可以使用注解配置完成大部分 XML 配置的功能。在本章中,将使用注解来完成三大框架的配置。

10.3 开发:配置 Hibernate

10.3.1 任务分析

由于 Hibernate 的不断发展,它几乎成为 Java 数据库持久性的事实标准。它非常强大、灵活,而且具备了优异的性能。在本节中,将使用注解来简化 Hibernate 代码,并使持久层的编码过程变得更为轻松。

传统上,Hibernate 的配置依赖于外部 XML 文件:数据库映射被定义为一组 XML 映射文件,并且在启动时进行加载。

但现在的 Hibernate 版本中,出现了一种基于 Java 注解的更为巧妙的新方法。借助新的 Hibernate Annotation 库,即可一次性地分配所有旧映射文件,一切都会按照开发者的想法来定义。而注解直接嵌入 Java 类中,并提供一种强大及灵活的方法来声明持久性映射。即利用 Hibernate 注解后,可以不用定义持久化类对应的 *.hbm.xml 文件,而直接以注解方式写入持久化类中来实现。

在本节中,需要使用注解将 Hibernate 的所有映射文件去除。在配置完成之后,系统中将不再存在.hbm.xml 文件。

在任务中需要完成以下两个步骤:

(1) 删除所有.hbm.xml 映射文件。

(2) 在 POJO 实体类中添加注解。

10.3.2 开发步骤

1. 删除所有 .hbm.xml 映射文件

请将所有 pojo 包下的映射文件删除,其中 guide 包删除后的结构如图 10-1 所示。

图 10-1　删除映射文件之后的代码结构

2. 在 POJO 实体类中添加注解

下面是 Guide 实体类加入注解后的代码:

```
@Entity                                    //表示这是一个实体类
@Table(name="ly_guide",catalog="tdyd")
                                           //表示该实体类对应数据库 tdyd 的 ly_guide 表
public class Guide implements java.io.Serializable {
    private Integer id;
    private String name;
    private String phone;
    private String email;
    private Boolean sex;
    private String qq;
    private String remark;
    private Agency agency;
    private Set<Order> orders=new HashSet<Order>();
    @Id    //表示该属性是实体类的标识
    @GeneratedValue(strategy=GenerationType.IDENTITY)
                                           //表示该字段生成值的方式是自动增长
    @Column(name="ID", unique=true, nullable=false)
                                           //表示该字段对应的字段名为 ID,非空且唯一
    public Integer getId() {
        return this.id;
    }
    public void setId(Integer id) {
        this.id=id;
    }
```

```java
@Column(name="NAME", length=50)      //表示该字段对应字段名为NAME,字段长度为50
public String getName() {
    return this.name;
}
public void setName(String name) {
    this.name=name;
}
@Column(name="PHONE", length=20)
public String getPhone() {
    return this.phone;
}
public void setPhone(String phone) {
    this.phone=phone;
}
@Column(name="EMAIL", length=20)
public String getEmail() {
    return this.email;
}
public void setEmail(String email) {
    this.email=email;
}
@Column(name="SEX")
public Boolean getSex() {
    return this.sex;
}
public void setSex(Boolean sex) {
    this.sex=sex;
}
@Column(name="QQ", length=20)
public String getQq() {
    return this.qq;
}
public void setQq(String qq) {
    this.qq=qq;
}
@Column(name="REMARK", length=50)
public String getRemark() {
    return this.remark;
}
public void setRemark(String remark) {
    this.remark=remark;
}
//一对多方式：@OneToMany
//级联操作：cascade=CascadeType.ALL
```

```
        //延迟加载: fetch=FetchType.LAZY
        //映射: mappedBy="guide"
        @OneToMany(cascade = CascadeType.ALL, fetch = FetchType.LAZY, mappedBy =
        "guide")
        public Set<Order>getOrders() {
            return this.orders;
        }
        public void setOrders(Set<Order>orders) {
            this.orders=orders;
        }
        //多对一方式: @ManyToOne
        //延迟加载: fetch=FetchType.LAZY
        //关联信息: 外键 name="AGENCYID"
        @ManyToOne(fetch=FetchType.LAZY)
        @JoinColumn(name="AGENCYID")
        public Agency getAgency() {
            return this.agency;
        }
        public void setAgency(Agency agency) {
            this.agency=agency;
        }
    }
```

从上面的代码可以看到,之前配置文件的所有内容都以注解的方式写入实体类当中,其配置的属性与 XML 基本一致。值得注意的是,对于属性的所有注解都是将其编写在该属性的 get 方法上的,但注解其实也可以放在成员变量上,只是本书主张将注解放在 get 方法之上,这是因为注解如果放在成员变量上就等于破坏了 Java 的封装机制。

接下来请将原项目所有的 POJO 按该方式进行修改。

10.3.3 相关知识与拓展

使用注解配置 Hibernate 的关键在于如何配置实体类。下面是配置实体类的两个部分。

1. 类注解

`@Entity`

声明该类为持久类。将一个 JavaBean 类声明为一个实体的数据库表映射类,最好实现序列化。此时,默认情况下,所有的类属性都为映射到数据表的持久性字段。如果在持久类中需要添加额外的属性,这些属性并不与数据库中的字段映射,则需要使用 @Transient 注解对该属性进行标记。

`@Table(name="ly_guide",catalog="tdyd")`

映射一个表 ly_guide,所对应的数据库是 tdyd,该数据库配置可以省略。

@Table 注解的属性说明如下:

name:表名。

catalog:对应关系数据库中的 catalog。

schema:对应关系数据库中的 schema。

UniqueConstraints:定义一个 UniqueConstraint 数组,指定需要建立唯一约束的列。

2. 字段属性注解

`@Id`

表明该字段是标识字段。

`@GeneratedValue(strategy=GenerationType.IDENTITY)`

定义自动增长的主键的生成策略。JPA 提供了 4 种常用策略,分别为 TABLE、SEQUENCE、IDENTITY、AUTO。

> TABLE:使用一个特定的数据库表格来保存主键。
> SEQUENCE:根据底层数据库的序列来生成主键,条件是数据库支持序列。
> IDENTITY:主键由数据库自动生成(主要是自动增长型)。
> AUTO:主键由程序控制。

需要注意的是,在指定主键时,如果不指定主键生成策略,默认为 AUTO。

`@Column(name="description", length=500)`

定义属性和数据库字段的映射。如上面的注解表示映射表中 description 字段长度为 500。

该注解的属性如表 10-1 所示。

表 10-1 @Column 注解的属性列表

属性名	要求	默认值	说明
name	可选	属性名	列名
unique	可选	false	是否在该列上设置唯一约束
nullable	可选	false	是否设置该列的值可以为空
insertable	可选	true	该列是否作为生成的 insert 语句中的一个列
updatable	可选	true	该列是否作为生成的 update 语句中的一个列
columnDefinition	可选	无	为这个特定列覆盖 SQL DDL 片段(这可能导致无法在不同数据库间移植)
table	可选	主表名	定义对应的表
length	可选	255	列的长度
precision	可选	0	列的十进制精度(decimal precision)
scale	可选	0	如果列的十进制数值范围(decimal scale)可用,则使用此属性设置

`@OneToOne(cascade=CascadeType.ALL)`

该注解设置一对一关联。

`@OneToMany(cascade=CascadeType.ALL,fetch=FetchType.LAZY,mappedBy=category")`

该注解定义了一个一对多的关系,其中,cascade=CascadeType.ALL 表示级联操作为全部级联,fetch=FetchType.LAZY 表示使用延迟加载,mappedBy="category"表示映射的属性名为 category。

`@ManyToOne(fetch=FetchType.LAZY)`
`@JoinColumn(name="category_id")`

上面的两个注解同时使用,完成多对一的关系描述。其中,@ManyToOne 是表示这是一个多对一的关系,fetch=FetchType.LAZY 表示使用延迟加载,@JoinColumn(name="category_id")表示这个属性所对应的属性名为 category_id。

`@Transient`

该注解表示指定的这些属性不会被持久化,也不会为这些属性建立表字段。

`@OrderBy(value="id desc")`

该注解表示加载集合时按 id 的升序排序,该注解需要放置于可排序的集合上才能生效。

> 关于 Hibernate 注解开发可查看配套电子资源实例,位置是 CODE\Hibernate\hibernate_instance3_annotation。

10.4 开发:配置 Struts 2

10.4.1 任务分析

通常情况下,Struts 2 是通过 struts.xml 配置的。但是随着系统规模的加大,需要配置的文件就会越来越大,越来越多。虽然可以根据不同的系统功能将不同模块的配置文件单独书写,然后通过<include>节点将不同的配置文件引入到最终的 struts.xml 文件中,但是仍要维护和管理这些文件。为了解决这个问题,可以考虑使用 Struts 2 的注解。实际上 Struts 2 中最主要的概念就是 Package、Action 以及 Interceptor 等概念,所以只要明白这些注解就可以了。

在本节中,将使用注解移除所有的 Action 配置,在完成后,系统的 Struts 2 配置仅剩下系统配置。

在本节任务中需要完成以下两个步骤:

(1)删除所有 struts.xml 文件中的 Action 配置。

(2)在表现层的 Action 类中添加注解。

10.4.2 开发步骤

下面是 OrderAction 加入注解后的部分代码:

```java
@Namespace("/order")                                    //设置命名空间
@ParentPackage("struts-default")                        //设置父包
@Results({@Result(name="success", type="stream", params={
        "contentType", "${contentType}",
        "inputName", "inputStream",
        "contentDisposition",  "attachment;filename=\"${downfilename}\""}),
        @Result(name="uploadsuccess",location="/html/tdyd/order/order.jsp"),
        @Result(name="input",location="/html/tdyd/order/upload.jsp"),
        @Result(name="login",location="/index.jsp")
})//设置 result
@ExceptionMappings({
@ExceptionMapping(exception="java.lang.Exception",result="error") }
) //设置异常处理
public class OrderAction extends ActionSupport {
    private Order order;
    private Integer page;
    private Integer rp;
    private File upload;
    private String uploadFileName;
    private String uploadContentType;
    private String downfilename;
    /*get、set*/

    /**
     * 增加订单
     * @throws Exception
     */
    @Action("addOrder")
    public void addOrder() throws Exception {
        JSONObject result=new JSONObject();
        boolean flag=true;
        try {
                order.setZt("new");                     //设置订单状态为 new
                this.orderService.addOrder(order);      //执行订单添加
        } catch (Exception e) {
                e.printStackTrace();
                flag=false;
        }
        result.accumulate("result", flag);
        ResponseWriteOut.write(ServletActionContext.getResponse(), result.
```

```
            toString());
        }
        ...
}
```

从上面的代码可以看到,之前使用 XML 文件进行的配置通过注解的形式移植到了 Action 中来。配置的内容和 XML 没有太大的区别,而配置方式也同样简单。需要配置 Action 的命名空间@Namespace、继承的包@ParentPackage、返回结果@Results 和匹配请求@Action 以及异常处理@ExceptionMapping。

10.4.3 相关知识与拓展

如果希望使用 Struts 2 的注解功能,必须使用一个包 struts2-convention-plugin-2.1. 8.1.jar,本书使用的环境是 Struts 2.1.8.1。如果使用了不同的版本,找相应的名字就行。

在以上所述的 jar 文件中定义了一系列的注解,其中比较主要的注解如表 10-2 所示。

表 10-2 Struts 2 的常用注解

注解名称	描 述	属 性	属 性 描 述
@ParentPackage	对应＜package＞节点的 extend 属性	value	值
@Namespace	命名空间,对应＜package＞节点的 namespace 属性	value	值
@Action	对应＜action＞节点。这个注解可以应用于 Action 类上,也可以应用于方法上	value()	表示 Action 的 URL,也就是＜action＞节点中的 name 属性
		results()	表示 Action 的多个 result;这个属性是一个数组属性,因此可以定义多个 result
		interceptor-Refs()	表示 Action 的多个拦截器。这个属性也是一个数组属性,因此可以定义多个拦截器
		params()	这是一个 String 类型的数组,它按照 name/value 的形式组织,是传给 Action 的参数
		exception-Mappings()	这是异常属性,它是一个 ExceptionMapping 的数组属性,表示 Action 的异常,在使用时必须引用相应的拦截器
@Result	对应＜result＞节点。只能应用于 Action 类上	name()	表示 Action 方法的返回值,也就是＜result＞节点的 name 属性,默认情况下是 success
		location()	表示 view 层文件的位置,可以是相对路径,也可以是绝对路径
		type()	是 Action 的类型,比如 redirect
		params()	是一个 String 数组,也是以 name/value 形式传送给 result 的参数

> 关于 Struts 2 注解开发可查看配套电子资源实例,位置是 CODE\Struts 2\struts2_instance1_annotation。

10.5 开发:配置 Spring

10.5.1 任务分析

通过前面的学习,我们知道 Spring 最大的特点是 IoC 容器,它需要管理许多 Bean,它的管理是通过在 XML 文件中配置的 Bean 来实现的。当业务越来越多时,需要配置的 Bean 也就越来越多,XML 文件就会逐渐增大。在使用注解之后,就不需要在 XML 文件中配置 Bean 了,Spring 提供的几个辅助类会自动扫描和装配这些 Bean。而本节的任务就是使用注解去除 Spring 配置文件中的 Bean 配置。

10.5.2 开发步骤

1. 开启注解驱动支持

注解实现 Bean 配置主要用来进行如依赖注入、生命周期回调方法定义等,不能消除 XML 文件中的 Bean 元数据定义,且基于 XML 配置中的依赖注入的数据将覆盖基于注解配置中的依赖注入的数据。Spring 基于注解实现 Bean 依赖注入除了使用 Spring 自带依赖注入注解外,还支持如下 3 种注解:

(1) JSR-250 注解:Java 平台的公共注解,是 JavaEE 5 规范之一,在 JDK6 中默认包含这些注解,从 Spring 2.5 开始支持。

(2) JSR-330 注解:Java 依赖注入标准,JavaEE 6 规范之一,可能加入到未来 JDK 版本,从 Spring 3 开始支持。

(3) JPA 注解:用于注入持久化上下文和实体管理器。

这 3 种类型的注解在 Spring 3 中都支持,类似于注解事务支持,想要使用这些注解,需要在 Spring 容器中开启注解驱动支持,使用如下配置开启注解驱动:

```xml
<beans xmlns="http://www.springframework.org/schema/beans"
    xmlns:xsi="http://www.w3.org/2001/XMLSchema-instance"
    xmlns:context="http://www.springframework.org/schema/context"
    xsi:schemaLocation=" http://www.springframework.org/schema/beans
        http://www.springframework.org/schema/beans/spring-beans-3.0.xsd
        http://www.springframework.org/schema/context
        http://www.springframework.org/schema/context/spring-context-3.0.xsd">
    <!--开启注解驱动 -->
    <context:annotation-config/>
</beans>
```

通过上面的配置就可以使用 Spring 的注解了。

2. 添加注解

下面为 AgencyAction 添加 Spring 的注解,主要体现在如下两个方面。
1) 依赖注入

为属性引入@Resource 注解(另一种方式是使用@Autowired,但不推荐使用),实现属性的自动装配。下面是具体的实现代码。

类的实现有两种方法,一种是对成员变量进行标注:

```
public class AgencyAction extends ActionSupport {
    @Resource
    private IAgencyService agencyService;
    ...
}
```

另一种是对方法进行标注:

```
public class AgencyAction extends ActionSupport {
    private IAgencyService agencyService;
    @Resource
    public void setAgencyService(IAgencyService agencyService) {
        this.agencyService=agencyService;
    }
    ...
}
```

配置文件如下:

```
< bean id =" agencyService" class =" com. cdtskj. tdyd. agency. service. impl. AgencyServiceImpl" />
```

通过上面的配置就完成了属性的自动装配。@Resource 可以对成员变量、方法和构造函数进行标注,来完成自动装配的工作。在以上两种不同实现方式中,虽然@Resource 的标注位置不同,但它们都会在 Spring 在初始化 AgencyAction 这个 Bean 时,自动装配 agencyService 这个属性。它们的区别是:第一种实现中,Spring 会直接将 IAgencyService 类型的唯一一个 Bean 赋值给 agencyService 这个成员变量;第二种实现中,Spring 会调用 setAgencyService 方法来将 IAgencyService 类型的唯一一个 Bean 装配到 agencyService 这个属性。

值得注意的是,本书之所以不推荐使用@Autowired 注解,是因为@Autowired 默认是使用 byType 进行自动装配的,这种装配方式比较容易因为找到多个匹配的 Bean 而抛出异常;而@Resource 优先使用 byName 注入,如果找不到相应名称的 Bean,才会使用 byType 进行自动装配。

下面对比一下在使用注解前实现依赖注入使用的方式。

类的实现如下:

```java
public class AgencyAction extends ActionSupport {
    private IAgencyService agencyService;
    public void setAgencyService(IAgencyService agencyService) {
        this.agencyService=agencyService;
    }
    ...
}
```

配置文件如下：

```xml
<bean id="agencyAction" class="com.cdtskj.tdyd.agency.action.AgencyAction" scope="prototype">
    <property name="agencyService" ref="agencyService"></property>
</bean>
```

从上面的对比可以看出，使用注解之后，将不再手动装配 Bean，而是使用自动装配，如此即可在完成原有功能的前提下减少代码量。

2）Bean 的定义

以上介绍了通过 @Autowired 或 @Resource 来实现在 Bean 中自动注入的功能，下面介绍如何注解 Bean，从而从 XML 配置文件中完全移除 Bean 定义的配置。

通过注解实现 Bean 的定义，需要用到的注解有 @Component（不推荐使用）、@Repository、@Service、@Controller，我们所要做的事情就是在需要定义为 Bean 的类上加上一个 @Component 注解即可。下面的代码是定义 AgencyAction 为 Bean：

```java
@Component
public class AgencyAction extends ActionSupport {
    ...
}
```

使用 @Component 注解定义的 Bean，它的默认的名称（id）是小写开头的非限定类名。如上面的代码中定义的 Bean 名称就是 agencyAction。当然也可以指定 Bean 的名称，如 @Component("agencyAction")。

@Component 是所有受 Spring 管理组件的通用形式，Spring 还提供了更加细化的注解形式：@Repository、@Service、@Controller，它们分别对应持久层的 Bean、业务层 Bean 和表示层 Bean。目前，这些注解与 @Component 的语义是一样的，完全通用，但在 Spring 以后的版本中可能会给它们追加更多的语义。所以，推荐使用 @Repository、@Service、@Controller 来替代 @Component，如下面的代码所示。

表示层：

```java
@Controller
public class AgencyAction extends ActionSupport {
    ...
}
```

业务层：

```
@Service("agencyService")
public class AgencyServiceImpl implements IAgencyService {
    ...
}
```

持久层：

```
@Repository("agencyDAO")
public class AgencyDAOImpl extends BaseDAOImpl<Agency> implements IAgencyDAO {
    ...
}
```

在使用 XML 定义 Bean 时，可能还需要通过 Bean 的 scope 属性来定义一个 Bean 的作用范围，如 AgencyAction，同样可以通过 @Scope 注解来完成这项工作：

```
@Controller
@Scope("prototype")
public class AgencyAction extends ActionSupport {
    ...
}
```

通过上面的配置就将 Bean 定义好了，但是要让 Bean 定义的注解工作起来，还要进行如下操作：

```
<beans xmlns="http://www.springframework.org/schema/beans"
    xmlns:xsi="http://www.w3.org/2001/XMLSchema-instance"
    xmlns:context="http://www.springframework.org/schema/context"
    xsi:schemaLocation="http://www.springframework.org/schema/beans
    http://www.springframework.org/schema/beans/spring-beans-2.5.xsd
    http://www.springframework.org/schema/context
    http://www.springframework.org/schema/context/spring-context-2.5.xsd">
    <!--开启自动扫描 -->
    <context:component-scan base-package="com.cdtskj.*"/>
</beans>
```

通过上面的配置，就移除了所有使用＜bean＞元素定义的 Bean 配置，仅仅需要增加一个＜context:component-scan/＞配置即可，如此 Spring 的 XML 配置就得到了极致的简化。＜context:component-scan/＞的 base-package 属性指定了需要扫描的类包，该类包及其递归子包中所有的类都会被处理。

值得注意的是，＜context:component-scan/＞配置项不但启用了对类包进行扫描以实施注解驱动 Bean 定义的功能，同时还启用了注解驱动自动注入的功能，因此当使用＜context:component-scan/＞后，就可以将＜context:annotation-config/＞移除了。所以请移除之前配置的＜context:annotation-config/＞。

10.5.3 相关知识与拓展

前面介绍了如何使用 Spring 的一些常用的注解，下面回顾一下配置 Spring 的一些注解。

1. 常用注解

1) @Autowired

Spring 2.5 引入了@Autowired 注解，它可以对类成员变量、方法及构造函数进行标注，完成属性自动装配的工作。

（1）将@Autowired 注解标注在成员变量上：

```
public class AgencyAction extends ActionSupport {
    @Autowired
    private IAgencyService agencyService;
    ...
}
```

按照上面的配置，Spring 将直接采用 Java 反射机制对 AgencyAction 中的 agencyService 进行自动注入。所以对成员变量使用 @Autowired 后，可以将这些成员变量的 Setter 方法删除。

（2）将@Autowired 注解标注在 Setter 方法上

```
public class AgencyAction extends ActionSupport {
    private IAgencyService agencyService;
    @Autowired
    public void setAgencyService(IAgencyService agencyService) {
        this.agencyService=agencyService;
    }
    ...
}
```

（3）将@Autowired 注解标注在构造函数上：

```
public class AgencyAction extends ActionSupport {
    private IAgencyService agencyService;
    @Autowired
    public AgencyAction(IAgencyService agencyService) {
        this.agencyService=agencyService;
    }
    ...
}
```

通过上面的配置，@Autowired 将寻找和类型为 IAgencyService 的 Bean，将它作为 AgencyAction(IAgencyService agencyService)的参数来创建 AgencyAction。

2) @Qualifier

当在 Spring 容器中配置了两个类型为 IAgencyService 类型的 Bean 时，在使用 @Autowired 对 AgencyAction 的 agencyService 成员变量进行自动注入时，Spring 容器

将无法确定到底要用哪一个 Bean,此时就会发生异常。

为了解决上面的问题,Spring 允许通过@Qualifier 注解指定注入 Bean 的名称,这样歧义就消除了,可以通过下面的方法解决异常:

```
@Autowired
public void setAgencyService(@Qualifier("agencyService") IAgencyService agencyService){
    this.agencyService=agencyService;
}
```

@Qualifier("agencyService") 中的 agencyService 是 Bean 的名称,所以 @Autowired 和 @Qualifier 结合使用时,自动注入的策略就从 byType 转变成 byName 了。

上面是存在多个匹配的 Bean 的处理方法,那么如果不存在匹配的 Bean 又怎么处理呢? 虽然这种情况几乎不会发生,但是如果发生了这种情况,只需要按如下代码所示处理即可:

```
ublic class AgencyAction extends ActionSupport {
    @Autowired(required=false)
    private IAgencyService agencyService;
    ...
}
```

3) @Resource

@Resource 是 JSR-250 标准注解,推荐使用它来代替 Spring 专有的@Autowired 注解。@Resource 的作用相当于@Autowired,只不过@Autowired 按 byType 自动注入,而@Resource 默认按 byName 自动注入罢了。

@Resource 有两个属性是比较重要的,分别是 name 和 type。Spring 将 @Resource 注解的 name 属性解析为 Bean 的名字,而 type 属性则解析为 Bean 的类型。下面是 @Resource 的几种不同的装配方式。

(1) 如果同时指定了 name 和 type,则从 Spring 上下文中找到唯一匹配的 Bean 进行装配,找不到则抛出异常。

(2) 如果指定了 name,则从上下文中查找名称(id)匹配的 Bean 进行装配,找不到则抛出异常。

(3) 如果指定了 type,则从上下文中找到类型匹配的唯一 Bean 进行装配,找不到或者找到多个,都会抛出异常。

(4) 如果既没有指定 name,又没有指定 type,则自动按照 byName 方式进行装配;如果没有匹配,则回退为一个原始类型(UserDao)进行匹配,如果匹配则自动装配。

4) @Component、@Repository、@Service 和@Controller

@Component 是所有受 Spring 管理组件的通用形式,只需要在对应的类上加上一个 @Component 注解,就将该类定义为一个 Bean 了。除此之外,Spring 还提供了更加细化的注解形式:@Repository、@Service、@Controller,它们分别对应持久层 Bean、业务层 Bean 和表示层 Bean。目前,这些注解与@Component 的语义是一样的,完全通用,在

Spring 以后的版本中可能会给它们追加更多的语义。所以，如果应用程序采用了经典的三层分层结构，最好在持久层、业务层和控制层分别采用@Repository、@Service 和 @Controller 对分层中的类进行注解，而用@Component 对那些比较中立的类进行注解。

5）@Scope

默认情况下通过@Component 定义的 Bean 都是 singleton 的，如果需要使用其他作用范围的 Bean，可以通过@Scope 注解来达到目标。

6）@Transactional

顾名思义，该注解就是用于事务控制的。@Transactional 拥有的属性如表 10-3 所示。

表 10-3　@Transactional 注解的属性列表

属　性	类　型	默认值	说　明
propagation	propagation 枚举	REQUIRED	事务传播属性
isolation	isolation 枚举	DEFAULT	事务隔离级别
readOnly	boolean	FALSE	是否只读
timeout	int	-1	超时（秒）
rollbackFor	Class[]	{}	需要回滚的异常类
rollbackForClassName	String[]	{}	需要回滚的异常类名
noRollbackFor	Class[]	{}	不需要回滚的异常类
noRollbackForClassName	String[]	{}	不需要回滚的异常类名

@Transactional 可以被应用到对象级别或者方法级别上。如果将@Transactional 标注为对象级别，对象中的所有方法将"继承"该对象级别上的@Transactional 的事务管理元数据信息；如果某个方法有特殊的事务管理需求，可以在方法级别添加更加详细的 @Transactional 设定。

仅仅通过@Transactional 标注业务对象以及对象中的业务方法并不会为业务方法带来任何事务管理的支持，@Transactional 只是一个标志而已，需要在执行业务方法的时候通过反射读取这些信息，并根据这些信息构建事务，才能使这些声明的事务行为生效。

不过，开发者不用自己去写这些底层的逻辑了，通过在容器的配置文件中指定如下一行配置，这些搜寻 Annotation、读取内容、构建事务等工作全都由 Spring 的 IoC 容器帮我们完成：

```
<tx:annotation-driven transaction-manager="transactionManager"/>
```

所以，使用注解驱动的声明式事务管理，基本上只需要做两件事：

（1）使用@Transactional 标注相应的业务对象以及相关业务方法。

（2）在容器的配置文件中加载事务注解驱动。

2. 其他的一些注解

1）@Lazy

定义 Bean 将延迟初始化。

```
@Component("component")
@Lazy(true)
public class TestComponent {
…
}
```

2) @DependsOn

定义 Bean 初始化及销毁时的顺序。

```
@Component("component")
@DependsOn({"managedBean"})
public class TestComponent {
…
}
```

3) @Primary

自动装配时当出现多个 Bean 候选者时，被注解为 @Primary 的 Bean 将作为首选者，否则将抛出异常。

```
@Component("component")
@Primary
public class TestComponent {
…
}
```

4) @Configuration

注解需要作为配置的类，表示该类将定义 Bean 配置元数据，@Configuration 注解的类本身也是一个 Bean，因为 @Configuration 被 @Component 注解了，因此 @Configuration 注解可以指定 value 属性值，如 ctxConfig 就是该 Bean 的名字，如使用 ctx.getBean("ctxConfig") 将返回该 Bean。

```
@Configuration("ctxConfig")
public class ApplicationContextConfig {
    //定义 Bean 配置元数据
}
```

5) @Bean

注解配置类中的相应方法，则该方法名默认就是 Bean 名，该方法返回值就是 Bean 对象，并定义了 Spring IoC 容器如何实例化、自动装配、初始化 Bean 逻辑。

```
@Bean(name={},
    autowire=Autowire.NO,
    initMethod="",
    destroyMethod="")
```

➤ name：指定 Bean 的名字，可有多个，第一个作为 id，其他作为别名。

- autowire：自动装配，默认 no，表示不自动装配该 Bean。另外还有 Autowire. BY_NAME 表示根据名字自动装配，Autowire. BY_TYPE 表示根据类型自动装配。
- initMethod 和 destroyMethod：指定 Bean 的初始化和销毁方法。

6）@Import

类似于基于 XML 配置中的＜import/＞，基于 Java 的配置方式提供了@Import 来组合模块化的配置类。

```
@Configuration("ctxConfig2")
@Import({ApplicationContextConfig.class})
public class ApplicationContextConfig2 {
    @Bean(name={"message2"})
    public String message() {
        return "hello";
    }
}
```

7）@PostConstruct（JSR-250 注解）

通过注解指定 Bean 初始化之后执行某方法，类似于通过＜bean＞标签的 init-method 属性指定的初始化方法，但具有更高优先级，即注解方式的初始化方法将先执行。在方法上加上注解@PostConstruct，这个方法就会在 Bean 初始化之后被 Spring 容器执行。

8）@PreDestroy（JSR-250 注解）

通过注解指定 Bean 销毁之前执行某方法，类似于通过＜bean＞标签的 destroy-method 属性指定的销毁方法，但具有更高优先级，即注解方式的销毁方法将先执行。在方法上加上注解@PreDestroy，这个方法就会在 Bean 被销毁前被 Spring 容器执行。

9）@Inject（JSR-330 注解）

等价于默认的@Autowired，只是没有 required 属性。

10）@Named（JSR-330 注解）

@Named 和 Spring 的@Component 功能相同。@Named 可以有值，但如果没有值，则生成的 Bean 的名称默认与其类名相同。

> 关于 Spring 注解开发可查看配套电子资源实例，位置是 CODE\Spring\spring_instance1_annotation。

10.6 小　　结

Spring 在 2.1 以后对注解配置提供了强大的支持，注解配置功能成为 Spring 的最大亮点之一。合理地使用 Spring 的注解配置，可以有效减少配置的工作量，提高程序的内聚性。但是这并不意味着传统 XML 配置将走向消亡,在第三方类 Bean 的配置以及诸如数据源、缓存池、持久层操作模板类、事务管理等内容的配置上,XML 配置依然拥有不可替代的地位。

10.7 课外实训

1. 实训目的

(1) 完善实训项目功能细节。
(2) 实现项目前后台的数据交互。

2. 实训描述

学生在学习过程中需要不断地进行测试,在前台提供了学习指导以及背单词,在本次实训中,需要添加模拟测试和专项测试功能。

任务一:

添加模拟测试功能,如图 10-2 所示。单击"进入测试"按钮即可开始模拟测试,进入如图 10-3 所示的页面。在完成答题并提交试卷时候,需要将测试成绩展现出来,并将每一个题目的正确答案显示出来。提交试卷之后打开测试成绩页面,如图 10-4 所示。

图 10-2 模拟考试

图 10-3　开始考试

图 10-4　成绩单

任务二：

添加专项测试功能。专项测试包含听力训练、语法和词汇训练、翻译训练、阅读理解训练，如图 10-5 至图 10-8 所示。专项测试完成之后需要展示本次测试的成绩信息，详细页面与模拟测试时一样，此处不再赘述。

图 10-5 听力训练

图 10-6 语法和词汇

图 10-7　翻译练习

图 10-8　阅读理解

3. 实训要求

（1）后台添加试卷时，请配置好试卷的参数。
（2）展示成绩单时，请将题干、正确答案、学生的答案显示出来。